节水增粮高效灌溉技术集成研究与应用

申利刚　史海滨　李经伟　等 著

·北京·

内 容 提 要

本书依据“十二五”国家科技支撑计划“内蒙古东部节水增粮高效灌溉技术集成研究与规模化示范”研究成果和多年从事高效节水灌溉工程设计实践的总结，针对内蒙古东部地区高效节水灌溉工程建设和运行管理中存在的问题，开展试验研究，并将成果进行示范推广，取得了较好的应用效果。全书内容主要包括：现有技术模式的筛选集成与示范，玉米高效节水灌溉制度研究与示范，喷、滴灌条件下农艺、农机配套技术集成与示范，规模化示范区农田水土环境与综合效益监测、评价，高效节水灌溉工程运行管理模式与保障机制建设，高效节水灌溉技术集成模式研究与示范等。

本书可供从事高效节水灌溉工程设计、工程运行管理等方面的技术人员和管理人员参考使用。

图书在版编目（CIP）数据

节水增粮高效灌溉技术集成研究与应用 / 申利刚等著. -- 北京 : 中国水利水电出版社, 2019.12
ISBN 978-7-5170-8299-6

Ⅰ. ①节… Ⅱ. ①申… Ⅲ. ①农田灌溉－节约用水－研究 Ⅳ. ①S275

中国版本图书馆CIP数据核字(2019)第289277号

书　　名	节水增粮高效灌溉技术集成研究与应用 JIESHUI ZENGLIANG GAOXIAO GUANGAI JISHU JICHENG YANJIU YU YINGYONG
作　　者	申利刚　史海滨　李经伟　等　著
出版发行	中国水利水电出版社 （北京市海淀区玉渊潭南路1号D座　100038） 网址：www.waterpub.com.cn E-mail：sales@waterpub.com.cn 电话：(010) 68367658（营销中心）
经　　售	北京科水图书销售中心（零售） 电话：(010) 88383994、63202643、68545874 全国各地新华书店和相关出版物销售网点
排　　版	中国水利水电出版社微机排版中心
印　　刷	清淞永业（天津）印刷有限公司
规　　格	184mm×260mm　16开本　15.5印张　395千字　3插页
版　　次	2019年12月第1版　2019年12月第1次印刷
印　　数	0001—1000册
定　　价	**85.00**元

序

近年来，在“节水优先”战略、国家实行最严格水资源管理及实施乡村振兴战略等国家宏观政策的推动下，我国节水灌溉发展势头良好，为推动藏粮于地、藏粮于技，统筹推进山水林田湖草系统治理，推动重型农机和智慧农业自主创新及完成高标准农田建设任务起到了重要支撑作用。

内蒙古自治区是我国主要商品粮输出省，而支撑内蒙古商品粮生产又以东部传统灌溉区为主，长期以来由于灌溉方式粗放、水肥利用效率低，造成区域地下水超采和生态环境压力加大，严重制约内蒙古东部粮食生产的可持续发展。2012年初国家启动“东北四省区节水增粮行动”项目，其中内蒙古自治区水利科学研究院、内蒙古农业大学、水利部牧区水利科学研究所等单位共同承担了“内蒙古东部节水增粮高效灌溉技术集成研究与规模化示范”课题。该课题围绕高效灌溉技术模式集成和长效运行保障机制建设开展了系统研究和示范，取得了丰硕成果。第一，在系统单项技术深入研究的基础上，融合工程节水技术、农艺农机技术、管理技术及长效运行保障机制，构建了完善的综合技术体系，形成了适合内蒙古东部可推广、可复制的技术模式；第二，以“节水减污增效”为目标，创建了完整的露地玉米浅埋滴灌综合集成技术体系；第三，建立了农民深度参与、适合不同土地经营管理方式的管理模式和长效运行保障机制，实现了在内蒙古东部降水量300～400mm传统灌溉农业区滴灌技术大面积应用的突破。项目成果得到大面积应用，极大促进了当地农业经济发展和农民增收，社会、经济、环境效益巨大。

该书系统完整介绍了课题研究成果，理论和实践性强，对推动我国干旱半干旱区节水农业发展具有重要的借鉴作用。

[signature]

2019年9月

前言

粮食安全、水资源安全始终是党中央、国务院高度重视的战略问题，也是推动农业、农村经济发展和农民增收的重点工作。近年来，从中央到地方都把发展粮食生产和解决水资源问题摆在“三农”工作的重要位置，以促进粮食综合生产能力的不断提高。但是，我国水资源短缺，特别是北方地区水资源供需矛盾非常突出。水资源短缺已成为制约我国粮食稳定发展的主要瓶颈，干旱灾害已成为农业生产的主要威胁，发展节水灌溉已成为现代农业可持续发展的必然选择。东北四省（自治区）自然资源禀赋相似，发展农业的土地资源丰富，不仅是我国最重要的粮食主产区之一，而且是我国粮食增产最具潜力的地区之一。2012年年初，国家启动东北四省（自治区）“节水增粮行动”，正是基于保障国家粮食安全和水资源安全，做出的通盘考虑和战略决策。为切实强化节水增粮行动的科技保障，2012年5月，水利部国际合作与科技司组织申报“东北四省区节水增粮高效灌溉技术研究与规模化示范”项目。2014年，该项目由科学技术部正式批准立项实施，实施年限为2014—2018年。该项目由6个课题组成，其中“内蒙古东部节水增粮高效灌溉技术集成研究与规模化示范”课题，由内蒙古自治区水利科学研究院主持，内蒙古农业大学、水利部牧区水利科学研究所参加共同完成，本书是在该课题研究成果的基础上编写而成。

针对内蒙古东部高效节水灌溉工程建设和运行管理中存在的问题，为了能够更好地促进内蒙古高效节水灌溉工程技术模式的合理选择和工程的良性运行，本书对现有技术模式的筛选集成与示范、玉米高效节水灌溉制度研究与示范、喷滴灌条件下农艺农机配套技术集成与示范、规模化示范区农田水土环境与综合效益监测与评价、高效节水灌溉工程运行管理模式与保障机制建设、高效节水灌溉技术集成模式研究与示范推广等方面的成果进行了技术性总结，将5年的试验和示范成果整理、加工成此书，供农田水利行业设计、工程运行管理等方面人员参考借鉴。

本书为内蒙古东部区域水资源优化配置和农业水价综合改革用水限额的确定、高效节水灌溉建设模式的选择以及滴灌工程长效运行的保障提供了依据和可借鉴的样板，也为东部地区高效节水灌溉工程的规划设计和运行管理提供了理论支撑。

本书在编写过程中，得到了中国水利科学研究院、内蒙古自治区财政厅、内蒙古自治区水利厅、通辽市及下辖各旗县的支持与帮助，特别是中国水利科学研究院以许迪为首的专家组的悉心指导和帮助，参考和引用了一些国内外文献，在此一并表示衷心的感谢！

本书共8章，编写分工如下：

第1章编写人员：申利刚、李经伟；

第2章编写人员：申利刚、李经伟、张玥；

第3章编写人员：苗澍、汤鹏程、任杰、邬佳宾；

第4章编写人员：史海滨、李瑞平、贾琼、冯亚阳、戚迎龙、赵靖丹；

第5章编写人员：申利刚、李经伟、王宁、刘丙乾、马日亮、李彬；

第6章编写人员：王宁、杨树青、任杰、宛恒；

第7章编写人员：申利刚、李经伟、汤鹏程；

第8章编写人员：申利刚、史海滨、张玥；

全书由申利刚、李经伟、王宁统稿。

限于作者水平，书中难免存在不足或不妥之处，敬请读者批评指正。

作者

2019年8月

目录

第1章 概 述

1.1 研究的背景和意义

2012年年初，国家启动东北四省（自治区）“节水增粮行动”项目，为保证项目的顺利实施，2012年5月，水利部国际合作与科技司组织申报了“十二五”国家科技计划农村领域2013年度项目，申报项目名称为“东北四省区节水增粮高效灌溉技术研究与规模化示范”，其中“内蒙古东部节水增粮高效灌溉技术集成研究与规模化示范”课题，由内蒙古自治区水利科学研究院主持，内蒙古农业大学、水利部牧区水利科学研究所参加共同完成。2014年项目由科学技术部正式批准立项实施，实施年限为2014—2018年。

研究以现有农艺、农机、节水灌溉技术成果为基础，通过试验研究、技术引进、技术集成创新，在内蒙古东部节水增粮行动项目区构建标准化、现代化、规模化的高效节水灌溉综合技术示范区，为内蒙古高效节水灌溉工程建设和效益的持续发挥提供科学依据、示范样板和技术支撑，同时研究成果可有效促进区域地下水水生态环境改善，保障粮食生产安全，实现农民收入增加。

1.2 实施地点的选择

研究实施地点选择在内蒙古通辽市科左中旗。通辽市位于内蒙古自治区东部西辽河平原，地处我国“黄金玉米带”，玉米种植比例80%以上，是内蒙古自治区最大的粮食生产和商品粮输出地区。截至2016年年底，全市现有灌溉面积1237万亩，其中地下水灌溉面积为1230万亩（地下水灌溉面积占内蒙古自治区的30%）。按照现状平均灌溉定额260m^3/亩计算，年均灌溉用水量为31.98亿m^3，而内蒙古自治区给通辽市下达的水资源控制指标为30.95亿m^3，其中分配给农业灌溉的水量仅为20.3亿m^3。农业灌溉用水成为当地地下水超采的主要因素，因此发展高效节水灌溉技术已经刻不容缓。同时，“节水增粮行动”中通辽市实施面积为260万亩，占内蒙古自治区实施面积的32.5%。科左中旗是内蒙古自治区最大的粮食主产县，自然条件和农业生产水平在通辽市具有代表性，全旗现有耕地面积540万亩，灌溉面积320万亩（“节水增粮行动”项目实施面积62万亩），全部为井灌区，农业灌溉供用水矛盾突出，因此在科左中旗开展试验研究和示范区建设具有更好的示范效果。

滴灌试验示范区位于科左中旗中部腰林毛都镇南塔村和西塔村。该项目区滴灌工程实施规模大，滴灌面积连片40000余亩。滴灌示范区多年平均年降水量326mm，区内土地平整，耕作层土质和土壤肥力较好。但是近年来由于区域灌溉面积发展过大，灌水方式粗放，灌溉用水已超过当地地下水资源承载能力，地下水水位逐年下降。喷灌试验示范区选择在科左中旗东部保康镇巨宝山村，主要因为当地已通过不同项目实施中心支轴式喷灌3000亩。喷灌试验示范区多年平均年降水量402mm，地势起伏较大，耕作层土质和土壤肥力较差且有一定程度的盐碱化。喷、滴灌试验示范区自然条件和农业生产水平在科左中旗均具有较强的代表性。

1.3 主要研究成果

（1）采用调研、试验与理论研究的方法，系统研究了内蒙古东部玉米中心支轴式喷灌、膜下滴灌、露地浅埋滴灌条件下的水肥高效利用技术及农艺农机、管理等配套技术，集成了具有各自特点的综合技术模式，并在规模化滴灌示范区建设中摸索出一套适宜滴灌工程的长效运行保障机制，同时在示范区进行了成功实践，取得了较好的示范效果，为内蒙古东部地区喷、滴灌高效节水灌溉事业推进提供了理论支撑和技术保障。

（2）基于玉米喷、滴灌条件下的需水规律、水肥耦合的系统研究，揭示了节水、增粮机理，提出了喷、滴灌灌溉制度，为区域水资源优化配置和农业水价综合改革用水限额确定提供了依据。

研究表明：试验条件下，喷灌枯水年灌水5次，灌溉定额为152m^3/亩，平水年灌水4次，灌溉定额为121m^3/亩，具体见表1-1。

表1-1　玉米喷灌灌溉制度表

水文年型	灌溉制度	苗期	拔节期	抽雄期	灌浆成熟期	全生育期
枯水年	灌水次数	1	2	1	1	5
	灌水量/(m^3/亩)	24	31	33	33	152
平水年	灌水次数	1	1	1	1	4
	灌水量/(m^3/亩)	24	31	33	33	121

试验条件下，枯水年膜下滴灌灌水8次，灌溉定额为180m^3/亩，浅埋滴灌灌水9次，灌溉定额为210m^3/亩；平水年膜下滴灌灌水7次，灌溉定额为122m^3/亩，浅埋滴灌灌水7次，灌溉定额为148m^3/亩；丰水年膜下滴灌灌水4次，灌溉定额为70m^3/亩，浅埋滴灌灌水5次，灌溉定额为90m^3/亩，具体见表1-2。

表 1-2　　枯水年、平水年、丰水年滴灌玉米推荐优化灌溉制度

水文年型	处理	灌溉制度	出苗前期	苗期	拔节期	抽雄期	灌浆期	全生育期
枯水年	膜下滴灌	灌水次数	1	1	3	1	2	8
		灌水量/(m³/亩)	20	20	25,25,25	25	20,20	180
	浅埋滴灌	灌水次数	1	1	3	1	3	9
		灌水量/(m³/亩)	20	25	25,25,25	25	25,20,20	210
平水年	膜下滴灌	灌水次数	1	1	2	0	3	7
		灌水量/(m³/亩)	10	20	20,20		20,16,16	122
	浅埋滴灌	灌水次数	1	1	2	0	3	7
		灌水量/(m³/亩)	10	25	20,25		25,25,18	148
丰水年	膜下滴灌	灌水次数	1	2	0	0	1	4
		灌水量/(m³/亩)	10	20,20			20	70
	浅埋滴灌	灌水次数	1	2	0	0	2	5
		灌水量/(m³/亩)	10	20,20			20,20	90

滴灌通过采用局部灌溉可有效减少棵间蒸发，相对于全部湿润的管灌（地面灌溉），作物耗水量会明显降低。试验研究表明，玉米生育期，覆膜滴灌的耗水量比管灌（地面灌溉）耗水量减少30%，浅埋滴灌的耗水量比管灌（地面灌溉）耗水量减少23%。

（3）基于喷、滴灌条件下水分的高效利用技术与农艺农机、管理等配套技术，针对制约高效灌溉技术发展的主要问题进行研究，提出了具有先进性、经济适用性的玉米喷灌、膜下滴灌、露地浅埋滴灌综合节水技术集成模式，为示范区的巩固和持续发展提供了技术支撑。

针对喷灌在玉米生育后期（抽雄期、灌浆期）无法实施追肥的问题，研制了智能旁路式施肥系统，集成了以机耕施肥与氮肥补偿性水肥同施为关键技术的喷灌综合节水技术集成模式。

针对膜下滴灌播种时发生的籽种与苗眼错位影响出苗率的问题，对原有播种机工作原理和作业流程进行优化，同时对与滴灌玉米生育期配套的农机具进行改装、引进，集成了以滴灌技术与农艺农机、管理有机融合的膜下滴灌综合节水技术集成模式。

针对膜下滴灌残膜回收难、回收成本高的问题，提出了浅埋滴灌技术，该技术通过将滴灌带浅埋于表土下1～3cm，避免了无膜覆盖后滴灌带被大风刮走的问题，且减少了水分蒸发，同时保留了滴灌适时灌溉、水肥同施的优点，彻底解决了残膜污染问题。结合浅埋滴灌的特点，研制了玉米浅埋滴灌播种铺带一体机，提出了对现有农机进行简单改造即能进行浅埋滴灌播种的方法，并对不覆膜后窄行间草害防治提出了具体措施，进而集成了露地浅埋滴灌综合节水技术集成模式。

（4）成功建设了喷灌示范区3000亩、滴灌示范区10000亩。同时对示范区有代表性的30个农户（喷灌示范区10户、滴灌示范区20户）连续5年的投入产出和灌溉用水情况跟踪监测和入户调查，开展了喷、滴灌示范区综合效益评价。数据分析显示，与管灌相比，膜下滴灌节水率50%，亩均增产152kg，亩均新增纯收益329.28元，示范区年均节

水150万m^3，年均新增收益329.28万元；浅埋滴灌示范区节水率39.69%，亩均增产124kg，亩均新增纯收益172.98元，示范区年均节水120万m^3，年均新增总收益172.98万元。与管灌相比，喷灌示范区节水率30.57%，亩均增产93kg，亩均新增纯收益190.00元，示范区年均节水16.5万m^3，年均新增收益56.99万元。经过对示范区样本农户进行多年的数据采集和调查分析显示，示范区节水、增产效果显著，示范区建设取得了预期示范效果。

2018年取得的成果在通辽市、赤峰市等地区进行了推广应用，其中通辽市实施完成了浅埋滴灌314.12万亩、膜下滴灌38.28万亩、喷灌61.07万亩，赤峰市完成膜下滴灌316.77万亩。

（5）针对滴灌工程地面管带年更新费用较高、影响滴灌工程长效运行的主要问题，结合示范区的建设，通过建立合作组织，引进滴灌管带生产企业，实现了滴灌管带的就近成规模生产、销售、发放、回收，减少了亩滴灌管带用量，有效降低了滴灌管带的更新费用；同时随着农民收益的增加，示范区农户对长期实施滴灌更有信心，也有了滴灌管带更新的出资意愿，实现了滴灌工程地面滴灌管带更新由单纯的政府财政支撑向农民自觉自愿出资、财政予以适度节水奖励补贴的方式转变，最终建立了农民能够主动参与并真正得到实惠的滴灌工程长效运行保障机制。

（6）基于对内蒙古自治区东部地区已有高效节水灌溉技术模式运行情况的调研，结合集成的3套技术模式应用实践，依据降水分布特点，将内蒙古东部地区划分为3个区域，针对不同区域适宜发展的高效节水灌溉技术模式进行分析阐述，提出了内蒙古自治区东部地区高效节水灌溉发展战略。即在$P>450$mm的雨养农业区，应注重水源工程的建设和维护，灌溉形式宜采用全移动式喷灌；在400mm$<P<$450mm的补充型灌溉区，灌溉形式宜采用半固定式喷灌，在地下水资源能够实现采补平衡的平原地区也可采用低压管道输水灌溉；在300mm$<P<$400mm的传统灌溉区，推荐采用露地浅埋滴灌，在集约化程度高的地区也可采用中心支轴式喷灌，在水资源短缺、地下水超采区建议采用膜下滴灌。

第2章

现有技术模式的筛选集成与示范

2.1 高效节水灌溉技术应用模式

2.1.1 玉米高效节水灌溉制度

内蒙古东部地区地域跨度较大，各地区受有效降水量、土壤条件、灌溉形式等因素的影响，统一制定一套作物灌溉制度不能准确反映各区域的具体情况。如果综合考虑各种影响因素分别制定符合区域各自条件的灌溉制度，将是一个复杂而烦琐的任务，同时由于受收集资料时效性的影响，最终提出的灌溉制度仍不能得到普遍认可。因此，本书提出一种不同玉米种植区、不同水文年型灌溉制度的制定方法，供技术人员参考和借鉴。

2.1.1.1 高效节水灌溉制度制定的方法

1. 制定依据

(1)《内蒙古自治区主要作物灌溉制度与需水量等值线图》(冯文基，申利刚，冯婷等，远方出版社，1996年)。

(2)《内蒙古自治区行业用水定额》(DB 15/T 385—2015)。

(3)《微灌工程技术规范》(GB/T 50485—2019)。

(4)《喷灌工程技术规范》(GB/T 50085—2007)。

(5) 不同高效节水灌溉形式试验的相关成果。

(6) 各旗县灌溉水有效利用系数测算成果。

2. 灌溉制度制定方法

(1) 灌溉定额的确定。各地区的灌溉定额可以根据式(2-1)初步计算，并参考《内蒙古自治区行业用水定额》(DB 15/T 385—2015)中主要粮食作物灌溉定额确定。

$$W_D \approx W_Q = ET - W_J - W_T \tag{2-1}$$

式中：W_D为作物灌溉定额，mm；W_Q为作物缺水量，mm；ET为作物需水量，mm；W_J为作物生育期有效降水量，mm，可在当地气象部门查得；W_T为土壤耕种层有效储水量，mm，可通过田间实测得到。东部地区主要作物的需水量可以参考《内蒙古自治区主要作物灌溉制度与需水量等值线图》中不同地区地面灌溉的作物需水量数据，并参考喷、滴灌条件下的调整系数进行测算。根据内蒙古东部地区喷、滴灌工程多年灌水监测数据测算，在喷灌条件下作物需水量可较地面灌溉减少 10%～15%，在膜下滴灌条件下作物需水量可较地面灌溉减少 20%～25%，降水量小的地区取大值，降水量大的地区取小值。

（2）灌水定额的确定。灌水定额可由不同生育阶段作物计划湿润层深度，根据《喷灌工程技术规范》（GB/T 50085—2007）、《微灌工程技术规范》（GB/T 50485—2009）中给出的公式计算得到。

（3）灌水次数和灌水时间。依据作物每个生育阶段缺水量统筹安排灌水次数和灌水时间。

2.1.1.2 实际灌溉用水量的确定

根据内蒙古东部地区多处现有喷、滴灌工程的田间测试和各旗县开展的不同灌溉形式灌溉水有效利用系数测算分析成果，采用文中前述计算得到的灌溉定额，计算得到各地区不同灌溉形式的灌溉用水量，为内蒙古东部地区喷、滴灌工程设计、灌溉用水管理和农业灌溉用水水资源评价提供支撑。

2.1.2 高效节水灌溉技术应用模式

2.1.2.1 现有技术模式形成的主要因素

根据国家及内蒙古自治区对高效节水灌溉工程建设的高标准要求，自 2008 年起，内蒙古自治区实施的高效节水灌溉项目的节水形式全部为膜下滴灌和喷灌。但是由于受灌溉水源、地形条件、作物类型、管理方式等因素影响，不同地区高效节水形式仍然存在一些差别。

现就上述影响因素进行逐项分析：

（1）水源类型。根据水源类型可以划分为地表水水源和地下水水源。地表水水源主要为水库提水泵站、河道提水泵站；地下水水源主要为管井和大口井，涉及节水改造项目区内现有水源井的优化选择和新增项目区井位的合理确定。

（2）地形条件。根据地形条件可以将项目区划分为平川地和坡耕地。

（3）作物类型。根据作物类型可以划分为高秆作物、茎叶类作物。

（4）管理方式。根据管理方式可以划分为散户经营、大户或农民合作组织经营形式。

2.1.2.2 现有技术模式的筛选

根据不同高效节水灌溉类型、水源类型、地形条件、作物类型、管理方式等，实施过程中组合形成了各种模式。根据现有各种模式的应用情况，从中筛选出应用面积相对较大的 10 种喷、滴灌工程技术模式，具体见表 2-1。

表 2-1 内蒙古东部地区高效节水灌溉主要技术模式表

水源形式	灌溉形式	轮灌类型	地形地貌	作物类型	管理形式	分布地区
地下水	膜下滴灌	支管	平川地	玉米	散户经营	通辽市、赤峰市部分地区
地下水	膜下滴灌	支管	坡耕地	玉米	散户经营	呼伦贝尔市、兴安盟部分地区
地下水	膜下滴灌	辅管	坡耕地	玉米	散户经营	赤峰市部分地区

续表

水源形式	灌溉形式	轮灌类型	地形地貌	作物类型	管理形式	分布地区
地下水	膜下滴灌	支管	平川地	甜叶菊	合作组织	兴安盟部分地区
地下水	中心支轴式喷灌机喷灌		平川地	玉米	散户、大户承包	通辽市部分地区
地下水	半固定式喷灌		坡耕地	玉米	散户经营	呼伦贝尔市、兴安盟部分地区
地表水	膜下滴灌	支管	坡耕地	玉米	散户经营	通辽市、呼伦贝尔市、兴安盟部分地区
地表水	膜下滴灌	支管	平川地	玉米	散户经营	呼伦贝尔市、兴安盟部分地区
地表水	半固定式喷灌		坡耕地	玉米	散户经营	呼伦贝尔市、兴安盟部分地区
地表水	卷盘式喷灌		坡耕地	玉米	散户经营	呼伦贝尔市部分地区

2.1.2.3 现有高效节水灌溉技术模式应用效果

由于在内蒙古东部节水增粮行动立项时，大规模的高效节水灌溉工程建设也是处于起步阶段，很多技术模式也在探索阶段，各种模式经过近6年的实际应用，逐渐表现出不同的效果。

（1）喷灌机喷灌发展呈现两极化。喷灌机喷灌形式（包括中心支轴式喷灌机和卷盘式喷灌机）立项时，主要考虑了该模式节水省工、机械化程度高等特点，工程建成运行初期效果明显。但是随着玉米临时收储政策的取消，玉米价格下降明显，导致原有承包大户放弃了继续经营，土地集约化的要求成为了中心支轴式喷灌机在人多地少、土地分散的地区发展受限的主要原因。由于内蒙古东部传统灌溉农耕地区大部分以散户种植为主，但是喷灌机控制灌溉面积普遍在100～500亩之间，涉及农户10～20户，各农户之间种植结构、灌溉时间及定额、田间作业时间安排等事宜不能有效协调，导致设备不能充分发挥效益，此类地区农户对喷灌机喷灌认可程度较低；卷盘式喷灌机也由于在使用过程中能耗较大，同时受限于喷头喷射范围及高度，需要合理配置不同作物种植结构等原因推广面积逐渐减少。但是同样的灌溉形式在人少地多、劳动力短缺、土地集约化程度和管理水平较高的地区（尤其是劳动力缺乏的牧区）得到了快速发展并广泛应用。因此喷灌机的应用要进行深入调研，针对具体地区、具体情况科学合理配置。

（2）半固定式喷灌缺乏设备管护和田间管理。半固定式喷灌形式主要集中在呼伦贝尔市和兴安盟的部分地区。立项时主要考虑这些地区降水量较高，灌溉设施主要起到抗旱应急和补充灌溉作用，设施使用频率较低，因此选用造价相对较低的半固定式喷灌。根据工程设计要求，输水干管、分干管埋设于地下，且受喷头喷射半径的影响，地埋分干管每隔18～20m会设置金属地面给水栓。在实际运行过程中，由于设备使用频率低，农户对地埋管道和田间设施的维护和管理不到位，灌溉期结束后，地埋管网不排水导致地埋管网局部冻裂，农业机械田间作业损坏给水栓等问题时有发生，严重影响了工程发挥持续长效的作用。

（3）滴灌发展受降水条件和财政补贴政策影响比较明显：

1）滴灌在雨养农业种植地区发展受阻。呼伦贝尔市、兴安盟部分地区降水量在

450mm 以上，全年灌溉水量较少，在春季雨水较好的情况下甚至连续几年不用进行农业灌溉，灌溉设施利用率较低，进而导致田间设施管护缺失，已建田间给水设施经常被作业农机损坏且得不到有效管理，影响后续使用。而且由于当地水资源丰富，对于有较好节水效果但初期投入较大的滴灌灌溉形式没有强烈需求，当地农户接受程度较低。

2）滴灌在传统灌溉农业种植区广受好评。膜下滴灌在赤峰市、通辽市等降水量为300～400mm 的传统灌溉农业区推广后，实现了既定的节水、增产效果，广受农户欢迎。但是由于没有经济高效的残膜回收措施，连续多年覆膜种植后耕种层中残膜余量有不断积累增加的趋势，虽然省工、增产效果明显，但残膜问题也一直困扰种植农户。针对残膜问题，内蒙古水利科学研究院科研团队提出露地浅埋滴灌模式，并经过田间试验数据分析、中试区小面积种植和示范区大面积推广，通过实地长期多点观测数据显示，膜下滴灌作物前期生长速率较露地浅埋滴灌有所提高，可以实现作物早熟，但是作物最终产量没有显著差异。由于露地浅埋滴灌模式在不明显影响产量的同时彻底解决了残膜的问题，一经推出即受到了农户的一致好评，在通辽市范围内地下水资源条件相对较好的地区得到了大面积推广。

2.2 喷、滴灌条件下农艺、农机配套技术集成模式

2.2.1 喷灌条件下农艺、农机配套技术

根据区域耕地面积集中连片、劳动力相对短缺的特点，内蒙古东部节水增粮行动在通辽市和呼伦贝尔市发展了一定面积的机组式喷灌机喷灌。喷灌机的使用改变了之前土渠输水、大水漫灌的灌溉模式，提高了灌溉均匀度，节省了灌溉所需劳动力。但是由于种植模式没有改变，农艺和农机配套仍沿用原有模式，即等行距（60cm）精量播种机播种→直供式喷药机喷洒除草剂→中耕（趟地）时追施尿素→对行玉米收割机适时收获。

2.2.2 膜下滴灌条件下农艺、农机配套技术

内蒙古东部节水增粮行动在立项阶段即充分考虑了工程节水和现有耕地面积增粮两个主旨目标，因此确定节水工程形式时选择了节水效果好、增产潜力大的膜下滴灌作为主要灌溉形式。

膜下滴灌种植时一般采用一带（膜）双行的种植模式，滴灌带铺设要综合考虑即能够减少棵间蒸发，又必须满足双行作物根系生长的空间要求，多采用宽窄行（大小垄）种植。在通辽地区多为宽行 80cm、窄行 40cm 的模式，赤峰地区多为宽行 60cm、窄行 40cm 的模式，兴安盟、呼伦贝尔市地区多为宽行 90cm、窄行 40cm 的模式，地膜覆盖窄行，同时滴灌带铺设在窄行的中间位置。

综合上述分析，初步集成现有膜下滴灌条件下的农艺、农机配套技术集成模式：铺带覆膜播种一体机一次性完成铺带、施底肥、覆膜、播种和覆土→直供式喷药机喷洒除草剂进行药物除草→大铧犁对宽行进行中耕除草培土→通过滴头在生育期内进行适时适量灌水及追肥→玉米收割机适时收获。

2.3 喷、滴灌条件下水肥一体化技术模式

2.3.1 喷灌条件下水肥一体化技术

现阶段，内蒙古东部地区喷灌工程仍仅作为一种高效节水灌溉形式进行应用，作物追肥仍采用在中耕除草时同步追施尿素，未实现水肥一体化。

2.3.2 滴灌条件下水肥一体化技术

内蒙古东部节水增粮项目大规模开展膜下滴灌工程后，通过盟（市）水利技术推广站技术人员的不懈努力，膜下滴灌用户基本接受了采用水溶性固体颗粒氮肥在首部通过施肥罐进行追肥，初步掌握了水肥同施技术。但是由于缺乏必要的技术指导和现场培训，农户在追施固体颗粒氮肥时仍采用在 6 月底一次性施入，同时受传统地面灌溉灌饱、灌透观念的影响，为了达到地面全部形成湿润面，膜下滴灌每次的灌水量仍然很大，持续的灌溉水导致肥料不断淋洗、下渗，养分脱离主要根系活动层，肥料利用效率明显降低，且可能造成地下水污染，尚未形成完整体系的水肥一体化技术。

2.4 高效节水灌溉工程运行管理模式

内蒙古自治区东部地区通过几年的高效节水灌溉工程运行，结合不同地区的实际条件，针对不同类型的高效节水灌溉形式总结了几种运行管理模式。涉及的高效节水灌溉形式主要为滴灌和中心支轴式喷灌机喷灌。

2.4.1 滴灌工程运行管理模式

滴灌以散户自主管理模式为主，土地流转和合作社模式为辅，散户自主管理模式占比在 95%以上。

1. 散户自主管理模式

内蒙古东部地区滴灌工程主要分布在通辽市和赤峰市，灌溉水源以地下水为主，灌溉单元通常以水源井划分，由每眼井控制范围涉及的所在农户自行协商有序灌水，并负责灌溉单元内工程设施的养护和维修。滴灌项目区工程设施主要包括水源设施和田间设施，其中水源设施包括井房内的水泵、首部及配电设施，田间设施包括田间的地埋管网和出地给水栓。水源设施是由一个水源控制灌溉系统内的农户公用的部分，发生设备损坏时由集体农户按面积分摊维修或更新费用。田间设施已进入各农户耕地范围内，由造成损坏的个人承担维修责任。

散户自主管理的经营模式是由本地区土地分散经营的状况决定的，势必将继续作为主导模式持续下去，但是为实现滴灌工程长效可持续发展，必须总结适宜散户自主管理的长效运行保障机制。

2. 土地流转运行管理模式

土地流转能够实现田间机械统一作业，农资农药统一采购，灌水追肥统一实施，田间

事务统一管理，可以有效降低成本。随着农村劳动力外出务工比例的增加，农村耕地流转比例也随之有所上升，但是相对总体而言，比例仍然很小。分析原因主要有以下两方面：①随着灌溉技术的发展，农业逐渐呈现出不断加快解放劳动力的进程，简单、方便、适宜操作的灌溉形式开始大规模推广，农户土地流转意愿不强烈；②农村现有土地流转成本较高，粮食价格年季间波动较大，大规模流转土地承担的风险较高。

3. 合作社运行管理模式

农村合作组织数量通过政策引导在内蒙古东部地区得到了快速增长，但是总体数量较少，组织形式单一，主要以农机合作社的形式存在，而且主要以涉及农业机械作业为主。农机合作社由农机大户组织成立，吸收本村或附近的农户加入合作社，合作社与社员签订机械使用协议，统一组织机械进行田间整地、播种和收获等机械作业，合作社通过科学合理安排不同区域土地的机械作业，可以在一定程度上降低作业费用。社员使用合作社机械产生的作业费用较非社员有一定的优惠。农机合作社虽然目前在高效节水灌溉工程中体现的作用仅限于膜下滴灌的种植环节，但是由于合作社有丰富的社员资源，通过不断地摸索和总结，合作社在高效节水灌溉工程的运行管理中终将会发挥更加重要的作用。

2.4.2 中心支轴式喷灌机喷灌形式管理模式

中心支轴式喷灌机喷灌灌溉单元内仍以散户种植为主，但由于喷灌机一次灌溉面积较大，灌溉单元内涉及的农户较多，所以必须协调好各农户之间的关系，实现统一整地、统一作物品种、统一种植、统一灌水施肥。

目前采用的管理模式是由村委会组织并通过民主推举出受大家信任、工作认真负责的工程或设备专管员来负责协调工程或设备控制范围内的耕地统一作物品种、种植时间和田间植保作业，统一安排实施在作物生育期内进行适时灌溉及设备的维修养护，每月度根据工程或设备实际用电发生的费用向用水户按面积分摊收取电费，电费包括基础电价和计提管理费，专管员工资由计提管理费支出。专管员与村委会和用水户签订聘用合同，专管员的工作受村委会和农户共同监督。

在这种运行管理模式下，农户仍然承担除去作物灌溉以外的其他全部田间作业；专管员负责协调一个灌溉系统内的作物种植种类、种植时间和植保作业时间，合理安排田间灌水；村委会负责组织协调农户推举专管员，村委会和村民之间不涉及土地经营权和经济利益关系。采用“多农户＋村集体＋专管员”管理模式可以较好地协调涉及多农户、覆盖面积较大的灌溉工程或设备，在上述背景下具有较好的推广价值。

2.5 小结

（1）提出玉米喷、滴灌灌溉制度的制定方法。根据现有各种模式的应用情况，从中筛选出应用面积相对较大的 10 种喷、滴灌工程技术模式。

（2）总结提出了现有喷、滴灌条件下的农艺、农机配套技术、水肥一体化技术和高效灌溉工程运行管理模式。

第3章 玉米喷灌高效节水灌溉制度研究与示范

3.1 试验区土壤与气象条件

3.1.1 土壤条件

3.1.1.1 土壤物理性状

对试验田的土壤物理性状进行了测定，包括田间持水率、土壤干容重、土壤质地等，相关参数结果见表3-1。

表3-1 土壤物理性状相关参数

土层深度/cm	田间持水率/%	土壤干容重/(g/cm³)	黏土含量/%	壤土含量/%	砂土含量/%	土壤质地
0～20	17.96	1.48	3.76	28.29	67.96	砂质壤土
20～40	16.14	1.59	3.79	22.53	70.69	砂质壤土
40～60	18.03	1.55	4.13	22.05	73.82	砂质壤土
60～80	18.28	1.56	3.81	21.18	75.01	砂质壤土
80～100	18.46	1.59	4.14	19.069	77.79	砂质壤土

注 黏土、壤土、砂土及土壤质地分类按照国际土壤学界常用的"美国土壤质地分类标准"进行划分。

3.1.1.2 土壤基础性状

大田采集土样，室内测定土壤基础性状。通过土壤自然风干、过筛，按照《土壤样品采集技术规范》(DB 51/T1048—2010) 要求处理土壤样品后，采用微纳2000 ZD激光粒度仪测定，试验田土壤基础性状相关参数见表3-2。

表3-2 土壤基础性状相关参数

土层深度/cm	有机质/(mg/100g)	全氮/(mg/100g)	全磷/(mg/100g)	全钾/(mg/100g)	pH	阳离子交换量/(me/100g)	全盐/(mg/100g)	电导率/(mS/cm)
0～20	7.976	0.572	0.194	16.444	7.807	0.365	0.805	0.310
20～40	6.940	0.411	0.165	16.417	7.846	0.339	0.743	0.294
40～60	4.186	0.271	0.131	16.235	7.890	0.320	0.692	0.280
60～80	2.794	0.181	0.127	17.038	7.926	0.322	0.697	0.275
80～100	3.029	0.165	0.139	16.300	8.047	0.317	0.698	0.283

3.1.2 气象条件

为更好地反映各计算方法在不同降水频率下的适用性，依据不同的降水保证率，将通辽地区不同年份划分为干旱水文年、正常水文年和湿润水文年（一般把降水保证率为25%的年份作为丰水年，降水保证率为50%的年份作为平水年，降水保证率为75%的年份作为枯水年）。计算过程如下。

（1）分组数。

样本数：$n=30$。

组数：$N=5\times\lg30=5\times1.477=7.386$，取$N=8$（组）。

（2）组距：选最大值665mm（1990年），取$A_{\max}=680$；最小值217.5mm（2006年），取$B_{\min}=200$，有

$$D=\frac{A_{\max}-B_{\max}}{N}=60(\text{mm}) \tag{3-1}$$

组界定为：680≥679～620，619～560，559～500，499～440，439～380，379～320，319～260，259～200≤200。

（3）分组、计算。

1）频率的计算。频率是指某一现象在若干次观测或试验中实际出现的次数，也被称作频数（m）占观测或试验总次数（n）的百分比，即

$$f=\frac{m}{n}\times100\% \tag{3-2}$$

2）保证率的计算。保证率的计算就是累积频率的统计，但气象要素保证的计算有方向性，即根据研究问题的性质和气候要素的变化特点，确定高于或低于某一界限的保证率，不同降水保证率划分见表3-3。

表3-3　不同降水保证率划分

组序	降水上限/mm	降水下限/mm	频数	频率/%	保证率/%
1	679	620	1	3.2	3.2
2	619	560	2	6.5	9.7
3	559	500	4	12.9	22.6
4	499	440	3	9.7	32.3
5	439	380	8	25.8	58.1
6	379	320	8	25.8	83.9
7	319	260	2	6.5	90.3
8	259	200	3	9.7	100.0

（4）喷灌试验区全年、生育期降水频率代表年分析，喷灌区实验实施期间典型年分析及生育期气象资料见表3-4～表3-6。

表 3-4　　喷灌试验区全年、生育期降水频率代表年分析

降雨频率分析类型	代表年			
	丰水年(25%)	平水年(50%)	枯水年(75%)	频率(90%)
全年	2016年 (485.7mm)	2010年 (424.7mm)	1992年 (335.7mm)	2002年 (269.7mm)
生育期	1995年 (462.3mm)	2000年 (382.5mm)	1992年 (316.3mm)	2007年 (214.6mm)

表 3-5　　喷灌区试验实施期间降水频率典型年分析

降雨频率分析类型	2014年	2015年	2016年	2017年	2018年
全年	72.01% 343.6mm	28.57% 462.1mm	22.86% 485.7mm	80.12% 295mm	94.02% 221.60mm
生育期	77.03% 302.2mm	45.71% 387.2mm	25.71% 435.3mm	80.12% 282.61mm	94.02% 170.8mm

表 3-6　　喷灌区 2014—2018 年气象资料

年份	月份	最高气温/℃	最低气温/℃	平均气温/℃	相对湿度/%	降雨量/mm	平均风速/(m/s)
2014	5	28.81	13.79	19.08	58.98	6.00	2.56
	6	28.18	15.87	22.59	64.14	57.40	1.81
	7	27.76	19.69	23.96	70.64	158.03	1.78
	8	26.59	18.94	22.48	70.22	46.61	0.58
	9	21.67	4.05	14.86	64.37	21.20	0.98
	平均/总计	26.60	14.47	20.59	65.67	289.24	1.54
2015	5	32.25	1.21	16.72	49.19	89.40	2.85
	6	33.50	10.42	21.56	66.31	100.41	2.07
	7	34.07	12.49	23.69	69.00	107.61	0.82
	8	33.24	13.88	22.42	77.87	48.00	0.50
	9	32.54	2.82	16.74	66.20	14.60	0.72
	平均/总计	33.12	8.16	20.23	65.71	360.02	1.39
2016	5	33.55	4.95	17.54	48.68	90.20	3.23
	6	35.21	10.98	22.39	59.24	218.64	2.56
	7	35.90	15.10	25.16	68.12	46.60	1.76
	8	35.58	8.74	23.11	68.74	43.80	2.12
	9	30.22	−1.02	16.64	75.46	95.42	2.16
	平均/总计	34.09	7.75	20.97	64.05	494.66	2.37

续表

年份	月份	最高气温/℃	最低气温/℃	平均气温/℃	相对湿度/%	降雨量/mm	平均风速/(m/s)
2017	5	33.55	4.95	17.54	48.68	90.20	3.23
	6	35.21	10.98	22.39	59.24	218.64	2.56
	7	35.90	15.10	25.16	68.12	46.60	1.76
	8	35.58	8.74	23.11	68.74	43.80	2.12
	9	30.22	−1.02	16.64	75.46	95.42	2.16
	平均/总计	34.09	7.75	20.97	64.05	494.66	2.37
2018	5	24.07	11.91	18.58	54.58	20.12	3.27
	6	28.56	18.64	23.42	58.40	22.02	2.44
	7	30.07	20.44	26.00	72.69	75.14	1.84
	8	30.89	18.29	22.46	72.11	23.21	0.70
	9	20.18	8.78	15.56	65.41	31.00	1.04
	平均/总计	26.75	15.61	21.20	64.64	171.49	1.86

3.2 玉米需水规律试验研究与水分生产率评价

3.2.1 研究内容

本节研究内容主要包括喷灌条件下玉米需水规律与需水量研究，玉米喷灌高效节水灌溉制度研究与示范，对喷灌条件下玉米水分生产率评价。通过田间试验，确定大型喷灌条件下玉米的适宜土壤水分、耗水规律以及水分生产率，提出玉米高效节水灌溉制度；同时在玉米产量的诸多影响因素中，水和肥起着十分关键的作用。本研究结合当地灌溉条件，选择具有喷灌条件的粮食产区开展玉米施肥效应试验，为探讨喷灌条件下玉米的需肥规律、确定玉米最佳施肥模式提供科学依据。确定玉米适宜的施肥量、灌水量以及水肥耦合效应，适宜的氮（N）、磷（P）、钾（K）施肥配方与水肥一体化技术。

3.2.2 研究方案与方法

3.2.2.1 试验设计

经过实际调研，玉米新品种京科968和滑玉14在当地具有较好的适应性和较高的产量水平。同时为了排除由于玉米品种差异对试验造成的差异影响，本试验以京科968和滑玉14为试验品种进行对比试验，每个处理均种植两种玉米种子。

根据示范区土壤特性和玉米需水需肥规律，结合大型喷灌机主要技术参数，为开展大型喷灌条件下玉米灌溉制度与水肥一体化田间试验研究，试验采用4（水、氮、磷、钾）因素3水平（高、中、低）试验设计，具体设计见表3－7。试验共设10个处理，其中对照处理SF－10（CK）为试验地块附近当地农民种植的玉米，该处理所有耕作均按当地传统种植模式进行，同时观察其玉米产量及生长状况。

表 3-7　　4因素3水平处理设计表

处理编号	水	氮	磷	钾
SF-1	1	1	1	1
SF-2	1	2	2	2
SF-3	1	3	3	3
SF-4	2	1	1	1
SF-5	2	2	2	2
SF-6	2	3	3	3
SF-7	3	1	1	1
SF-8	3	2	2	2
SF-9	3	3	3	3
SF-10(CK)	以周边农民传统的玉米种植田块为对照处理			

注　"1""2""3"分别代表高水平、中水平、低水平。

本研究依据当地的土壤肥力情况和农民的习惯来确定中等水平氮、磷、钾的使用量，水分控制数值均为土壤水分下限值，取田间持水率的百分数（%），见表3-8；N、P_2O_5、K_2O肥的施用比例通过三料复合肥与尿素进行调配；基肥在施农家肥2m^3/亩的同时，按低水平施肥量做基肥结合耕地施入耕作层土壤；中水平施肥处理，将所缺肥量在玉米拔节期用注肥泵1～2次注入喷灌机供水管道；高水平施肥处理，将所缺肥量在玉米拔节期和灌浆成熟期分2～3次用注肥泵注入喷灌机供水管道。

表 3-8　　玉米水肥一体化试验因素水平设计表

处理水平	处理因素				产量目标/(kg/亩)
	水分控制/%	氮肥/(kg/亩)	磷肥/(kg/亩)	钾肥/(kg/亩)	
1	高(70)	高(20)	高(9)	高(15)	700
2	中(60)	中(15)	中(6)	中(10)	600
3	低(50)	低(10)	低(3)	低(5)	500

采用平移喷灌机灌溉，喷灌机为2跨，每跨60m，采用管道供水。喷灌技术试验共设9个处理，试验小区之间隔离带宽1m，边界保护区宽5～6m；同时设置对照处理（CK）一个，对照处理采用试验地附近当地农民种植地块。每个小区土壤水分、玉米生长状况及产量观测点不少于2个，田间试验小区布置见图3-1。

3.2.2.2　试验观测内容

试验观测内容包括气象数据、作物生长状况、土壤指标和灌水情况及土壤养分测定等。

1. 气象数据

监测的气象数据包括温度、降雨量、风速、相对湿度、气压、风向等，采用田间小气候观测站进行测定。

2. 作物生长状况

主要指生长状况指标、作物生物学与经济学产量，具体内容及采集方法包括：

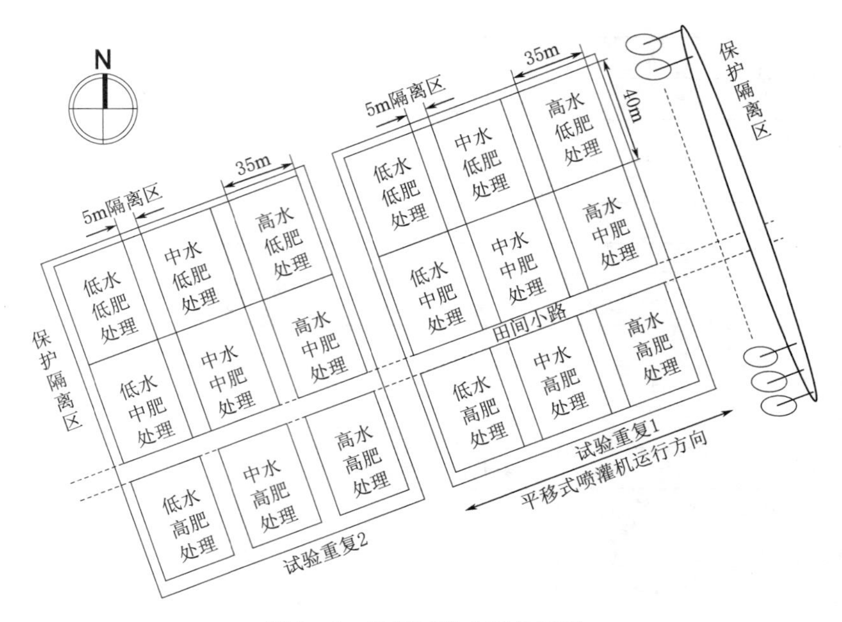

图3-1 田间试验小区布置图

(1) 株高：每个生育期1次，用卷尺测定。

(2) 叶面积指数：冠层仪与整株量测相结合，每个生育期测定1次。

(3) 干物质与产量：整个生长期结束测定1次，采用样方测定法测定，每个小区取两个样方，分别测定生物学产量、经济学产量。

3. 土壤指标

每个小区设测点2个，分别测量以下指标：

(1) 田间持水率。采取田间和室内测定两种方法，并进行对比，播种前按0～20cm、20～40cm、40～60cm、60～80cm分层进行测定。

(2) 土壤容重、田间持水率、凋萎系数等水分常数。播种前在田间按0～20cm、20～40cm、40～60cm、60～80cm分层进行测定。

(3) 土壤含水率。采用烘干和仪器测定两种方法，烘干法使用土钻取土，烘箱烘干，仪器测定采用HH2型TDR土壤水分测定仪，共埋设TDR管48根。从开始播种至收获结束每5天观测1次，降雨前后加测。

4. 灌水情况

玉米生育期内记录各试验处理的灌水时间、灌水定额和灌溉定额等。

5. 土壤养分测定

分别在作物播种前以及收获期测定土壤养分、全盐及pH指标。土壤养分指标包括有机质、全氮、全磷、全钾、速效氮、速效磷及速效钾；土壤全盐指标包括8大离子测定，总共16个指标。

观测小区有SF-1、SF-3、SF-4、SF-6、SF-7、SF-9共6个不同水肥处理，分别按0～20cm、20～40cm、40～60cm、60～80cm、80～100cm分层进行取样。

3.2.2.3 研究方法

本研究采用土壤水量平衡法计算不同处理需（耗）水状况，按如下公式计算：

$$ET = P + I - \Delta SWS + Q \tag{3-3}$$

式中：ET 为总需（耗）水量；P 为生长季的某一时段有效降雨量；I 为某一时段有效灌溉量；ΔSWS 为土壤储水量变化；Q 为地下水的补给量和渗漏量。

上述指标均以毫米（mm）为单位计算，本书采用不同时段实时测得不同土层的含水率，根据含水率计算土壤水分的渗漏量。

3.2.3 研究结果

3.2.3.1 玉米各生育阶段耗水量研究

1. 不同水分处理多年平均耗水量研究

本研究对玉米不同处理各生育阶段的耗水量、耗水模数和耗水强度进行计算，耗水量、耗水模数和耗水强度是分别从不同角度对作物需水规律的表达。耗水量是指全生育期和各生育阶段作物生长发育所消耗的水量；耗水模数是指各生育期耗水量占全生育期耗水量的比重，与生育阶段长度和日耗水强度有关；日耗水强度是指作物单日所耗水量，主要反映不同生育阶段作物新陈代谢和光合作用的强度，与作物生长发育程度有关。

在大型喷灌条件下对玉米不同处理各生育阶段的耗水量、耗水模数和耗水强度进行计算，结果见表3-9～表3-11。从表中可以看出，玉米在全生育期耗水量、耗水模数、耗水强度总体变化均呈现先升高后降低的变化趋势。从作物生长周期来看，播种—出苗期和苗期植株覆盖度较低，这一时段玉米耗水以土壤蒸发为主。随着作物的生长发育，耗水量、耗水模数和耗水强度不断增大，到拔节期所占比重最大（拔节期在各生育阶段内持续时间最长）；拔节期—抽雄期的日耗水强度在全生育期内达到峰值。在拔节期、抽雄期玉米由快速生长期进入生长旺盛期，植物覆盖度开始达到最大，田间裸露地表不断减少，作物腾发量主要以作物蒸腾为主；同时，该阶段作物生长发育进入成熟阶段，光合作用活跃，蒸腾需水达到最大。

表3-9　玉米不同处理各生育期阶段耗水量　　单位：mm

处理号	生育期耗水量					
	播种—出苗期	苗期	拔节期	抽雄期	灌浆成熟期	总生育期
SF-1	64	99	161	120	115	559
SF-2	60	100	159	117	111	547
SF-3	68	93	149	112	98	521
SF-4	65	87	156	101	102	511
SF-5	61	83	151	98	94	487
SF-6	56	84	149	93	87	469
SF-7	59	79	136	87	92	453
SF-8	62	77	131	83	86	439
SF-9	61	62	129	78	89	419
SF-10(CK)	59	57	135	82	80	413

表3-10　玉米不同处理各生育期阶段耗水模数　单位：%

处理号	生育期耗水模数				
	播种—出苗期	苗期	拔节期	抽雄期	灌浆成熟期
SF-1	11.45	17.71	28.80	21.47	20.57
SF-2	10.97	18.28	29.07	21.39	20.29
SF-3	13.05	17.85	28.60	21.50	18.81
SF-4	12.72	17.03	30.53	19.77	19.96
SF-5	12.53	17.04	31.01	20.12	19.30
SF-6	11.94	17.91	31.77	19.83	18.55
SF-7	13.02	17.44	30.02	19.21	20.31
SF-8	14.12	17.54	29.84	18.91	19.59
SF-9	14.56	14.80	30.79	18.62	21.24
SF-10(CK)	14.29	13.80	32.69	19.85	19.37

表3-11　玉米不同处理各生育阶段日耗水强度　单位：mm/d

处理号	生育期耗水强度				
	播种—出苗期	苗期	拔节期	抽雄期	灌浆成熟期
SF-1	3.20	3.30	4.24	4.80	3.19
SF-2	3.00	3.33	4.18	4.68	3.08
SF-3	3.41	3.11	3.92	4.48	2.72
SF-4	3.25	2.90	4.11	4.04	2.83
SF-5	3.05	2.77	3.97	3.92	2.61
SF-6	2.80	2.80	3.92	3.72	2.42
SF-7	2.95	2.63	3.58	3.48	2.56
SF-8	3.10	2.57	3.45	3.32	2.39
SF-9	3.06	2.07	3.39	3.12	2.47
SF-10(CK)	2.95	1.90	3.55	3.28	2.21

从水分处理分析，SF-1、SF-2、SF-3为高水处理，土壤长期保持湿润状态，水分容易蒸发；同时该处理的作物生长状态最好，作物蒸腾较其他处理要大，所以SF-1、SF-2、SF-3处理全生育期的耗水量最大，全生育期耗水量为521～559mm。SF-4、SF-5、SF-6处理为中水处理，全生育期作物需水适中，依靠一定的降雨，水分蒸发相对少，生长状态良好，相对充分灌溉处理生长发育受到一定抑制，所以SF-4、SF-5、SF-6处理全生育期的耗水量适中，全生育期耗水量为469～511mm。SF-7、SF-8、SF-9为低水处理，作物需水基本上是依靠天然降雨，所以该处理土壤干燥，水分不易蒸发；作物受阶段性干旱影响，生长发育受到抑制，作物蒸腾降低，导致该处理耗水量最低，全生育期耗水量为419～453mm。SF-10为当地对照处理，全生育期耗水量为413mm。

玉米不同处理在各生育期耗水量在 56～161mm 之间变化，耗水强度在 1.90～4.80mm/d 之间变动，变幅较大。各生育期耗水强度总体变化呈现抽雄期、拔节期较高，灌浆成熟期、苗期较低的变化趋势，同时由于玉米全生育期内拔节期持续时间较长，该生育阶段的耗水量、耗水模数均为生育期内的峰值水平。

2. 不同水文年玉米耗水量研究

喷灌试验区玉米有灌水的条件下，不同水文年玉米全生育期耗水量为 479～523mm，其中枯水年全生育期耗水量最大可达 522mm，该年份空气湿度相对较低，作物耗水量较高，降水最少，灌水量最大；平水年降水量增加，灌溉水减少，全生育期总耗水量略小，513mm；丰水年由于降水较丰富，空气湿润，生育期内作物蒸腾损失最少，总生育期耗水为 479mm。采用中水分处理平均值计算得到不同水文年玉米耗水量见表 3-12。

表 3-12　不同水文年玉米各生育阶段耗水量　　单位：mm

水平年	生育期耗水量					
	播种—出苗期	苗期	拔节期	抽雄期	灌浆成熟期	总生育期
丰水年	46	69	184	95	85	479
平水年	49	74	197	102	91	513
枯水年	50	75	200	104	93	522

3.2.3.2 玉米水分生产率评价

植物的生长发育涉及诸多的环境因素，只有这些因素适宜时，作物才能正常的新陈代谢和生长发育。当某一因素不能达到作物所需的水平时就会对作物的生长发育造成影响，如果这种影响超过作物所能承受的范围，则会对作物产生伤害作用，造成减产，甚至死亡。

玉米每消耗 1m³ 水所能生产的籽粒产量定义为水分生产率 WUE：

$$WUE = Y/ET \tag{3-4}$$

式中：Y 为玉米产量，kg/亩；ET 为玉米耗水量，m³/亩。

根据试验所得的耗水量、作物产量和由式（3-4）计算的水分生产率，见表 3-13。

表 3-13　不同水分处理下玉米产量和增产率

处理号	产量/(kg/亩)	耗水量/(m³/亩)	水分生产率/(kg/m³)	增产率/%
SF-1	715	372.67	1.92	0.66
SF-2	633	364.67	1.74	0.47
SF-3	511	347.05	1.47	0.18
SF-4	697	340.67	2.05	0.61
SF-5	614	324.67	1.89	0.42
SF-6	507	312.74	1.62	0.17
SF-7	533	302.00	1.76	0.23
SF-8	478	292.67	1.63	0.11
SF-9	437	279.53	1.56	0.01
SF-10(CK)	432	275.01	1.57	0.00

由表3-13可知，同样高水分条件下（SF-1、SF-2、SF-3），兼顾机耕施肥与喷灌机水肥同施的高水平肥力处理，水分生产率大，最高可达1.92kg/m³，肥料利用率相对最高；中等水分条件下（SF-4、SF-5、SF-6），兼顾机耕施肥与喷灌机水肥同施的中水高肥处理（SF-4）在所有处理中水分生产率最高，达到2.05kg/m³，经济效益最大；低水分条件下（SF-7、SF-8、SF-9），仅仅依靠机耕施肥的处理（SF-9），在同等灌水条件下产量最低，水分利用效率仅为1.56kg/m³。

3.3 玉米灌溉制度试验研究

3.3.1 研究内容

结合区域特点，在内蒙古东部水资源匮乏、地下水超采严重的通辽地区，紧紧围绕粮食增产，依托喷灌高效节水工程措施，研究与示范推广玉米高效节水灌溉制度，进行规模化技术示范推广，大幅度提高灌溉水的生产效率、水的利用率及综合效益。

3.3.2 研究方案与方法

本试验设计方案与3.2节中玉米需水规律试验设计方案一致，采用水表对大型喷灌机喷水量进行量测，各处理3个重复同时灌水，2014—2018年玉米各生育期灌水量见表3-14。

表3-14　2014—2018年玉米各生育期灌溉水量

处理	2014年		2015年		2016年		2017年		2018年	
	灌水次数	灌溉定额/mm	灌水次数	灌溉定额/mm	灌水次数	灌溉定额/mm	灌水次数	灌溉定额/mm	灌水次数	灌溉定额/mm
SF-1	4	200	4	195.00	4	195.00	3	192	4	288
SF-2	4	200	4	195.00	4	195.00	3	192	4	288
SF-3	4	200	4	195.00	4	195.00	3	192	4	288
SF-4	3	130	2	127.50	2	127.50	3	144	3	240
SF-5	3	130	2	127.50	2	127.50	3	144	3	240
SF-6	3	130	2	127.50	2	127.50	3	144	3	240
SF-7	2	70	1	78.00	1	78.00	2	96	3	192
SF-8	2	70	1	78.00	1	78.00	2	96	3	192
SF-9	2	70	1	78.00	1	78.00	2	96	3	192
SF-10(CK)	2	80	2	97.50	2	97.50	1	48	1	75

3.3.3 研究结果

3.3.3.1 玉米作物-水模型的选取

作物水分模型包括全生育期作物水模型和生育阶段作物水模型，本书选取以上介绍的

5种具有代表性的模型，即 Stewart 模型、Jensen（1968）模型、Blank（1975）模型、Singh（1987）模型、Minhas（1976）模型，来描述大型喷灌条件下玉米产量与水分亏缺的关系，为当地灌溉管理决策提供依据。

作物生育阶段水分的数学模型包含供水时间和数量多少两方面对作物产量的影响，称为时间水分生产函数。作物生育阶段水分的数学模型建模是将作物的连续生长过程划分为若干个不同生育阶段，认为在作物相同生育阶段水分具有等效性，在作物不同生育阶段才具有变化。

作物不同生育阶段水分对作物产量的影响是复杂的。一般以作物单一生育阶段水分的数学模型为基础，用数学模型的结构关系表征作物不同生育阶段水分对产量的相互影响，例如乘法模型或加法模型。

不同生育阶段缺水受旱对产量影响是不同的。相关研究表明水分亏缺量对作物产量的影响更大。在生育阶段水分生产函数的模型中，又有乘法模型和加法模型两类。

结合当地的气象资料分析，玉米的拔节期正好处于通辽地区的雨季，土壤长期处于丰水状态，不适宜进行灌溉，因此未对拔节期进行干旱处理设计。本书根据2015年实测的不同水分处理的产量及蒸发蒸腾量，运用上述各模型，计算对玉米播种—出苗期、苗期、拔节期、抽雄期、灌浆成熟期五个生育阶段对应的水分敏感指数，计算结果见表3-15。

表3-15　　玉米各生育期水分敏感指数及参数检验结果

模型	生育期					R^2	F
	播种—出苗期	苗期	拔节期	抽雄期	灌浆成熟期		
Blank	−0.0430	0.3885	0.0224	0.0835	0.5345	0.9938	$F>F_{0.01}$
Jensen	0.298	0.2721	1.5653	0.4182	0.7047	0.9197	$F>F_{0.01}$
Singh	0.0657	0.8141	−1.4544	0.0701	2.4788	0.9890	$F>F_{0.01}$
Minhas	0.427	0.2701	1.9457	0.495	0.495	0.9571	$F>F_{0.05}$
Stewart	−0.0460	0.3530	0.4669	0.3640	1.7645	0.9303	$F>F_{0.05}$

对于大型喷灌条件下的玉米，五种模型 F 值均大于 $F_{0.05}$，回归效果显著，但 Blank、Stewart、Singh 敏感指数出现负值，意味着该作物缺水具有增产的效应。相关研究认为，在作物的生理或栽培的某些特殊阶段，如蹲苗期，缺水有利于作物根系发育而使产量增加，此时若敏感指数出现负值有一定的合理性，其他时期敏感指数出现负值则无法给出合理的解释。综上所述，Jensen、Minhas 模型能较好地表达该地区玉米生育阶段产量和水分的量化关系。水分敏感程度顺序为拔节期、灌浆成熟期、抽雄期、播种—出苗期、苗期。

3.3.3.2　喷灌条件下玉米灌溉制度优化

1. 动态模型规划的基本方程

本研究采用动态规划法对项目区干旱年内玉米喷灌灌溉制度进行优化。灌溉制度优化是指为了达到产量最大而对有限水量进行时序和水量的最优分配策略。最早的灌溉制度研究比较简单和单一，就是使作物各生育期不受旱，从而得到最大产量。张兵等（2005）在山西李堡试验区进行了小麦和玉米优化灌溉模型的研究，在一定灌水量下利用最优保留策略遗传算法得出了多种作物之间的最优分配解。

从前面计算得到了该地区玉米各生育阶段的敏感指标，确定该地区的水模型为Jensen模型。具体表达式见式（3-5）：

$$\frac{Y_a}{Y_m}=\left(\frac{ET_a}{ET_m}\right)_1^{0.298}\times\left(\frac{ET_a}{ET_m}\right)_2^{0.2721}\times\left(\frac{ET_a}{ET_m}\right)_3^{1.5653}\times\left(\frac{ET_a}{ET_m}\right)_4^{0.4182}\times\left(\frac{ET_a}{ET_m}\right)_5^{0.7047} \tag{3-5}$$

式中：Y_a 为实际产量；Y_m 为最大产量；ET_a 为实际腾发量；ET_m 为最大腾发量。

以上模型有两个状态变量和一个决策变量的二维动态规划问题，采用逆向递推法进行求解。对于一定的状态，有唯一的最优决策 d_i。

2. 动态模型规划的建立

把实际过程变为动态规划，本书按生育阶段划分，以Jensen模型为基础并建立目标函数。推算动态模型中变量及参数，具体如下：

（1）阶段变量。对玉米生长的阶段进行编号，玉米的生长发育阶段划分为播种—出苗期、苗期、拔节期、抽雄期、灌浆成熟期5个生育期，因此 $i=1$，2，3，4，5。

（2）决策变量。两个决策变量为各生长发育阶段的实际灌溉用水量 d_i 和实际蒸发蒸腾量 ET_{ai}，$i=1$，2，3，4，5。

（3）状态变量，包括：①玉米各生育初可用于分配的灌溉水量 q_i；②计划湿润层内，可供作物利用的土壤水量 W_i。

（4）系统方程。

1）水量分配方程：

$$q_{i+1}=q_i-d_i \tag{3-6}$$

式中：q_i 为第 i 阶段初可分配的水量，mm；q_{i+1} 为第 $i+1$ 阶段初可分配的水量，mm。

2）土壤水量平衡方程：

$$ET_{ai}=W_i-W_{i+1}+P_i+d_i+K_i-D_i \tag{3-7}$$

式中：W_i 为第 i 阶段始末土壤的储水量，mm；W_{i+1} 为第 $i+1$ 阶段始末土壤的储水量，mm；ET_{ai} 为第 i 阶段实际腾发量，mm；P_i 为有效降雨量，mm；K_i 为地下水补给量，mm；d_i 为灌溉水量，mm；D_i 为深层渗漏量，mm。

3. 模型求解

以上模型是两个状态变量和一个决策变量的二维动态规划问题，采用逆向递推法进行求解。对于一定的状态，有唯一的最优决策 d_i。

模型求解过程如下：

（1）将末阶段初始可供水量以步长 r 离散，则共有 q_i 个决策。决策变量 $d_i=0$，1，2，…，q_i，共有 L 个。分别计算 v_i 值，此时：

$$f_i^*(q_i,d_i)=v_i(q_i,d_i) \tag{3-8}$$

（2）对 $i-1$ 阶段，决策变量 $d_{i-1}=0$，1，2，…，q_{i-1} 时，相应的有 $v_{i-1}(q_{i-1}, d_{i-1})$，按照水量分配方程可算出 q_i，再根据上一步骤计算结果，查出相应的 $f_i^*(q_i, d_i)$。通过递推公式求出不同决策 d_{i-1} 时 $f_{i-1}^*(q_{i-1}, d_{i-1})$ 值，从中得到最大的 $f_{i-1}^*(q_{i-1}, d_{i-1})$ 值，即相应的最优决策 d_{i-1}^*。

（3）逐级向前推算，分别推出各阶段的最优解。

（4）先求出第一阶段的状态变量，再通过正序递推，利用系统方程求得第二阶段的状态变量，直至最后推算到末阶段。最优策略（d_1^*，d_2^*，d_3^*，…，d_i^*）和全过程的最优目标函数值 f^* 也通过正序递推得到。

该模型的具体推算过程如下：

$$\begin{cases} f_i(q_i)=\max\{R_i(q_i,d_i)\cdot f_{i+1}(q_{i+1})\} \\ f_{(6)}(q_6)=f_{(6)}(0)=1, i=6 \\ R_i(q_i,d_i)=\left(\dfrac{ET_{ai}}{ET_{mi}}\right)_i^{\lambda}=\left(\dfrac{W_i-W_{i+1}+P_i+d_i}{ET_{mi}}\right)^{\lambda_i} \\ q_{i+1}=q_i-d_i \\ q_1=Q \end{cases} \tag{3-9}$$

4. 灌溉制度优化结果

根据上面的递推过程，制定出内蒙古东部地区玉米喷灌条件下灌溉制度优化结果（表 3-16）。

表 3-16　　喷灌条件下玉米灌溉制度优化结果

水文年型	灌溉制度	苗期	拔节期	抽雄期	灌浆成熟期	全生育期
枯水年	灌水次数	1	2	1	1	5
	灌水定额/(m^3/亩)	24	31	33	33	152
平水年	、灌水次数	1	1	1	1	4
	灌水定额/(m^3/亩)	24	31	33	33	121

3.3.3.3 内蒙古东部地区 ET_0 计算及玉米喷灌条件下 K_c 确定

1. 各土层含水率与降雨、灌水的关系

为了确定该试验田玉米的作物系数 K_c，在核心试验区另设一个处理，2 个重复 SF-11A、SF-11B。每个小区设土壤水分自动观测仪，每小时自动记录土层 10～60cm 处的含水量。

从图 3-2 可以看出，在土层 10cm 处，含水量变化明显，变幅较大，有灌水和降雨的时候，水量变化明显且较快。在土层 20cm 处，含水量变化相比 10cm 处有所减少，波动变缓。有灌水和降雨的时候，水量变化明显且快，SF-11A 的含水量低于 SF-11B，这个主要是由土壤性质决定的，SF-11A 土层偏砂性，保水性差，SF-11B 土层偏壤性。在土层 30cm 处，含水量比 20cm 处出苗高，有灌水和降雨的时候出现滞后现象，含水率变化反应减慢。在土层 40cm 处，含水量比其他层要高，变化幅度降低，有灌水和降雨的时候，滞后现象明显。SF-11A 的含水率远低于 SF-11B。在土层 60cm 处，含水率变化曲线明显变缓，有灌水和降雨的时候，变化幅度明显降低，含水率变化有较明显的滞后效应。

2. 土体储水量和入渗量或补给量的计算

根据各生育期 0～60cm 土层 ΔSWS 的变化，计算得到土壤入渗量和补给量 Q，计算结果见表 3-17。

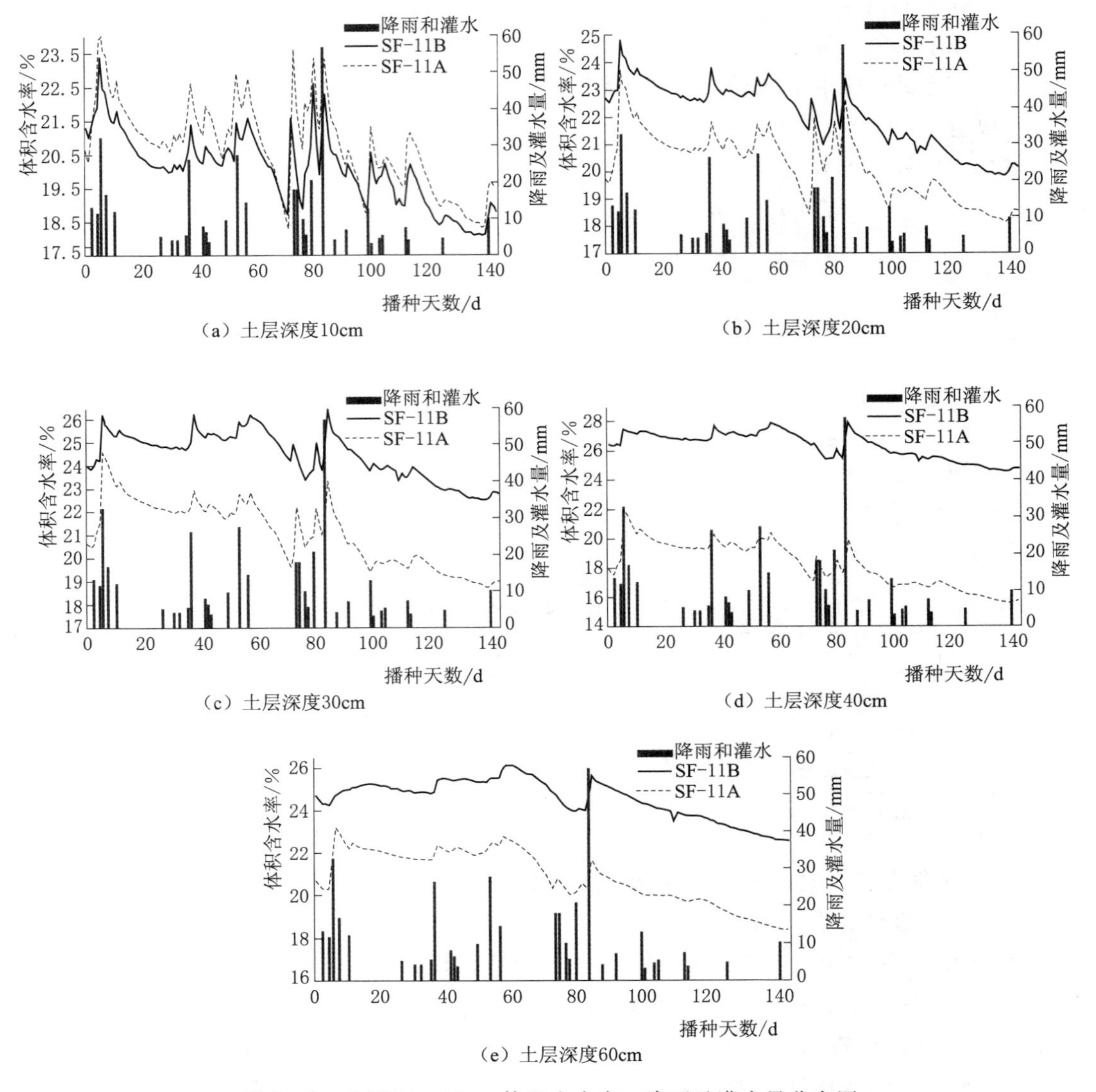

（a）土层深度10cm

（b）土层深度20cm

（c）土层深度30cm

（d）土层深度40cm

（e）土层深度60cm

图3-2 土层10～60cm体积含水率、降雨及灌水量分布图

表3-17　　各处理 Q 和 ΔSWS 的值

生育期	处理SF-11A		处理SF-11B	
	Q/mm	ΔSWS/mm	Q/mm	ΔSWS/mm
播种—出苗期	−5.65	29.94	−0.13	42.26
苗期	5.54	−2.15	−0.30	−1.77
拔节期	14.22	−2.49	−0.17	−1.21
抽雄期	12.53	−7.95	−0.13	−2.17
灌浆成熟期	25.35	−6.29	−0.13	−7.15

3. 作物 K_c 值的确定

采用 FAO56 Penman Monteith 公式，见式（3-10）：

$$ET_0=\frac{0.408\Delta(R_n-G)+\gamma\frac{900}{T+273}u_2(e_s-e_a)}{\Delta+\gamma(1+0.34u_2)} \tag{3-10}$$

式中：ET_0 为参考作物蒸发蒸腾量，mm/d；R_n 为作物冠层表面的净辐射，MJ/(m^2·d)；G 为土壤热通量，MJ/(m^2·d)；T 为 2m 高度处的日平均气温，℃；u_2 为 2m 高度处的日平均风速，m/s；e_s 为饱和水汽压，kPa；e_a 为实际水汽压，kPa；Δ 为饱和水汽压与温度曲线的斜率，即水汽压曲线斜率，kPa/℃；γ 为湿度计常数，kPa/℃。

根据实测数据计算了 5—9 月的逐日 ET_0（图 3-3）。玉米生育期内 ET_0 在 0.97～8.81mm/d 之间变化，ET_0 有先增大后减小的趋势。

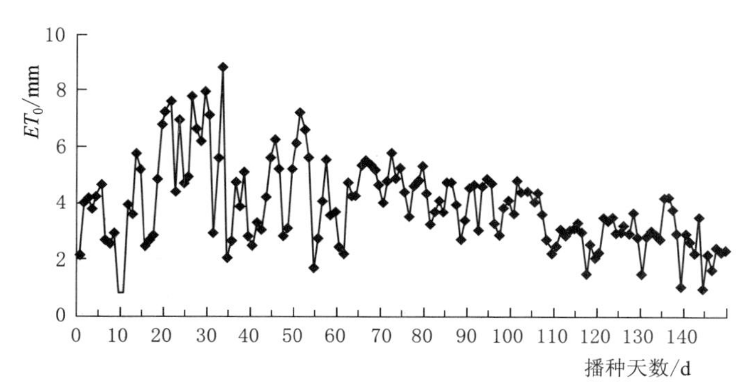

图 3-3 玉米生育期内 ET_0 变化

根据定位通量法及水量平衡公式计算作物各生育期 ET_c，作物系数 K_c 为 ET_c 与 ET_0 的比值，计算结果见表 3-18。作物系数生长初期为 0.5，快速生长期为 1.0，生长中期为 1.09，生长后期为 0.46。

表 3-18　　各处理作物系数 K_c 值

生育期	处理 SF-11A			处理 SF-11B			平均
	ET_c/mm	ET_0/mm	K_c	ET_c/mm	ET_0/mm	K_c	K_c
生长初期（播种—苗期）	130.91	248.22	0.53	117.9	248.22	0.47	0.50
快速生长期（拔节期）	130.91	123.94	1.06	115.24	123.94	0.93	1.0
生长中期（抽雄期）	108.89	91.70	1.19	90.45	91.70	0.99	1.09
生长后期（灌浆成熟期）	62.64	109.97	0.57	38.02	109.97	0.35	0.46

3.4 玉米水肥一体化试验研究

3.4.1 研究内容

针对目前喷灌施肥系统存在的不足及喷灌系统发展过程中急需的高效易操作的施肥系

统，有效提高水、肥的利用率和施肥系统的自动化、智能化程度，极大降低施肥的劳动强度，开展喷灌施肥系统研制。根据示范区土壤特性和玉米需水需肥规律，结合大型喷灌机主要技术参数，设计不同水肥条件下的试验小区，开展大型喷灌条件下水肥一体化田间试验研究。

现有的喷、滴灌系统施肥多采用配套压差式施肥罐进行，因现有固体性化肥溶解性较差以及系统压力和罐内液位的变化，往往导致施肥量不稳定和一定量的肥料残留在施肥罐内；且因施肥作业的不方便，多数地区大量的化肥作为底肥一次性在翻耕前施入耕作层，由此导致一定量的化肥随灌溉水、降水渗入根系层以下土壤，甚至地下水体。年积月累，造成地下水体的富营养化（氮、磷超标）及区域生态环境难以逆转的破坏，严重影响生态环境和人民身体健康，可见适量、科学施肥很有必要。

本研究旨在研发并提供一种适合玉米生长发育的喷灌水肥一体化思路，用以克服上述技术缺陷，显著提高水、肥利用率与生产率。

3.4.2 研究方案与方法

(1) 高水平肥力处理分别施用氮肥、磷肥、钾肥 20kg/亩、9kg/亩、15kg/亩，氮肥 40%作为底肥施入，苗期末期（或拔节初期）由机耕直接施入田间氮肥 30%，剩余 30%所缺氮肥在玉米拔节期和灌浆成熟期分 3 次用注肥泵注入喷灌机供水管道。为防止液体氮肥施用量过大对玉米造成伤害，每次注肥浓度不超过 3%。磷肥作为底肥一次性施入田间，钾肥分别作为底肥、苗期（或拔节初期）追肥由机耕分两次施入田间。

(2) 中水平肥力分别施用氮肥、磷肥、钾肥 15kg/亩、6kg/亩、10kg/亩，氮肥 40%作为底肥施入，苗期末期（或拔节初期）由机耕直接施入田间氮肥 30%，剩余 30%所缺氮肥在玉米拔节期分 2 次用注肥泵注入喷灌机供水管道。为防止液体氮肥施用量过大对玉米造成伤害，每次注肥浓度不超过 3%。磷肥作为底肥一次性施入田间，钾肥分别作为底肥、苗期（或拔节初期）追肥由机耕分两次施入田间。

(3) 低水平肥力分别施用氮肥、磷肥、钾肥 10kg/亩、3kg/亩、5kg/亩，氮肥 60%作为底肥施入，苗期末期（或拔节初期）由机耕直接施入田间氮肥 40%。磷肥作为底肥一次性施入田间，钾肥分别作为底肥、苗期（或拔节初期）追肥由机耕分两次施入田间。

其中氮肥、磷肥、钾肥的施用比例通过三料复合肥与尿素进行调配。按低水平施肥量做基肥结合农家肥施入耕作层土壤。采用电力驱动水肥一体化，根据设计方案和系统作业流程将液态肥注入喷灌系统，进行机耕施肥与氮肥补偿性水肥同施。玉米不同水肥处理施肥时间与方式设计见表 3-19。

表 3-19　　玉米不同水肥处理施肥时间与方式设计表

处理水平	氮肥施肥时间	磷肥施肥时间	钾肥施肥时间
高水平肥力 SF-1、SF-4、SF-7	氮肥 40%作为底肥施入，苗期末期（或拔节初期）由机耕直接施入田间氮肥 30%，剩余 30%所缺氮肥在玉米拔节期和灌浆成熟期分 3 次用注肥泵注入喷灌机供水管道	磷肥作为底肥一次性施入田间	钾肥分别作为底肥、苗期（或拔节初期）追肥由机耕分两次施入田间

续表

处理水平	氮肥施肥时间	磷肥施肥时间	钾肥施肥时间
中水平肥力 SF-2、SF-5、SF-8	氮肥40%作为底肥施入，苗期末期（或拔节初期）由机耕直接施入田间氮肥30%，剩余30%所缺氮肥在玉米拔节期分2次用注肥泵注入喷灌机供水管道	磷肥作为底肥一次性施入田间	钾肥分别作为底肥、苗期（或拔节初期）追肥由机耕分两次施入田间
低水平肥力 SF-3、SF-6、SF-9	氮肥60%作为底肥施入，苗期末期（或拔节初期）由机耕直接施入田间氮肥40%	磷肥作为底肥一次性施入田间	钾肥分别作为底肥、苗期（或拔节初期）追肥由机耕分两次施入田间

3.4.3 研究结果

3.4.3.1 喷灌均匀度研究

对平移式喷灌机，采用克里斯琴森（Christiansen）公式计算水量分布均匀系数。增加的性能参数可用于描述水量分布均匀性。克里斯琴森水量分布均匀系数按式（3-11）和式（3-12）计算：

$$C_{uc}=100\left(1-\frac{\sum_{i=1}^{n}V_i-V}{\sum_{i=1}^{n}V_i}\right) \tag{3-11}$$

$$V=\frac{\sum_{i=1}^{n}V_i}{n} \tag{3-12}$$

式中：C_{uc}为克里斯琴森水量分布均匀系数；n为用于数据分析的雨量筒个数；V_i为第i个雨量筒内收集的水的体积（也可用质量和水深），L；V为用于数据分析的所有雨量收集水的体积（质量或水深）的算数平均值，L。

计算出的水量分布均匀系数应被作为基于实验中的田间条件、周围环境、工作压力及其他变量条件下的喷头组建性能的显示。

核心试验区平移式喷灌机共有喷头38个，喷灌机长度120m，行进距离250m，平均3m摆一个量测桶，横向上共有40个量测桶，纵向上30m一组水桶，量测桶共布置6组（图3-4）。在6组试验中，喷灌机每行进20s，停4min，在4min20s内喷灌机平均行进

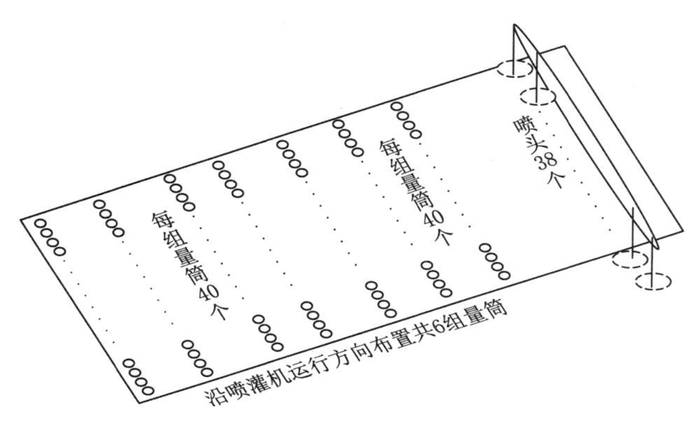

图3-4　喷灌机均匀试验量筒布置图

距离0.76m，灌水定额18m^3/亩（27mm）。

经计算，与喷灌机平行方向的喷灌均匀系数平均值为82.92%，该均匀度可基本满足水肥一体化均匀施肥要求，喷灌均匀系数见表3-20。

表3-20　与喷灌机平行方向的喷灌均匀系数　%

喷头编号	第1组量筒均匀系数	第2组量筒均匀系数	第3组量筒均匀系数	第4组量筒均匀系数	第5组量筒均匀系数	第6组量筒均匀系数
1	99.83	62.49	72.71	68.25	90.29	63.90
2	86.05	90.78	86.21	68.82	79.71	95.68
3	71.88	79.41	77.44	89.37	99.93	94.52
4	93.23	98.81	95.47	94.92	99.72	80.45
5	65.10	46.32	67.50	61.35	82.47	99.75
6	74.74	41.97	60.64	89.80	98.32	66.04
7	66.52	82.10	61.64	61.35	62.23	86.59
8	53.81	61.37	85.21	69.40	67.52	85.62
9	78.29	72.97	70.62	85.34	76.81	80.45
10	91.29	83.22	97.28	90.09	87.97	94.83
11	87.12	91.49	97.71	85.49	70.37	77.81
12	91.10	98.91	83.40	80.32	96.02	86.60
13	96.76	87.68	87.38	71.41	84.86	99.86
14	86.19	88.19	98.70	99.14	64.97	99.93
15	71.32	69.54	71.58	70.12	37.38	93.65
16	87.36	92.11	59.54	99.28	85.32	96.43
17	84.27	88.03	89.69	99.50	92.13	99.75
18	99.54	88.60	98.88	98.08	87.97	86.55
19	91.74	90.37	82.55	87.50	80.32	61.29
20	83.09	87.68	87.63	80.75	83.39	83.27
21	84.88	74.44	80.38	82.04	97.31	87.76
22	88.22	72.16	47.90	96.55	86.01	97.93
23	93.23	99.87	72.57	98.42	51.51	85.62
24	91.85	91.49	90.79	98.71	85.58	80.45
25	61.20	77.06	88.34	70.40	61.17	70.07
26	86.08	7.93	96.75	83.76	99.70	82.73
27	84.13	77.61	91.35	99.86	78.10	55.76
28	83.73	78.69	91.46	55.75	98.44	82.16
29	94.94	81.24	97.60	79.74	84.29	53.37
30	90.14	51.53	99.56	90.95	89.60	92.58
31	64.41	85.53	86.92	95.12	92.02	92.86
32	77.62	81.38	87.09	86.64	79.23	62.25
33	95.02	82.30	89.76	86.49	80.63	84.45
34	52.10	79.95	89.08	85.49	84.43	95.15
35	74.36	93.96	82.98	73.85	86.70	76.27
36	82.46	93.77	88.67	95.36	81.89	87.12
37	99.11	83.53	88.23	92.96	86.36	93.44
38	98.89	77.71	87.91	96.55	81.89	98.54
平均值	83.20	78.74	83.92	84.71	82.44	84.51

3.4.3.2 喷灌条件下不同灌水和施肥对玉米生长的影响

水分和养分在农业生产中具有协同效应，只有合理匹配水肥因子，才能起到以肥调水、以水促肥，充分发挥水肥因子的增产作用。喷灌作为一种先进的节水灌溉技术，具有节水、增产、改善作物品质的优点，通过输水管道系统进行水肥一体化灌溉作业不仅可以提高水肥效应，有效节约水资源和肥料，还可以根据作物的生长发育进程，有效调节作物水分和养分供给，实现高产、高效。研究喷灌施肥条件下不同灌水和施肥对作物生长发育的影响，对合理确定玉米需水量和灌溉制度具有重要参考作用。

1. 不同灌水量和施肥量对玉米株高的影响

从图3-5～图3-7可以看出，玉米株高动态生长过程总体呈S形生长曲线。在苗期，玉米株高生长速率较小，随着生育阶段的延续，玉米株高的生长速率在不断加快；到了拔节期，曲线的斜率达到最大，表明在这个阶段株高的生长速率达到最大，玉米以生殖生长为主；到了抽雄期，曲线斜率变缓，生长速率变缓，生长变缓；到了灌浆成熟期，玉米停止生长，玉米生殖生长转化为营养生长，开始物质积累。随着玉米生育期的推进，玉米对水分需求逐渐增大，使得不同灌水水平下的玉米株高差异性也逐渐加大。

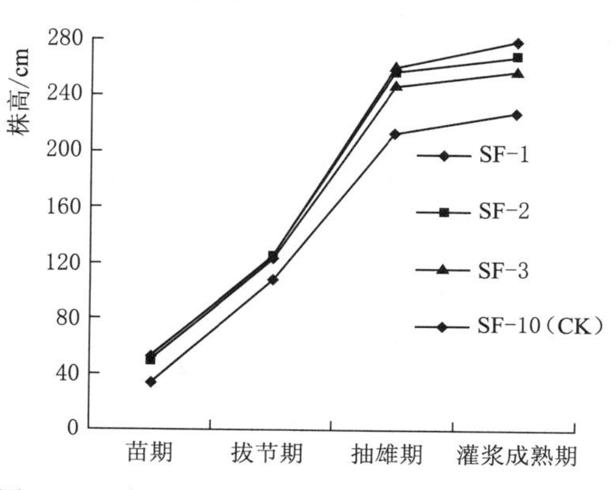

图3-5 高水分处理下施肥量对玉米株高的影响

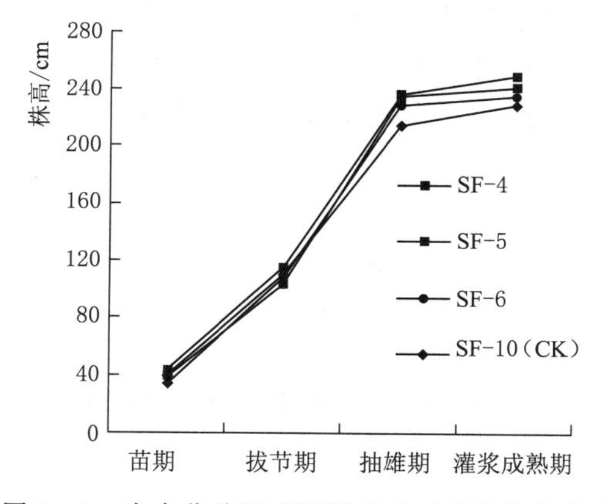

图3-6 中水分处理下施肥量对玉米株高的影响

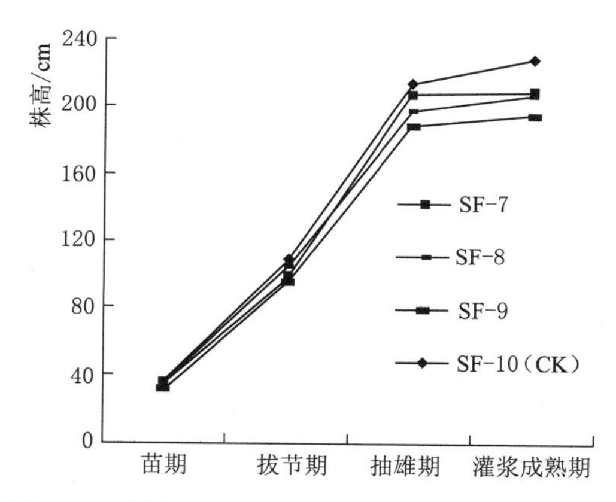

图3-7 低水分处理下施肥量对玉米株高的影响

由图3-5可得，在高水分处理下，SF-1、SF-2、SF-3各阶段的株高明显高于SF-10(CK)。在苗期，各处理之间株高变化不大；从拔节期开始，不同施肥处理的株高开始变化；到了抽雄期，灌浆成熟期后，株高差距明显，各处理的株高表现为SF-1>SF-2>SF-3>SF-10(CK)，可知随着施肥量的增加，玉米株高也在增加，且增加较明显。在灌水量得到满足的情况下，随着玉米生育期的推进，不同施肥量对株高从无差异到差异逐渐增加，但高施肥量影响有限。由图3-6可得，在中水分处理下，SF-4、SF-5、SF-6各阶段的株高高于SF-10(CK)处理；各处理的玉米株高基本满足SF-4>SF-5>SF-6>SF-10(CK)，也可得随着施肥量的增加，玉米株高也在增加，且增加量没有高水分处理下明显，此时水分已经对作物的生长产生了影响。由图3-7可得，在低水分处理下，SF-7、SF-8、SF-9各阶段的株高低于SF-10(CK)处理；各处理的玉米株高基本满足SF-10(CK)>SF-7>SF-9>SF-8，随着施肥量的增加，玉米株高有一定的变化，但是变化不明显。低水分处理下，玉米受到了严重的水分胁迫，此时玉米生长受限的主要因素是水分，SF-10(CK)处理的灌水量大于本试验的低水分处理灌水量，所以出现了SF-10(CK)处理的株高高于本试验低水分处理的株高。

相同肥力条件下，各处理的玉米株高表现为高水分处理>中水分处理>SF-10(CK)>低水分处理，玉米株高与灌水量成正相关。由整体对比可以得出，水量的变化对玉米株高生长的影响大于施肥量的变化。由以上分析可知，在不同施肥量和灌水量水平下，水和肥在SF-1水平下对株高产生最佳耦合效应。

2. 不同灌水量和施肥量对玉米茎粗的影响

茎粗也是衡量玉米生长的重要指标之一。玉米茎粗的变化主要是由自身生长和体内水势决定的，当根系吸水充足时玉米茎粗加大，亏缺时茎粗减小，因而茎粗是对玉米体内的水分状况和周围环境因素最直接的反映。从作物生理角度讲，玉米各个器官的变化与体内水分状况息息相关，且植株各个器官之间存在着相互影响、相互协调的关系，因此玉米的茎粗直接影响到叶片的生长，进而影响玉米的光合作用，合理的水肥调控有利于茎粗的生长，对玉米生长及产量形成具有极为显著的影响，有着不可或缺的作用。

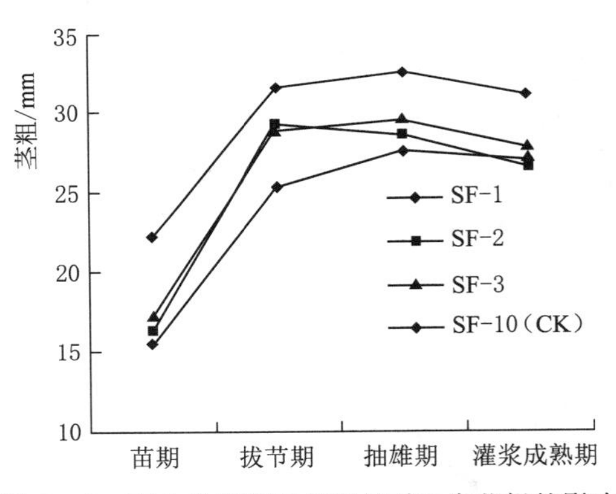

图3-8 高水分处理下施肥量对玉米茎粗的影响

从图3-8～图3-10可以看出，玉米生长刚进入苗期时，由于茎粗自身生长比较缓慢，灌水量和施肥量对玉米茎粗无显著影响；到拔节期，这一阶段玉米处于营养生长阶段，茎粗生长开始加快，不同灌水量和施肥量对玉米的茎粗产生显著性影响；从拔节期末期到抽雄期，玉米茎粗生长变慢，营养生长和生殖生长之间的矛盾开始加剧，并且需水量也逐渐增加，不同灌水量和施肥量对玉米茎粗产生显著影响；到灌浆成熟期，玉米茎生长基本停止；到了灌浆成熟后期，茎粗有小幅度的下降。

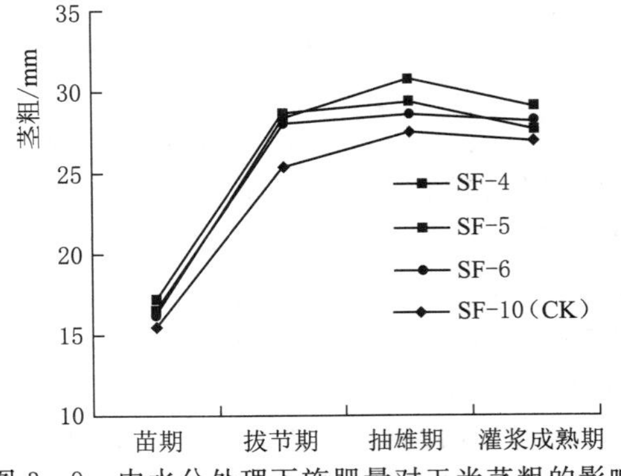

图3-9 中水分处理下施肥量对玉米茎粗的影响

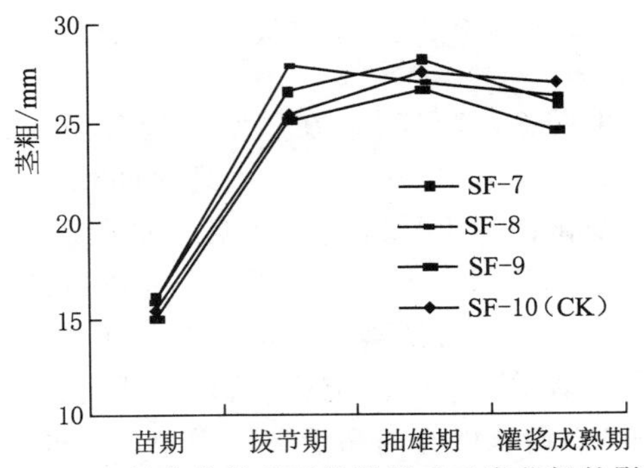

图3-10 低水分处理下施肥量对玉米茎粗的影响

由图 3－8 可得，在高水分处理下，玉米茎粗整体趋势是 SF－1、SF－2、SF－3 处理的茎粗明显高于 SF－10(CK) 处理，高水高肥的 SF－1 处理各阶段的茎粗最大，由于水分充足使得肥料充分溶解促进玉米植株对根系的吸收，茎粗在这一水平下茎粗显著升高，玉米各阶段茎粗随施肥量的增加而增加。由图 3－9 可得，在中水分处理下，玉米茎粗基本满足 SF－4＞SF－5＞SF－6＞SF－10(CK)，也可得随着施肥量的增加，玉米茎粗也在增加，且增加没有高水分处理下明显，此时水分已经对作物的生长产生了影响。在低水分处理下，SF－7、SF－8、SF－9 各阶段的茎粗基本低于 SF－10(CK)，各处理的玉米茎粗基本满足 SF－10(CK)＞SF－7＞SF－8＞SF－9，由于水分严重亏缺影响玉米植株对肥料的吸收利用，使得不同施肥量对玉米茎粗的影响不明显。

同肥力条件下，各处理的玉米茎粗整体表现为高水分处理＞中水分处理＞SF－10(CK) 处理＞低水分处理，玉米茎粗随着灌水量的增加而增加。由以上分析可知，在不同施肥量和灌水量水平下，水和肥在高水高肥时对茎粗产生最佳耦合效应。

3. *不同灌水量和施肥量对玉米叶面积的影响*

绿叶是玉米主要的光合作用器官，研究表明玉米累积的干物质 88%～95%是通过叶片的光合作用合成的，而光合作用的高低与玉米的产量和品质是密不可分的，因此叶片的面积大小对玉米的生长有着极为重要的影响。叶面积指数（LAI）是玉米生长发育和光合作用状况的常用指标之一，分析玉米叶面积指数在生育期内的变化过程以及土壤水分、肥力水平与叶面积之间的关系对于摸清喷灌条件下水肥耦合对玉米生长发育的影响具有重要意义。

从图 3－11～图 3－13 可以看出，玉米在苗期由于气温低等环境因素，玉米生长发育缓慢，不同灌水量和施肥量对玉米叶面积指数无显著影响；到了拔节期，玉米绿叶迅速生长，生长速率最大；在抽雄期，生长速率变缓，叶面积生长放缓，出现叶面积最大值；到灌浆成熟期，玉米叶面积生长停止；到了灌浆成熟后期，叶面积有小幅度下降。

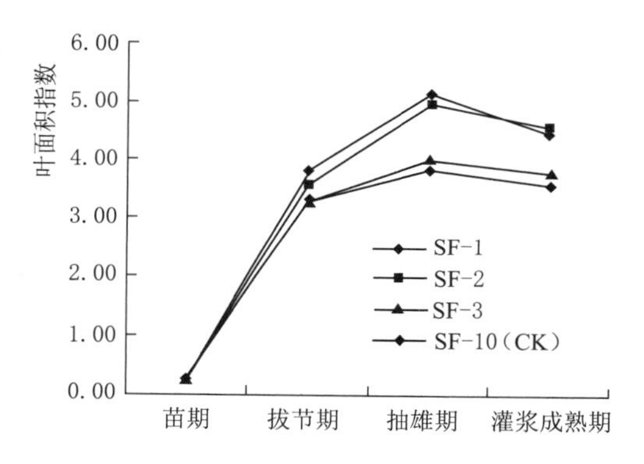

图 3－11 高水分处理下施肥量对玉米叶面积的影响

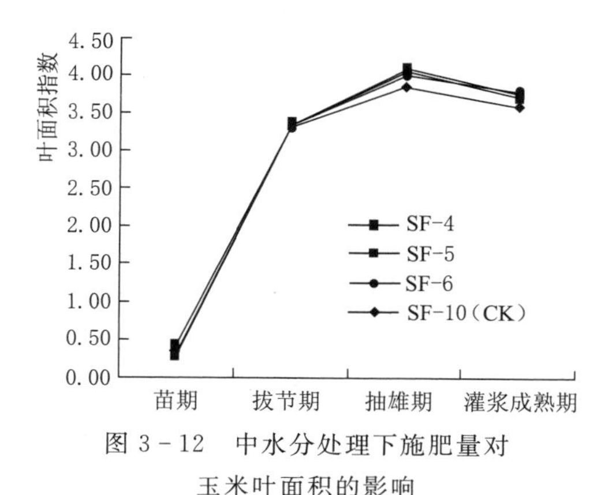

图 3－12 中水分处理下施肥量对玉米叶面积的影响

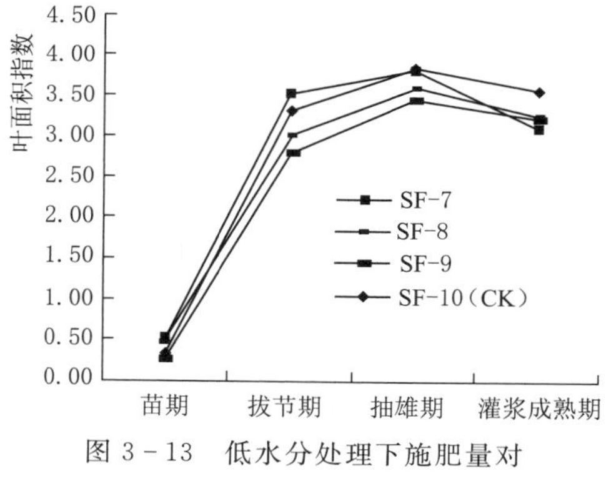

图 3－13 低水分处理下施肥量对玉米叶面积的影响

在高水分处理下，SF-1、SF-2、SF-3、SF-10(CK) 处理在苗期，不同施肥量对玉米叶面积的影响不大；从拔节期开始，玉米叶面积迅速生长，不同施肥量对叶面积的影响显著；到了抽雄期，叶面积增长放缓，各处理的叶面积表现为高肥 SF-1>中肥 SF-2>低肥 SF-3>SF-10(CK)，随着施肥量的增加而增加，其中到中肥以后，随着施肥量的增加，对叶面积的影响逐渐变小；到了灌浆成熟期，这一阶段同一灌水水平下不同施肥量的叶面积指数都出现不同程度的下降。SF-1 叶面积指数较之前下降最快，这主要是因为施肥量过高，使得叶面积指数升高，这样一来使整个玉米植株的中下部透光通气条件下降，引起叶绿素变化导致叶片加快衰老；而 SF-2 水平下的叶面积指数下降幅度不是很大，这就表明施肥量过高或过低都会加速生育后期玉米叶面积指数的下降进程，适量施肥才能保证叶片功能。由图 3-12 可得，在中水分处理下，SF-4、SF-5、SF-6、SF-10(CK) 在苗期，不同施肥量对玉米叶面积的影响不大；到了拔节期，玉米叶面积快速生长；生长到了抽雄期，各处理的叶面积表现为 SF-4>SF-5>SF-6>SF-10(CK)，随着施肥量的增加而增加，但之间的差距没有高水分下明显。在低水分处理下，各处理的叶面积指数表现为 SF-10(CK)>SF-7>SF-8>SF-9，从苗期开始各处理的差异就显现出来，玉米叶面积指数随着施肥量的增加而增加。

同肥力条件下，各处理的玉米叶面积生长表现为高水分处理>中水分处理>SF-10(CK)>低水分处理，玉米叶面积指数随着灌水量的增加而增加。由整体对比可以得出，肥量的变化对玉米叶面积生长的影响大于灌水量的变化。由以上分析可知，在不同施肥量和灌水量水平下，水和肥在 SF-1 下对叶面积产生最佳耦合效应。

3.5 小结

(1) 喷灌条件下玉米需水规律与水分生产率研究。玉米不同处理在各生育期耗水量在 56～161mm 之间变化，耗水强度在 1.90～4.80mm/d 之间变动，变幅较大。各生育期日耗水强度总体变化呈现抽雄期、拔节期较高，灌浆成熟期、苗期较低的变化趋势。综合多年试验推荐中水高肥处理 (SF-4)，其水分生产率最大，为 2.05kg/m^3。

(2) 根据玉米喷灌灌溉试验数据，筛选适合的玉米作物-水模型，采用动态规划法对玉米喷灌灌溉制度进行优化，确定出不同水文年喷灌条件下玉米优化灌溉制度。枯水年时，灌水 5 次，灌溉定额为 152m^3/亩；平水年时，灌水 4 次，灌溉定额为 121m^3/亩。根据实测的气象资料、地下水动态资料及实际灌水量，分析计算了内蒙古东部地区的 ET_0，率定了当地喷灌条件下的 K_c 值，分别为生长初期 0.5、快速生长期 1.0、生长中期 1.09、生长后期 0.46。

(3) 针对现行喷灌条件下机械施肥存在不足和肥料利用率低等问题，提出了喷灌条件下机耕施肥与氮肥补偿性水肥同施集成技术。通过水肥一体化试验数据，分析了不同水肥组合条件下对玉米生长的影响，筛选出喷灌条件下水肥优化组合方案。推荐的施肥方案为：施用氮肥、磷肥、钾肥 20kg/亩、9kg/亩、15kg/亩。其中氮肥 40%作为底肥施入，苗期末期（或拔节初期）机耕施入氮肥 30%，剩余 30%氮肥在玉米拔节期和灌浆成熟期分 3 次由智能旁路式施肥系统注入喷灌机施肥；磷肥作为底肥一次性施入田间；钾肥分别作为底肥、苗期（或拔节初期）追肥分两次机耕施入。

第 4 章 玉米滴灌高效节水灌溉制度研究与示范

4.1 试验区土壤与气象条件

4.1.1 土壤条件

4.1.1.1 土壤理化性质

2014 年与 2015 年试验在“万亩滴灌工程项目示范区”内分别选取两种不同地力大田地块，2014 年为试验区 1，2015 年为试验区 2，土壤容重、田间持水率采用环刀取原状土在室内测定，表层 0～20cm 土层取 5 个重复环刀点，20～100cm 各层取 3 个重复点。土壤酸碱度（pH）和电导率（EC）监测方法为风干土样碾碎过筛后按 1∶5 配置土壤水溶液，震荡过滤后经真空泵抽滤，测试土壤上清液的 pH 及 EC，土壤理化性质见表 4-1。

表 4-1　试验区土壤理化性质

土层深度/cm	容重/(g/cm³)		田间持水率/%		饱和含水率/%		凋萎系数(体积%)	pH		EC/(mS/cm)	
	试验区 1	试验区 2	试验区 1	试验区 2	试验区 1	试验区 2		试验区 1	试验区 2	试验区 1	试验区 2
0～20	1.36	1.39	21.42	25.08	26	29	8.5				
20～40	1.45	1.38	22.18	24.77	30	29	9.7				
40～60	1.52	1.23	22.36	30.05	26	32	11.8	8.95	8.69	0.23	0.28
60～80	1.71	1.32	16.97	34.11	18	37	12.2				
80～100	1.72	1.32	19.73	17.52	21	21	6.3				
0～40 平均	1.41	1.39	21.8	24.93	28	29					
0～100 平均	1.53	1.34	20.74	26.08	24	30					

	有机质/(g/kg)	全氮/(g/kg)	全磷/(g/kg)	全钾/(g/kg)	全盐/(g/kg)
0～40	18.45	1.1	0.385	24.74	1.22

4.1.1.2 土壤质地

大田采集土样，室内测定土壤质地。通过土壤自然风干、过筛，按照规范要求处理土壤样品后，采用激光粒度仪（德国新帕泰克公司生产 HELOS/OASIS）测定。试验田土壤质地划分见表 4-2。

表 4-2 土壤质地划分结果

土层深度/cm	试验区 2 土壤颗粒分布/%				试验区 1 土壤颗粒分布/%			
	颗粒分布范围			土壤类型	颗粒分布范围			土壤类型
	>0.05mm	0.002～0.05mm	<0.002mm		>0.05mm	0.002～0.05mm	<0.002mm	
0～20	63.53	35.99	0.48	砂质壤土	36.76	52.7	10.54	粉砂壤土
20～40	57.67	41.88	0.45	砂质壤土	21.65	48.81	29.54	黏壤土
40～60	53.28	45.78	0.94	砂质壤土	20.18	39.15	40.67	黏土
60～80	85.86	13.87	0.27	沙土	77.08	21.65	1.27	壤质砂土
80～100	87.1	12.64	0.26	沙土	73.01	25.58	1.41	壤质砂土

4.1.2 气象条件

通过对研究区 1983—2018 年生育期（4 月下旬至 9 月中旬）降雨频率分析（图 4-1），拟合率为 98.87%，可以得到不同保证率下的降雨量以及代表年份。相应的代表年为枯水年（75%）降雨量小于 211.89mm，丰水年（25%）降雨量大于 333.69mm，平水年（50%）降雨量介于两者之间。选择 1991 年、2011 年、2001 年分别为丰水年、平水年、枯水年代表年份，其降雨量分别为 361.9mm、273mm、221.5mm。

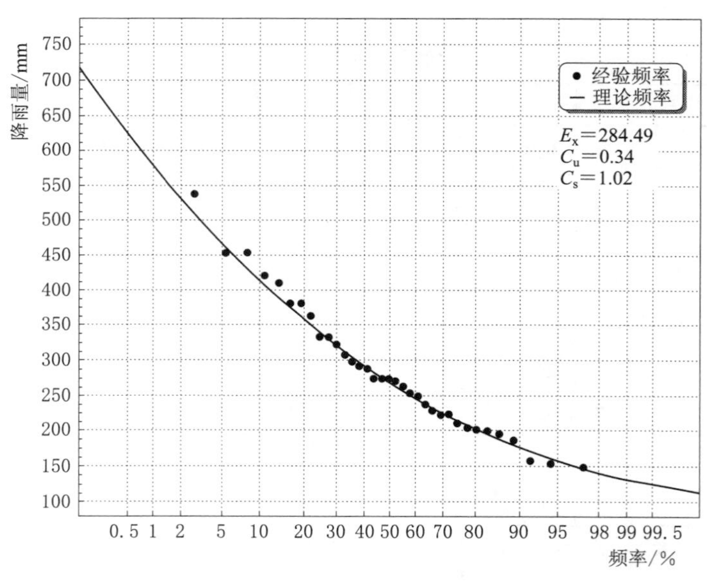

图 4-1 降雨频率分析

2014—2018年各试验年份均属于平水年，2014年生育期内降雨为285.7mm，降雨频率为42.73%；2015年生育期内降雨261.21mm，降雨频率为53.13%；2016年生育期内降雨272.03mm，降雨频率为48.4%；2017年生育期内降雨290.42mm，降雨频率为40.86%；2018年生育期内降雨225.6mm，降雨频率为69.53%。试验区2014—2018年5—9月气象资料见表4-3。

表4-3　　2014—2018年5—9月气象资料

年份	月份	最高气温/℃	最低气温/℃	平均气温/℃	相对湿度/%	降雨量/mm	平均风速/(m/s)	水文年型
2014	5	40.80	0.19	20.50	59.28	76.50	1.92	平水年
	6	38.00	12.82	25.41	62.59	121.20	1.60	
	7	35.18	14.07	24.63	71.89	33.20	1.34	
	8	34.18	11.52	22.85	71.60	24.50	0.39	
	9	31.13	2.34	16.74	64.31	30.30	1.00	
	平均/总计	35.86	8.19	22.02	65.94	285.70	1.25	
2015	5	37.62	−1.50	16.89	49.65	57.40	3.66	平水年
	6	34.15	10.30	21.89	68.08	61.20	2.31	
	7	34.36	11.20	23.73	73.28	41.90	0.80	
	8	34.39	14.00	22.67	81.72	74.01	0.51	
	9	32.74	3.14	16.79	71.06	26.70	0.73	
	平均/总计	34.65	7.43	20.39	68.76	261.21	1.60	
2016	5	36.63	3.01	19.57	41.90	39.60	3.40	平水年
	6	37.12	8.82	22.44	61.59	80.41	1.57	
	7	35.45	13.35	25.16	72.75	48.00	0.99	
	8	37.02	10.17	23.44	73.47	60.62	0.88	
	9	29.32	5.13	17.80	83.19	43.40	0.62	
	平均/总计	35.11	8.10	21.68	66.58	272.03	1.49	
2017	5	42.68	1.45	17.87	37.51	31.00	5.41	平水年
	6	38.45	7.90	22.80	52.46	6.40	2.05	
	7	39.29	10.64	25.59	72.11	35.00	0.74	
	8	32.95	3.09	21.96	82.66	206.02	0.40	
	9	31.82	3.30	17.54	72.05	12.00	0.63	
	平均/总计	37.04	5.28	21.15	63.36	290.42	1.85	
2018	5	34.76	−1.13	17.60	32.72	17.00	2.69	平水年
	6	39.35	13.11	23.82	59.55	35.60	1.96	
	7	37.32	17.89	26.30	81.72	67.00	0.89	
	8	37.62	11.15	22.50	81.68	87.60	0.53	
	9	30.62	3.09	16.79	70.35	18.40	0.73	
	平均/总计	35.93	8.82	21.40	65.20	225.60	1.36	

4.2 玉米需水规律试验研究与水分生产率评价

4.2.1 研究内容

通过田间玉米滴灌试验，分析不同水分处理下田间土壤水分、地温的动态变化和滴灌条件下玉米各生育期的耗水量，以便明确玉米各生育期的需水规律。在此基础上，结合玉米生理生态指标及产量的分析，建立水分生产函数，评价滴灌条件下玉米水分生产率。

4.2.2 研究方案与方法

4.2.2.1 试验处理

滴灌条件下玉米需水规律及灌溉制度研究采用田间灌溉对比试验的研究方法。选取覆膜与浅埋条件下高水、中水、低水共6种处理。灌水水平控制依据是以土壤含水率占田间持水率百分比的上、下限来确定高水、中水、低水处理的灌水量和灌水时间，中水处理灌水水平上、下限的设定根据是参考有关文献和当地农户经验，在中水处理增加20%、减少20%的基础上稍作调整作为高水、低水处理，具体试验处理详见表4-4。施肥量为当地农民施肥平均水平，产量目标为900kg/亩，各年度灌水次数、灌水量详见表4-5。

表4-4　灌溉制度试验处理

处　理	含水率上、下限/%				
	出苗前期	苗期	拔节期	抽雄期	灌浆期
覆膜低水Y1	80～55	85～60	90～60	90～70	80～65
覆膜中水Y2	85～60	90～65	95～65	95～75	85～70
覆膜高水Y3	90～65	95～70	100～70	100～80	90～75
浅埋低水N1	80～55	85～60	90～60	90～70	80～65
浅埋中水N2	85～60	90～65	95～65	95～75	85～70
浅埋高水N3	90～65	95～70	100～70	100～80	90～75

表4-5　2014—2018年需水规律滴灌试验小区全生育期实际灌水量

处　理	2014年		2015年		2016年		2017年		2018年	
	灌水次数	灌溉定额/mm	灌水次数	灌溉定额/mm	灌水次数	灌溉定额/mm	灌水次数	灌溉定额/mm	灌水次数	灌溉定额/mm
浅埋低水N1	7	148.2	5	143.4	7	181.2	9	183.9	7	193.0
浅埋中水N2	8	181.2	8	224.2	10	223.2	9	223.9	7	240.6
浅埋高水N3	10	243.6	9	272.1	12	263.0	9	275	7	287.5
覆膜低水Y1	7	144.5	5	112.5	7	169.2	8	158.5	7	157.8

续表

处　理	2014年		2015年		2016年		2017年		2018年	
	灌水次数	灌溉定额/mm	灌水次数	灌溉定额/mm	灌水次数	灌溉定额/mm	灌水次数	灌溉定额/mm	灌水次数	灌溉定额/mm
覆膜中水 Y2	8	161.3	8	186.8	9	177.5	8	183.3	7	196.8
覆膜高水 Y3	10	241.6	9	242.7	10	232.6	8	220.1	7	233.5
管灌 BI					5	684.8	8	483.0	6	324.9
覆膜高水中肥 Y3′									8	226.4
浅埋高水中肥 N3′									8	276.2
覆膜中水中肥 Y2′									7	240.6

2017—2018年重点是需水规律与灌溉制度试验成果的应用，各试验处理根据2014—2016年平水年推荐灌溉制度及中等水平含水率上、下限，计算中水处理灌水量，在此基础上分别增加、降低20%作为高水、低水处理，采用相同灌水时间、不同灌水定额的方法。

2018年为了进一步探索玉米生育后期的需水规律，增加5个试验处理，分别在生育后期（抽雄期以后）提高灌水下限（播种—出苗期60%～85%，出苗期—拔节期65%～90%，拔节期—抽雄期65%～95%，抽雄期—灌浆期80%～100%，灌浆期—成熟期80%～95%）和增加灌水次数的覆膜和浅埋处理，即覆膜高水中肥（后期）Y3′、浅埋高水中肥（后期）N3′；另设一个与浅埋中水中肥灌水、施肥完全相同的覆膜处理，即覆膜（同浅埋）中水中肥Y2′。

4.2.2.2 主要观测内容

1. 气象要素

采用HOBOU30型小型农田气象自动监测站（美国Onset公司生产）定期采集气象数据，采集项目包括大气压强、地温、气温、降雨量、相对湿度、露点温度等。

2. 土壤水溶性盐

采集多个样点0～20cm、20～40cm、40～60cm土层土样，在室内配置成土壤溶液，震荡过滤、真空泵抽滤后测试土壤上清液的pH及电导率。其中pH和电导率采用电极探头直接测定，8大离子通过EDTA络合滴定法、$AgNO_3$滴定法等滴定方法试验测得。

3. 土壤含水率

土壤含水率的监测采用TRIME-PICO-IPH TDR土壤水分测量系统（德国生产）和烘干法相结合的方式。使用土壤水分测量系统测定土壤含水率之前要对此仪器进行校核。从播种期开始每7天测定土壤含水率1次，灌水前后、降雨后分别加测土壤含水率，每个关键生育期测量土壤生育期含水率。各处理在剖面上土壤含水率测定的深度为100cm，分为5层（间隔20cm）。

滴灌条件下的土壤含水率变化比较复杂，针对不同水分处理和中肥处理，在其宽窄行的横断面上布置5根TDR测管，用来监测垂直于滴灌带方向横断面上土壤含水率的变化趋势，TDR 测管布置见图 4－2。图中 5 个点为 TDR 测管布置位置，其中①为滴灌带下，②为苗间，③、④为垄间宽行 3 等分处，⑤为宽行中点。

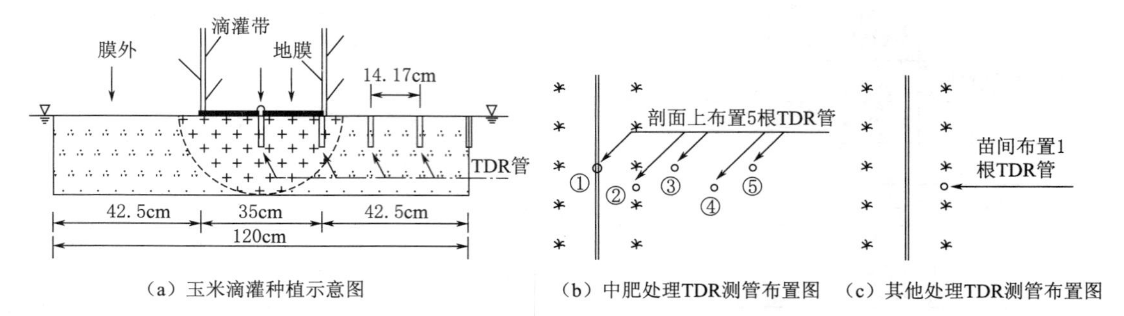

图 4－2　玉米种植与滴灌 TDR 测管田间布置图

2015—2018 年在浅埋滴灌中水处理和覆膜低水、中水、高水中肥处理埋设土壤湿度自动记录仪进行土壤含水率自动监测，分别在滴灌带下、苗间、相邻沟间安装电子水分采集设备共计 12 组，每组在土层 10cm、30cm、50cm、70cm、90cm 埋入电极探头，共计 60 个采集点。

4. 地温

土壤地温采用 THL－DCW 型土壤温度自动采集仪监测，针对覆膜与浅埋滴灌两种种植方式，分别在各自的高水中肥、中水中肥、低水中肥试验小区按照土层深度 5cm、10cm、15cm、20cm、25cm 分别在滴灌带下方、玉米苗间、相邻沟间安装 3 组电子地温监测采集设备，共计 18 组，每组 5 个电极探头，共计 90 个数据采集点，分不同时间段观测地温数据，分析覆膜增温效应及不同灌溉水平的积温效果。

4.2.3　研究结果

4.2.3.1　土壤水分变化规律

1. 生育期内土壤含水率的变化规律

各年份土壤含水率与灌水量成正相关，灌水量越大土壤含水率越高，在 60cm 以上浅层土壤尤为明显，随土层加深，土壤含水率变化不明显，特别是 80cm 以下土层，土壤含水率基本无变化。平均含水率高水高于中水 14%～20%，低水较中水低 10%～22%。生育期内土壤变化规律各年份略有差异，整体上表现为随灌水、降雨先增大然后降低的趋势，在降雨量相对较少的平水偏枯年（2015 年、2018 年），覆膜土壤含水率高于浅埋的 5%～10%，在降雨量相对较多的平水偏丰年（2016 年、2017 年），在抽雄期以后降雨较多，浅埋处理高于覆膜处理 14%～23%。管灌处理含水率显著高于滴灌处理的 30%左右，由于管灌处理灌水定额较大，各土层土壤含水率较高。各年份土壤含水率生育期变化基本一致，以 2017 年为例（图 4－3）。

2. 生育期内土壤储水量的变化

图 4－4～图 4－8 为 2014—2018 年生育期内不同处理不同深度土壤储水量动态变化。土壤储水量变化趋势大体一致，0～40cm 土层随着生育期推进呈现由高降低、再升高再

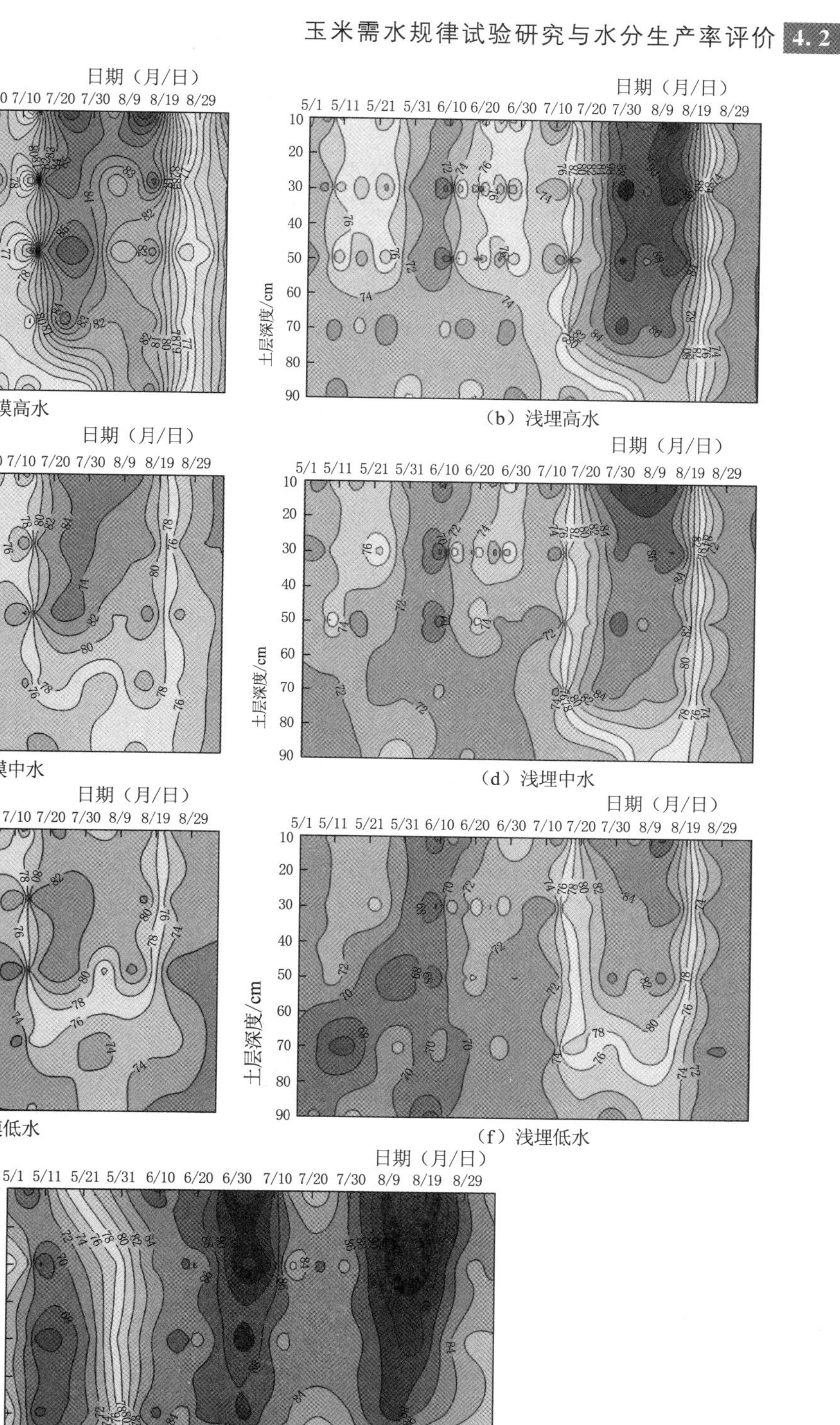

（a）覆膜高水

（b）浅埋高水

（c）覆膜中水

（d）浅埋中水

（e）覆膜低水

（f）浅埋低水

（g）管灌

图 4-3　2017 年全生育期不同土层土壤含水率变化

注：图中数字表示不同土层深度的土壤含水率占田间持水量的百分比（%）。

降低的变化规律。起伏波动与灌水、降雨有关。深层土壤储水量（40～80cm 土层）在整个生育期起伏波动较小，无明显变化，这是由于该地区土壤质地在 40～80cm 为黏土，土壤含水率相比其他土层处于较高水平。以 2016 年为例，在生育期前期表层土壤水分充足，能更好地促进根系的发育和营养物质的累积，0～40cm 土层覆膜条件下土壤储水量显著高于浅埋处理［图 4-6（a）］。7 月下旬覆膜处理与浅埋处理表现出一定的差异，但是不显著（$P<0.05$），说明覆膜处理在前期具有一定的保水保墒作用，到了后期覆膜的保墒作用不明显。到了 8 月中旬，浅埋土壤储水量大于覆膜处理的 16%～25%，这是因为该阶段连续降雨且降雨量较大，达到 81.6mm，无膜小区降雨直接入渗到土壤中向下进入根区，覆膜小区薄膜截流作用导致降雨横向运移至无膜覆盖的垄间入渗到土壤中。在该地区降雨较多的生育后期浅埋能够更加直接有效地利用天然降雨，有利于玉米籽粒的累积。

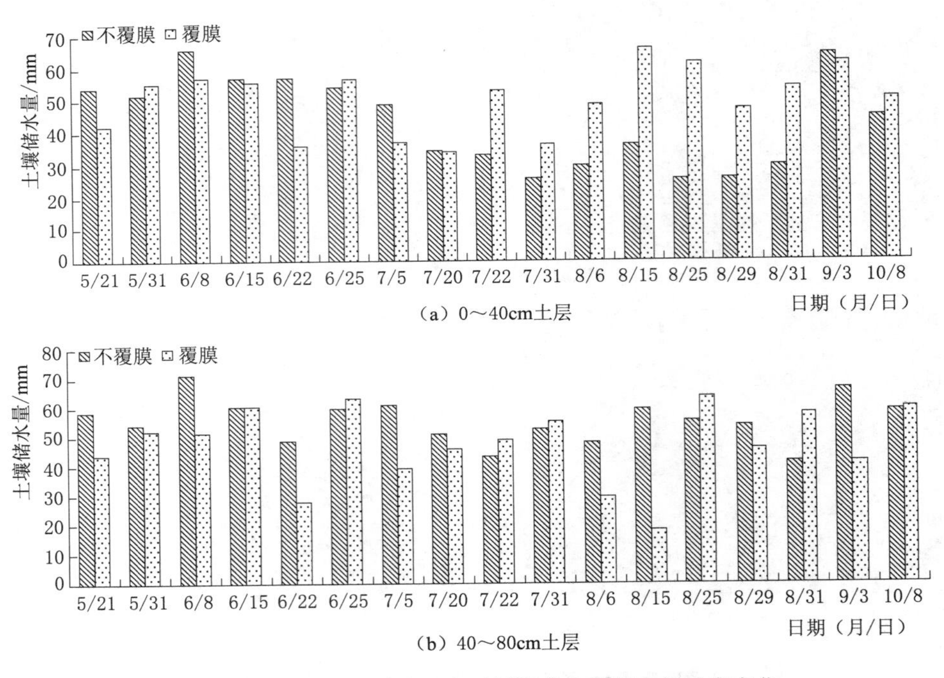

图 4-4 2014 年不同处理在不同深度土壤储水量动态变化

4.2.3.2 土壤温度变化规律

各年份生育期土壤温度变化规律一致，以 2017 年为例（图 4-9），分析覆膜、管灌、浅埋处理 0～25cm 土壤温度的变化。由图 4-9 可以看出，在整个生育阶段的前期，地温随着生育期的延后呈增加趋势，而在 8 月下旬温度开始下降，这与不同生育阶段外界气温及太阳辐射日变化相关。在气温较高的夏季，即随着土层深度增加土壤温度逐渐降低；在气温较低的春季和秋季，随土层深度增加土壤温度降低。不同深度土壤温度变化是地表散热吸热动态变化的结果，表层土壤受大气温度和太阳辐射的影响越显著，在白昼吸热作用更加剧烈，温度较高。到了夜间，开始进行散热活动，由于薄膜的保温效

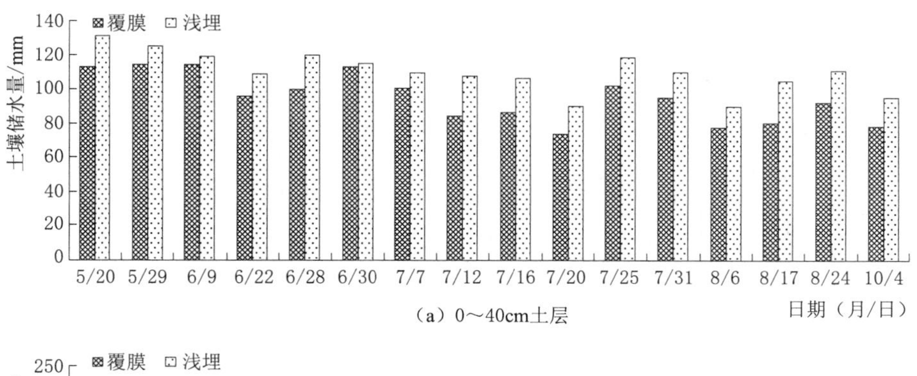

（a）0～40cm土层

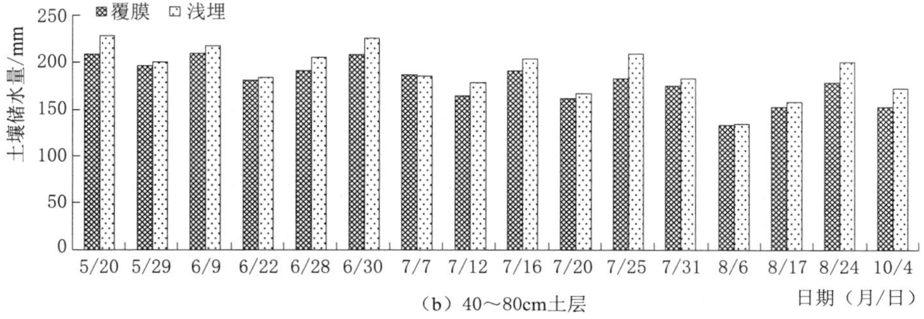

（b）40～80cm土层

图 4-5　2015 年不同处理在不同深度土壤储水量动态变化

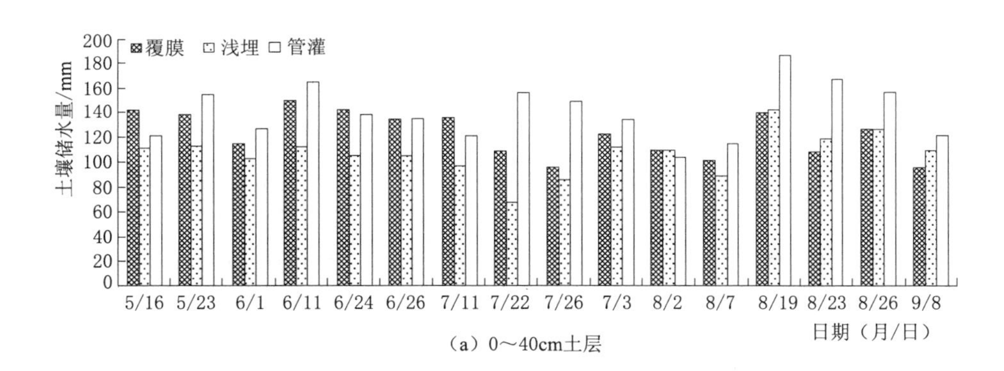

（a）0～40cm土层

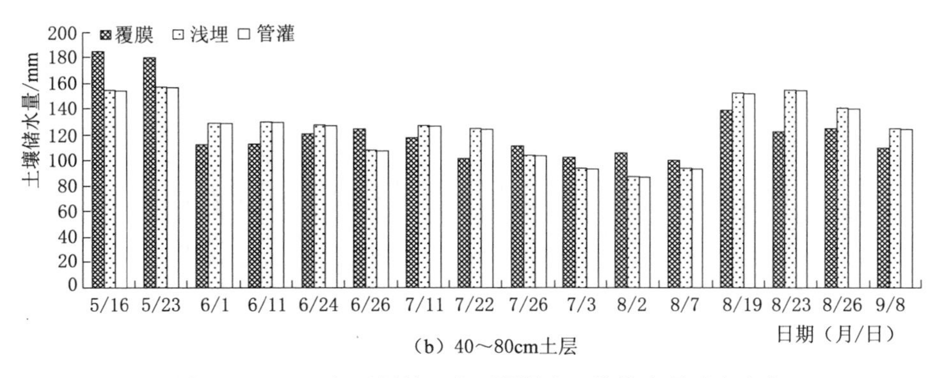

（b）40～80cm土层

图 4-6　2016 年不同处理在不同深度土壤储水量动态变化

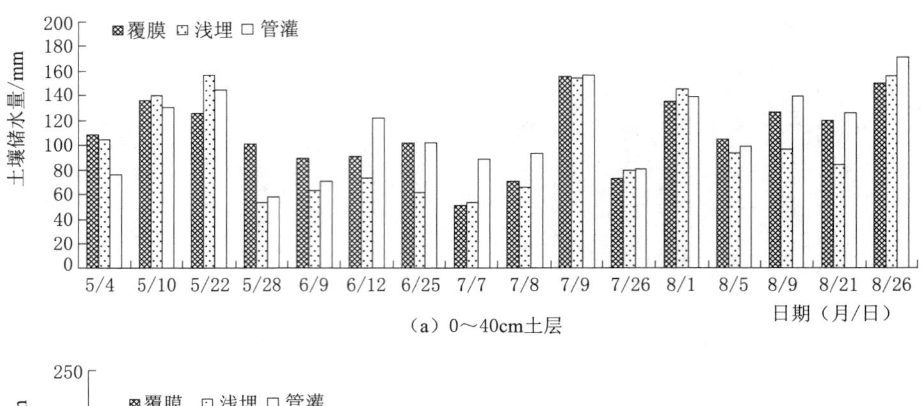

（a）0～40cm土层

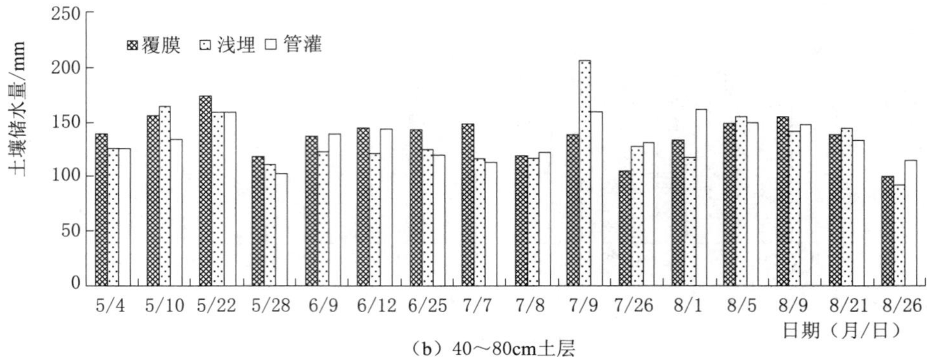

（b）40～80cm土层

图 4-7　2017 年不同处理在不同深度土壤储水量动态变化

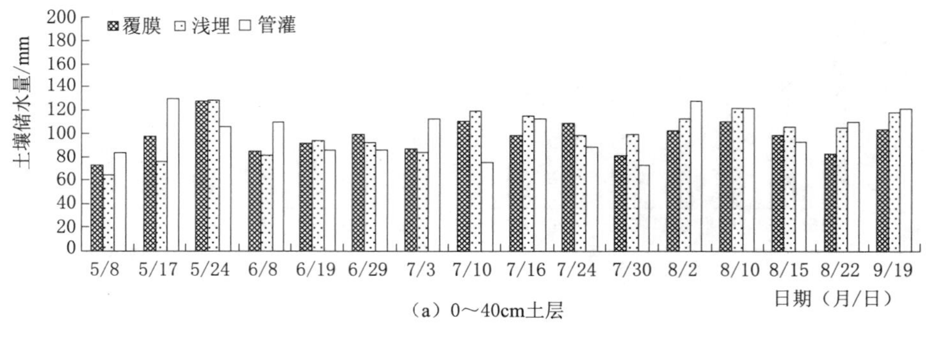

（a）0～40cm土层

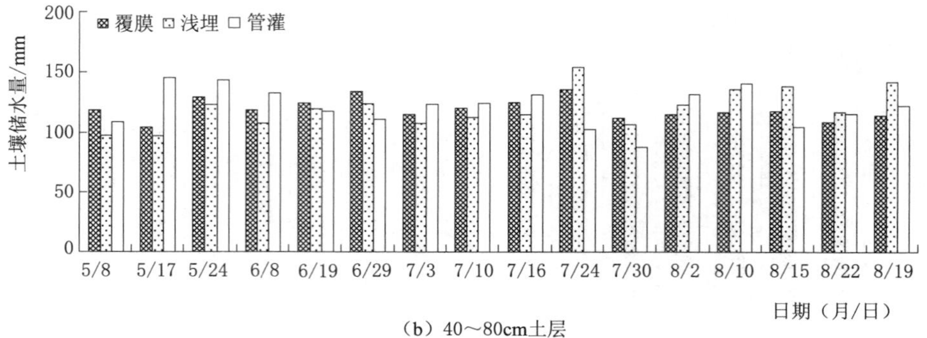

（b）40～80cm土层

图 4-8　2018 年不同处理在不同深度土壤储水量动态变化

果，热量无法散失，使浅层土壤的温度维持在较高的水平，整体上覆膜小区土壤温度比浅埋小区高1～2℃。到了生育后期植株完全覆盖地表，薄膜增温效应不明显。研究表明，大多数作物根区温度在20～30℃时生长最快，生育期土壤温度变化均在适宜温度范围内。由于管灌灌水量大，区别于滴灌局部湿润的灌水特性，管灌小区土层中的灌水湿润区域大于滴灌小区，在浅层水分蒸发后可以从下层土壤补水，土壤温度较低，较覆膜、浅埋滴灌低2～4℃。

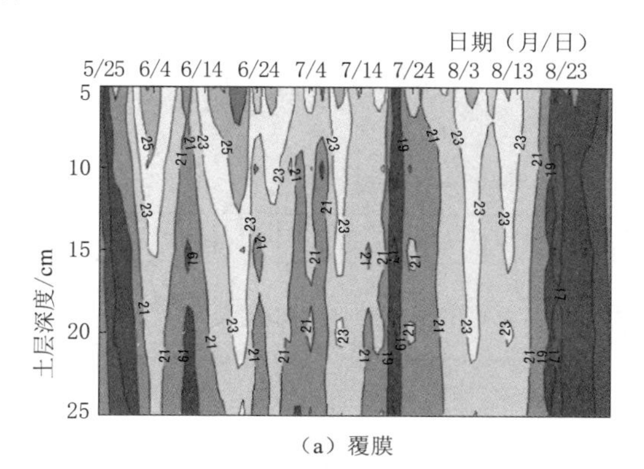

（a）覆膜

（b）浅埋

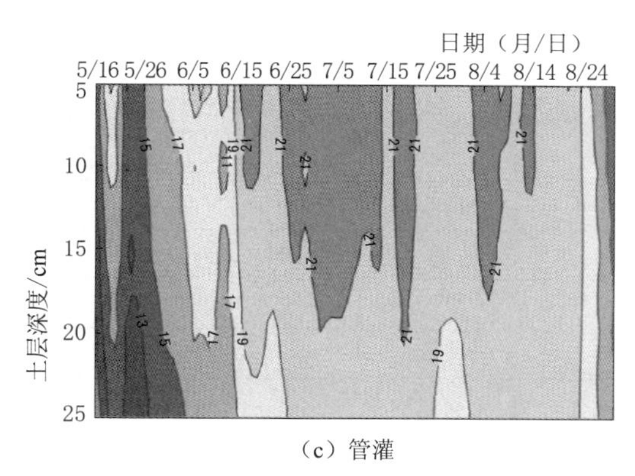

（c）管灌

图4-9　2017年全生育期土壤温度（℃）变化

4.2.3.3　玉米需水规律

本研究采用水量平衡法计算不同处理的需（耗）水状况。总需（耗）水量按式（4-1）计算：

$$ET=P+I-\Delta SWS+Q \tag{4-1}$$

式中：ET 为总需（耗）水量；P 为生长季的某一时段有效降雨量，为某一时段有效灌溉量；I 为某一时段有效灌溉量；ΔSWS 为土壤贮水量变化值；Q 为地下水的补给量和渗漏量；上述指标均折算为mm。

该地区地下水位为7～8m，且采用滴灌形式进行灌溉，故在使用水量平衡法的过程中忽略地下水和深层渗漏的影响。

1. 不同处理玉米耗水量及耗水规律

2014—2018年不同处理下滴灌和管灌玉米阶段耗水量和耗水强度见表4-6。从表4-6

中可以看出，各年份生育期耗水规律一致，无显著性差异（$p<0.05$），可以看出玉米耗水生育期内呈现先增大后减小的变化规律，滴灌玉米耗水与灌溉定额有关，灌溉定额越大，灌溉次数越多，总耗水量和耗水强度越大。膜下滴灌低水比中水低7%，高水高于中水6.5%；浅埋滴灌低水较中水低9%，高水较中水高5%。膜下滴灌中水与浅埋滴灌中水相比较，浅埋滴灌高于膜下滴灌10%，说明覆膜在有效改善表层土壤水分及温度条件的情况下，减少了作物生育期的总耗水量，减弱了干旱期土壤水分的波动，从而有利于提高*WUE*。膜下滴管与浅埋滴灌玉米整个生育期耗水总量和耗水强度远小于管灌的耗水量和耗水强度，研究表明，管灌阶段耗水量为656.9mm，耗水强度为4.5mm/d，较浅埋滴灌高44%，滴灌起到了较好的节水效果。

表4-6　2014—2018年不同处理下滴灌和管灌玉米各生长阶段耗水量

处理	时　间	播种—出苗期	出苗期—拔节期	拔节期—抽雄期	抽雄期—灌浆期	灌浆期—成熟期	全生育期
Y1	阶段耗水量/mm	37.6	71.5	97.6	112.4	64.8	383.8
	耗水强度/(mm/d)	1.7	1.8	4.0	4.0	1.9	2.6
Y2	阶段耗水量/mm	35.0	81.1	106.1	124.1	67.8	414.0
	耗水强度/(mm/d)	1.6	2.1	4.4	4.4	2.0	2.8
Y3	阶段耗水量/mm	35.3	97.4	111.5	128.0	68.8	441.0
	耗水强度/(mm/d)	1.6	2.5	4.6	4.5	2.1	3.0
N1	阶段耗水量/mm	37.3	92.5	91.2	122.6	71.5	415.2
	耗水强度/(mm/d)	1.5	2.2	4.4	4.6	2.2	2.8
N2	阶段耗水量/mm	38.4	101.7	104.4	138.4	73.9	456.8
	耗水强度/(mm/d)	1.6	2.4	5.1	5.2	2.3	3.1
N3	阶段耗水量/mm	38.0	116.6	110.8	142.0	70.2	477.6
	耗水强度/(mm/d)	1.6	2.8	5.4	5.3	2.1	3.3
BI	阶段耗水量/mm	36.0	144.1	172.7	189.5	114.6	656.9
	耗水强度/(mm/d)	1.4	3.4	9.1	7.1	3.5	4.5

（1）播种—出苗期玉米耗水量与耗水强度。玉米出苗前期为玉米播种后至出苗，在前期玉米种子对温度与水分的要求较高，但是由于通辽地区春季气温相对较低，地温回暖时间较为缓慢，这一时期不适宜灌水，灌水会使得地温下降。但是在苗期的后期，气温有所回升，为了试验试水的要求，在此期间一般每个处理均灌水15mm。分析此阶段的作物耗水量可以得出，由于这一时期（2017年除外，由于灌水方式与之前发生变化，由各处理灌水定额相同灌水次数不同改为灌水次数相同，灌水定额不同）各处理进行了等量的灌水，所以其耗水量相差很小，这一段时间里作物消耗水量主要由于田间土壤蒸发，加之试验区春季风沙天气较为频繁，且耕种时对土壤的扰动较大，田间水分消耗相对较快。分析此阶段的耗水，2015—2018年阶段耗水量膜下滴灌为31.3～47.2mm，平均为35.0～37.6mm；浅埋滴灌为33.6～44.3mm，平均为37.3～38.4mm；管灌平均为36.0mm。总的来说覆膜与否对于出苗前期耗水几乎没有影响。

（2）出苗期—拔节期玉米耗水量与耗水强度。在苗期，玉米植株叶片遮盖率低，地膜在一定程度上隔绝了太阳对地面的辐射。结合对土壤储水量的分析可知，在降雨较少的情况下，膜下土壤表层毛管吸力要高于浅埋处理，覆膜能够将土壤深层水分吸附到土壤表层并加以利用，而这样的现象可以保证作物生长对水分的需求。膜下滴灌各处理在该阶段耗水量为55.1～109.6mm，平均为71.5～97.4mm；浅埋滴灌为85.5～150.0mm，平均为92.5～116.6mm；管灌平均耗水量为144.1mm。

（3）拔节期—抽雄期玉米耗水量与耗水强度。该阶段是玉米需水的关键时期，作物生长发育所需的土壤含水率占田间持水量的百分比的下限增高，要求灌水的次数与灌水量也逐步增多，并且随着气温的升高，作物的耗水量急剧增加，此阶段的耗水量以植株的蒸腾为主，棵间蒸发为辅。作物营养生长与生殖生长同时进行，植株生长健壮，叶面蒸腾加大，各处理作物耗水量达到一个高峰，这与各处理土壤含水率占田间持水量百分比下限增高有关，使得各处理灌水次数更为频繁。膜下滴灌各处理阶段耗水量为86.4～119.8mm，平均为97.6～111.5mm；浅埋滴灌耗水量为81.77～138.64mm，平均为91.2～110.8mm；管灌耗水量为172.7mm。

（4）抽雄期—灌浆期玉米耗水量与耗水强度。灌浆期是玉米由营养生长和生殖生长完全跨入生殖生长的一个阶段，此时气温比较高，玉米需水量较大，是玉米需水的临界期。如此生育期缺水受旱，不能满足玉米的需水要求，则会造成减产。因此该期间要定时监测土壤含水率。对于抽雄期的不同覆盖方式下，3种水平的灌水处理来说，其高水、中水、低水处理耗水规律与前期基本一致，抽雄期不同处理耗水强度随灌水量增大而增大。此生育期的耗水强度达到整个生育期的最高值。其中膜下滴灌耗水量为53.7～190.3mm，平均为112.4～128.0mm；浅埋滴灌耗水量为67.3～216.8mm，平均为122.6～142.0mm；管灌耗水量为189.5mm。2016年相较于其他年份抽雄—灌浆阶段降雨较少，含水率维持在适宜含水率下限之上，耗水量较低。2017年该阶段降雨量大，发生一场170mm的大规模降雨，土壤含水率处在适宜含水率上限附近，甚至高于田间持水量，耗水量与其他年份相比较高。

（5）灌浆期—成熟期玉米耗水量与耗水强度。玉米灌浆期各处理耗水量与耗水强度无显著差异，该阶段玉米停止生长，逐渐衰老，灌水量减少。膜下滴灌各处理阶段耗水量为31.34～139.5mm，平均为64.8～68.8mm；浅埋滴灌耗水量为32.4～163.7mm，平均为70.2～73.9mm。其中2016年在抽雄期降雨较少，到灌浆期含水率到下限时进行灌水，后开始出现大量降雨，土壤含水率维持在较高水平，该阶段土壤耗水较其他年份偏高。

2. 不同水文年型耗水量与耗水强度

通过各水文年代表年份ET_0及试验年份作物系数计算不同水文年型耗水量和耗水强度，计算结果见表4-7和表4-8。生育期总耗水量丰水年覆膜为390.00mm，浅埋为420.39mm；平水年覆膜为414.00mm，浅埋为456.79mm；枯水年覆膜为469.52mm，浅埋为519.81mm。拔节期—抽雄期为玉米需水关键期，各年份在拔节期—抽雄期耗水较高，平水年由于抽雄阶段降雨较多、耗水强度最高，覆膜达到5.40mm/d，浅埋为6.59mm/d。丰水年、平水年、枯水年差异较大，在其他生育阶段各年份耗水强度无显著性差异。

表 4-7　　不同水文年生育期耗水量　　单位：mm

水文年型	处理	出苗前期	苗期	拔节期	抽雄期	灌浆期
丰水年	覆膜	37.19	75.62	103.27	97.46	76.45
	浅埋	54.28	87.88	84.17	110.51	83.55
平水年	覆膜	34.99	81.07	106.10	124.09	67.75
	浅埋	38.36	101.70	104.39	138.44	73.90
枯水年	覆膜	41.72	89.54	151.33	100.11	86.82
	浅埋	59.86	120.87	137.93	105.19	95.96

表 4-8　　不同水文年生育期耗水强度　　单位：mm/d

水文年型	处理	出苗前期	苗期	拔节期	抽雄期	灌浆期
丰水年	覆膜	1.69	1.94	3.69	4.24	2.25
	浅埋	1.87	2.20	3.66	5.26	2.53
平水年	覆膜	1.59	2.08	3.79	5.40	1.99
	浅埋	1.32	2.54	4.54	6.59	2.24
枯水年	覆膜	1.90	2.30	5.40	4.35	2.55
	浅埋	2.06	3.02	6.00	5.01	2.91

4.2.3.4 玉米降雨利用率研究

旱作物降雨前后作物根系吸水层内有效降雨量根据式（4-2）计算：

$$P_0 = 10\gamma H(W_2 - W_1) \tag{4-2}$$

式中：P_0 为有效降雨量，mm；γ 为土壤容重，g/cm^3；H 为根系吸水层深度，m；W_1、W_2 为降雨前、降雨后测得的土壤含水率，%（土壤体积百分率）。

降雨补给估算，系作物灌溉期因降雨而补给的可利用水量，因降雨大小不同，作物利用有所不同。降雨很小仅湿润表层，对灌溉而言视无效雨量；若降雨过大，会产生地面径流损失，为作物吸收利用的降雨则存在有效性问题。一般根据式（4-3）计算有效降雨量：

$$P_0 = aP \tag{4-3}$$

式中：a 为降雨有效利用系数；P 为某次降雨量，mm。

考虑到观测区地下水埋深较高且无地下水补给，则 K 可以忽略；降雨时段内蒸发蒸腾量很小，ET 可忽略不计，降雨前后及时观测土壤含水量，用式（4-4）确定降雨有效利用系数：

$$a = P_0/P = 10\gamma H(W_2 - W_1)/P \tag{4-4}$$

根据历年降雨信息，将各次降雨按降雨量划分为 10mm 级、20mm 级、30mm 级、40mm 级、50mm 以上级降雨，根据降雨强度不同分为集中型和分散型降雨，不同时间降雨分级及降雨利用率见表 4-9。

表 4-9　　不同时间降雨分级及降雨利用率

雨量级别	10mm 级		20mm 级		30mm 级		40mm 级		50mm 以上级
日期	2014-5-20	2014-7-29	2014-9-2	2016-7-28	2016-8-31	2015-8-20	2014-6-7	2016-6-22	2017-8-3
降雨历时/h	6	1	12	4	27	3	24	6	22
降雨量/mm	10.4	8	24.2	23.6	30.2	30.4	48.2	53.6	122.4
降雨强度/(mm/h)	1.73	8	2.02	5.9	1.12	10.14	2.01	8.94	5.56
降雨类型	分散型	集中型	分散型	集中型	分散型	集中型	分散型	集中型	集中型
覆膜降雨利用率/%	16	14	18	14	16	11	25	25	19
浅埋降雨利用率/%	54	45	47	38	56	42	46	59	58

通过各年份降雨利用率规律发现，播种—出苗期利用率最高，出苗期—灌浆期逐渐降低，成熟期后又略有升高。主要受到作物生育指标的影响，出苗期—灌浆期植株生长旺盛，叶面积指数不断升高，对降雨有一定的截留。成熟期以后停止生长，叶片开始变黄脱落，降雨利用率有所增加。10mm 级降雨由于雨量较低，集中型降雨利用率高于分散型，20mm 以上级分散型降雨利用率高于集中型。10mm 级覆膜处理降雨利用率为 8%～18%，平均为 13%；浅埋处理降雨利用率为 40%～56%，平均为 48%。20mm 级覆膜处理降雨利用率为 13%～20%，平均为 17%；浅埋处理降雨利用率为 38%～57%，平均为 48%。30mm 级覆膜处理降雨利用率为 7%～16%，平均为 12%；浅埋处理有效降雨量可储存到 40cm 土层，降雨利用率达到 51%～61%，平均为 56%。40mm 级降雨覆膜处理降雨利用率为 19%～29%，平均为 24%；浅埋处理降雨利用率为 50%～63%，平均为 57%。50mm 以上级覆膜处理降雨利用率为 36%～53%，平均为 45%。浅埋处理降雨利用率为 72%～87%，平均为 80%。2017 年降雨 122.4mm，有效降雨保存在 0～80cm 土层中。覆膜降雨利用率平均为 19%，浅埋处理降雨利用率平均为 58%。

4.2.3.5　玉米水分生产率评价

1. 各年份水分生产率评价

表 4-10 为滴灌与管灌玉米水分生产率。对于 2014 年和 2015 年覆膜处理水分生产率显著高于浅埋处理，但是 2016 年和 2017 年水分生产率正好相反，浅埋各处理产量处于较高水平。其中浅埋中水产量和水分生产率最高，2017 年产量达到 945.15kg/亩，水分生产率达到 2.77kg/m^3，管灌处理水分生产率仅为 1.46kg/m^3。2018 年覆膜产量处于较高水平，且水分利用效率无显著性差异。降雨较少时覆膜能够有效提高产量，但是降雨较多时，膜下滴灌产量和水分生产率低于浅埋处理，由于覆膜处理苗期—抽雄期土壤水热条件较好，株高和叶面积较大，导致抽雄期—灌浆期、成熟期蒸腾大、需水量增大，但是该阶段由于有少量降雨，对于浅埋处理降雨利用要大于覆膜处理，因此浅埋处理的土壤水分能够满足该阶段玉米蒸腾需水量。有效降雨量较少的平水偏枯年 2015 年（238.41mm）和 2018 年（204.2mm）均为覆膜产量高，水分生产率高，平水偏丰年 2016 年和 2017 年浅埋产量高，各年份管灌水分生产率最低，说明滴灌是实现高产节水

的灌水方式，降雨较少时覆膜能够提高产量，但是降雨较多时，膜下滴灌产量和水分生产率低于浅埋处理。

表4-10　滴灌与管灌玉米水分生产率

年份	处理	耗水量/mm	亩产/(kg/亩)	水分生产率/(kg/m³)
2014	Y1	359.87	493.33	2.06
	Y2	444.01	797.31	2.69
	Y3	482.98	723.49	2.25
	N1	389.4	468.80	1.81
	N2	470.42	644.07	2.05
	N3	505.71	771.73	2.29
2015	Y1	350.5	805	3.45
	Y2	401.71	992	3.70
	Y3	415.96	1015.34	3.66
	N1	411.76	798	2.91
	N2	444.2	858.98	2.90
	N3	455.61	877.97	2.89
2016	Y1	390.55	831.42	3.19
	Y2	416.62	818.08	2.95
	Y3	465.88	797.25	2.57
	N1	412.92	888.15	3.23
	N2	464.13	980.71	3.17
	N3	474.77	987.6	3.12
	BI	786.89	798.59	1.52
2017	Y1	454.24	765.53	2.53
	Y2	467.86	779.12	2.50
	Y3	497.1	868.09	2.62
	N1	473.42	815.93	2.59
	N2	511.95	945.15	2.77
	N3	523.77	922.52	2.64
	BI	677.15	740	1.64
2018	Y1	339.99	760.16	3.35
	Y2	369.80	805.04	3.27
	Y3	385.08	855.89	3.33
	N1	362.65	701.74	2.90
	N2	406.86	728.96	2.69
	N3	456.32	799.20	2.63
	BI	506.73	574.49	1.70

2. 不同灌溉定额与产量关系

图 4-10 为膜下滴灌条件和浅埋滴灌条件下不同灌水定额与产量的关系。以产量为目标函数（y），以灌溉定额为控制变量（x），建立产量回归模型。根据试验结果，在田间试验的灌水范围内，随灌水定额的增大，产量出现增长后趋于稳定并存在下降的趋势，在一定范围内随灌水定额增大，产量升高，超过适宜范围后，灌水定额增大，土壤含水率较高，根系呼吸作用减弱，影响根系吸水，甚至会造成烂根等现象，影响产量。浅埋滴灌条件下灌溉定额为 263mm，产量达到最大值 987.6kg/亩，水分生产率达到较大值 3.12kg/m^3；膜下滴灌条件下灌溉定额为 220.1mm，产量达到最大值 868.1kg/亩，水分生产率达到较大值 3.12kg/m^3。试验研究得到玉米滴灌产量回归数学模型：

$$膜下滴灌\quad y=-0.0144x^2+6.4741x+109.14 \tag{4-5}$$

$$浅埋滴灌\quad y=-0.0125x^2+6.311x+136.13 \tag{4-6}$$

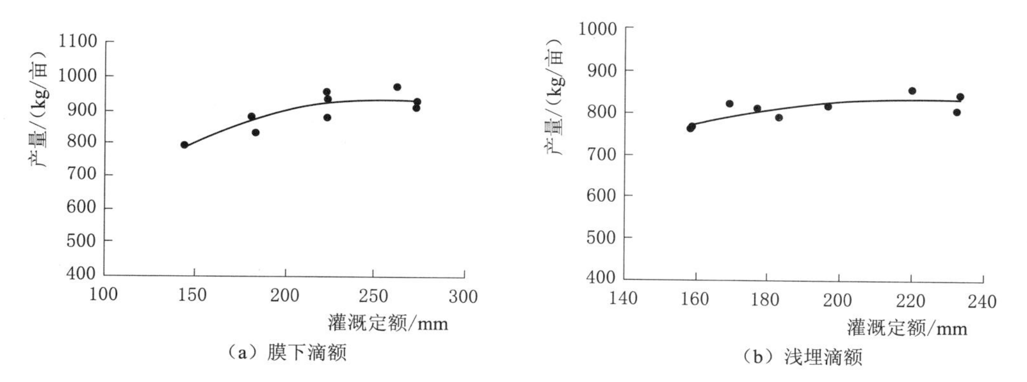

图 4-10 膜下滴灌条件和浅埋滴灌条件下不同灌水定额与产量的关系

4.3 玉米灌溉制度试验研究

4.3.1 研究内容

通过田间玉米滴灌试验，分析不同水分处理对玉米生理生态指标（株高、干物质积累、叶面积指数等）及产量的影响，优选最佳灌水处理，结合试验的灌水量以及不同水分处理对滴灌玉米生理生态指标和产量的影响，根据田间水量平衡方程所计算的玉米滴灌各生育期耗水量以及根据修正彭曼公式计算的参考作物蒸发蒸腾量及作物系数，制定不同水文年玉米滴灌优化灌溉制度。主要观测内容如下。

1. 试验灌水量测定

一体化农机种植后，进行地面滴灌支管、辅管、毛管的布置，首部安装过滤网、离心过滤器；灌溉水泵启动电源处安装数字化设备，插卡灌水；每个灌溉小区均安装水表，监测每次灌溉的实际灌水量。

2. 植株生育指标的监测

每个生育期用卷尺测量玉米株高和叶面积，拔节期株高是测量地面到叶片自然伸展时的最高处，抽雄后测量地面到雄穗顶端的高度；叶面积是通过测量从叶尖到叶基的长度与离叶基1/3处的宽度计算得到。

单叶面积用式（4-7）计算：

$$S=0.75\times ab \tag{4-7}$$

式中：S为叶面积；a为叶长；b为叶宽；单叶面积累加得全株面积。

3. 根系监测

根系指标于拔节期、抽雄期、灌浆期用直径为7cm土钻采集根系样本。先将植株根上部分切除，然后在植株下方，植株与滴灌带间取1钻，植株到垄间取2钻，各点均以10cm为1层。根系样本冲洗干净后采用Epson Perfection V700 PHOTO型扫描仪扫描根样，使用Win RHIZO软件分析得到的扫描图片折算根长密度。

4. 作物生物量及收获测产

收获时每小区割取3株玉米，采用电子天平分别称取鲜重后，将茎秆、穗部位纵向剖开后置于烘箱内105℃鼓风状态下杀青30min，再调节温度为80℃烘干8h，而后每30min取出样品称重一次，至重量无变化后的读数即为地上部分生物量干物质重。

每个处理随机选取8m长度距离，调查行距、株距、果穗总数，得到公顷株数、有效穗数。取所有玉米穗称重，选取长势均匀的10株作为测产样本，用游标卡尺测量穗长、穗宽、秃尖长，人工计数每穗粒数。全部脱粒后称重，并测量玉米籽粒含水率，折算为标准籽粒含水率，得到亩产量。随机取5组300粒称重，得到百粒重。

4.3.2 研究方案与方法

灌溉制度试验采用的试验设计方法与需水规律试验相同，详见4.2节玉米需水规律试验研究与水分生产率评价。

4.3.3 研究结果

4.3.3.1 玉米生长发育指标变化

农作物的生长发育受其自身特性的影响和制约表现出明显的生物学规律，生物量变化是一个积累的过程，但不同生育期生物量积累的多少及快慢有所不同。

1. 株高变化

株高和叶片是作物干物质积累的主要组成部分。不同生育期玉米的生长发育不同，株高的变化尤为明显，并且不同生长阶段其变化特征表现出一定的规律性。各生育期株高的生长变化表现出一定的规律性。

（1）生育期内株高变化。2014—2017年玉米生育期内株高变化详见表4-11～表4-15。在灌浆期（7月底）前各处理玉米株高呈增加趋势，灌浆期以后变化平缓，达到最大值，趋于稳定状态，玉米生殖生长也达到稳定阶段，进入作物的第二生长时期，该阶段为玉米的生长关键期。成熟期玉米的株高基本没有变化，在该生育期，玉米的营养生长也基本达到稳定状态，叶片的变化也基本呈线性变化，较灌浆期减少，这主要与作物在生长后期叶片脱落有关。

表 4-11　　2014 年玉米株高变化　　单位：cm

处理	6月5日	6月23日	7月3日	8月5日	8月15日	8月20日	8月25日
Y1	25b	68.9c	147b	255b	266b	270b	275a
Y2	27a	81.1b	163a	268a	275a	277a	279a
Y3	30a	88.4a	167a	272a	276a	279a	279a
N1	24b	61c	142b	240b	243b	245b	245b
N2	26a	79b	154a	262a	265a	265a	267a
N3	29a	82.3a	155a	268a	270a	270a	270a

注　表中不同字母代表在 0.05 水平差异性显著。

表 4-12　　2015 年玉米株高变化　　单位：cm

处理	不同生育期			
	苗期	拔节期	抽雄期	灌浆期
Y1	37.7b	115.9c	264b	254.7c
Y2	37bc	115.2c	251c	257.5c
Y3	38.7b	124.8a	267b	275.3b
N1	41.8a	104.8d	252c	272b
N2	41.5a	121.5b	254c	254c
N3	36.7c	122b	277.5a	286a

注　表中不同字母代表在 0.05 水平差异性显著。

表 4-13　　2016 年玉米株高变化　　单位：cm

处理	6月1日	6月23日	6月30日	7月6日	7月19日	7月3日	8月13日	8月20日
Y1	36.8a	60.4a	165.5a	203a	230.5a	268.7a	270.5a	271a
Y2	37a	62b	167.2a	205.5ab	232a	273.5ab	275ad	275ad
Y3	47.8b	61.2ab	173.5b	208.8b	245.8bd	280b	282.5b	282.5b
N1	36.7a	50.6c	150.7c	189c	229.5a	259c	263.5c	264c
N2	41.5c	51dcd	152.3c	192.2cd	239.7c	279bd	280bd	280bd
N3	41.8c	52d	158.5d	195.7d	235ac	274.5ab	282.5b	283b
BI	18.4d	30e	142.5e	183e	248d	290e	290.5e	290.5e

注　表中不同字母代表在 0.05 水平差异性显著。

表 4-14　　2017 年玉米株高变化　　单位：cm

处理	6月9日	6月20日	6月30日	7月10日	7月19日	7月27日	8月13日	8月22日
Y1	51.5a	70.5a	155a	197.5a	233ae	263c	264e	267d
Y2	55b	75.3b	172b	198a	237a	280ab	280cd	283b
Y3	61.5c	79.5c	177c	205.8b	243b	284.5a	284.5c	285b
N1	38d	58.2d	141.5d	184.3c	221cf	263.5c	264e	265d
N2	44e	60e	147e	187cd	228.7d	276.5b	277d	277c
N3	46f	60.5e	147e	188.5d	232de	284a	293.5b	296a
BI	39g	60.4e	137.4f	176.2e	220.8f	278.5b	297.8a	299a

注　表中不同字母代表在 0.05 水平差异性显著。

表 4-15　　2018 年玉米株高变化　　单位：cm

处理	6月9日	6月20日	6月30日	7月10日	7月16日	7月27日	8月22日	9月26日
Y1	46.3a	75a	160.3b	208.5b	242b	253.2bc	286ab	279.3a
Y2	50b	89b	167.8a	212b	246.7ab	260ab	288a	284.6a
Y3	56.5c	93c	169.5a	220a	252a	265.6a	288a	282.5a
N1	32.4d	54d	114.6c	142.7e	183.2e	221.5e	279b	277.2a
N2	36.5e	58.3e	128d	159.8d	204.5d	238.4d	283ab	278.4a
N3	34.7f	66.7f	147.3e	180.2c	233.5c	252.6c	285ab	280.6a
BI	12.6g	36g	100f	130.4e	188.3e	220.8e	264.6c	260.3b

注　表中不同字母代表在 0.05 水平差异性显著。

（2）不同处理株高变化。覆膜高水和浅埋高水处理玉米长势较好，比其他处理高 1.6%～7.7%，因为这两个处理水量充足；其他处理间株高相差不大，只是前期不同处理株高相差表现得较为明显，如生育期前期覆膜处理比浅埋处理株高大 17%～35%。从 2016 年和 2017 年株高变化可以看出，滴灌各处理在生育期前期株高显著大于管灌处理约 15.5～30cm，主要是因为前期滴灌灌水定额较小，滴灌处理中土壤温度更利于玉米种子的发芽，出苗早于管灌处理，试验表明覆膜处理较浅埋处理早出苗 3～5 天，较管灌处理早出苗 5～7 天。植株较小时覆膜具有良好的保温、保墒作用，所以覆膜处理株高明显高于浅埋处理；拔节到抽雄阶段，浅埋滴灌没有截流作用，玉米生长速率明显高于覆膜处理，两种处理在开始抽雄只相差 1 天，且覆膜与浅埋处理的株高差异不显著，覆膜与浅埋处理的发育状况相近。

2. 玉米不同处理的叶面积指数变化

玉米不同处理的叶面积指数变化详见表 4-16～表 4-20。从表中可以看出，各个水处理的叶面积指数不同生育期变化规律一致，表现为先增大后减小的变化过程。在灌浆期达到最大，然后逐渐减少，到收获时部分叶片干枯掉落，停止光合作用。灌水有利于提高玉米叶面积指数。播种—拔节期（6 月 30 日以前）各处理之间无显著性差异（$P<0.05$）；拔节期以后随着灌水、降雨的增加，不同处理之间开始出现差异，叶面积指数与灌水量呈正相关，从大到小依次为高水、中水、低水。对比覆膜处理与浅埋处理，在前期由于低温少雨，覆膜处理出苗早于浅埋，浅埋处理比覆膜处理低 50%，在 6 月下旬以后降雨量较大，浅埋处理与覆膜处理差异性减小，到后期浅埋处理仅比覆膜处理低 2%～4%，到 8 月 20 日覆膜处理与浅埋处理无显著性差异（$P<0.05$），说明在该地区覆膜对生育期前期保墒增温作用明显，有利于玉米生长发育，到抽雄期以后覆膜处理与浅埋处理叶面积指数差异性不显著。

表 4-16　　2014 年玉米叶面积指数的变化

处理	不同生育期			
	苗期	拔节期	抽雄期	灌浆期
Y1	0.292a	2.956e	5.935e	5.992d
Y2	0.260c	3.557b	6.594c	6.894b
Y3	0.279b	3.829a	7.048a	7.048a
N1	0.278b	3.000e	5.890e	5.800e
N2	0.230e	3.200d	6.200d	6.500c
N3	0.250d	3.400c	6.800b	6.800b

注　表中不同字母代表在 0.05 水平差异性显著。

表 4-17　　2015年玉米叶面积指数的变化

处理	不同生育期				
	苗期	拔节期	抽雄期	灌浆期	成熟期
Y1	0.03d	0.638c	5.228b	5.399c	4.832b
Y2	0.094c	0.789b	4.971d	5.206d	4.844b
Y3	0.09c	0.893a	5.111c	5.471b	4.973a
N1	0.083c	0.592c	5.392a	5.402b	4.521d
N2	0.155b	0.713b	5.184b	5.214d	4.69c
N3	0.196a	0.764b	4.808e	5.696a	4.788b

注　表中不同字母代表在0.05水平差异性显著。

表 4-18　　2016年玉米叶面积指数的变化

处理	6月10日	6月23日	6月30日	7月6日	7月19日	7月30日	8月13日	8月20日
Y1	0.155a	0.407a	2.982a	3.717a	4.587a	4.601a	4.608a	4.597a
Y2	0.196b	0.445b	3.125b	3.779b	4.776b	4.837b	4.84b	4.723b
Y3	0.332c	0.466c	3.246c	3.825b	4.826b	4.854b	4.859b	4.801b
N1	0.03d	0.332d	2.523d	2.932c	3.923c	4.057cd	4.059cd	3.968c
N2	0.094e	0.374e	2.562d	2.997c	3.911c	4.02c	4.026c	3.924c
N3	0.09e	0.249f	2.58d	3.099d	4.068d	4.148d	4.152d	3.993c
BI	0.016f	0.145g	2.688e	3.632e	4.074d	4.655a	4.656a	4.432d

注　表中不同字母代表在0.05水平差异性显著。

表 4-19　　2017年玉米叶面积指数的变化

处理	6月9日	6月20日	6月30日	7月10日	7月19日	7月27日	8月13日	8月22日
Y1	0.097a	0.437a	1.142a	2.073a	3.314e	4.090a	4.002a	3.961a
Y2	0.135b	0.608b	1.622b	2.449b	3.764d	4.340b	4.327b	4.312b
Y3	0.152c	1.423c	3.368c	3.861c	3.983b	4.568c	4.557c	4.444c
N1	0.051d	0.381d	1.479d	2.206d	3.217e	4.020a	4.150d	4.148d
N2	0.056e	0.499e	2.349e	3.227e	4.579c	4.901d	4.866e	4.804e
N3	0.070f	0.51e	2.624f	4.033f	4.473a	4.771e	4.617c	4.651f
BI	0.064g	0.345f	1.140a	1.977g	3.017f	3.672f	3.913f	3.755g

注　表中不同字母代表在0.05水平差异性显著。

表 4-20　　2018年玉米叶面积指数的变化

处理	6月10日	6月20日	6月30日	7月6日	7月16日	7月30日	8月13日	8月20日
Y1	0.122a	1.356c	2.047c	2.960a	4.023a	4.821a	5.017a	4.986c
Y2	0.157b	1.723b	3.199b	4.002b	5.077b	5.346b	5.324b	5.301b
Y3	0.189c	1.962a	3.973a	5.139c	6.750c	6.864c	6.801c	6.597a
N1	0.051d	0.204f	0.740f	1.256d	1.946d	3.514d	4.234d	4.646d
N2	0.063e	0.283e	1.087e	1.761e	2.533e	4.012e	4.543e	4.679d
N3	0.082f	0.419d	1.876d	2.664f	3.789f	4.642f	4.879a	4.883c
BI	0.057g	0.388d	1.024e	1.588g	2.411g	3.500d	4.021f	4.447e

注　表中不同字母代表在0.05水平差异性显著。

3. 玉米根系研究

根系分布主要受土壤水分的影响。生育期前期，由于无降雨，不同灌溉方式的根系分布有明显差异，这也为以后根系的生长发育奠定了基础。以 2017 年数据为例，在拔节期，膜下滴灌根量主要集中在 25cm 土体内，占全部根量的 75.88%，根系生长中心位于距滴灌带 17.5cm 的植株下方 [图 4-11 (a)]，沿水平和垂直向下根长密度逐渐降低，因为

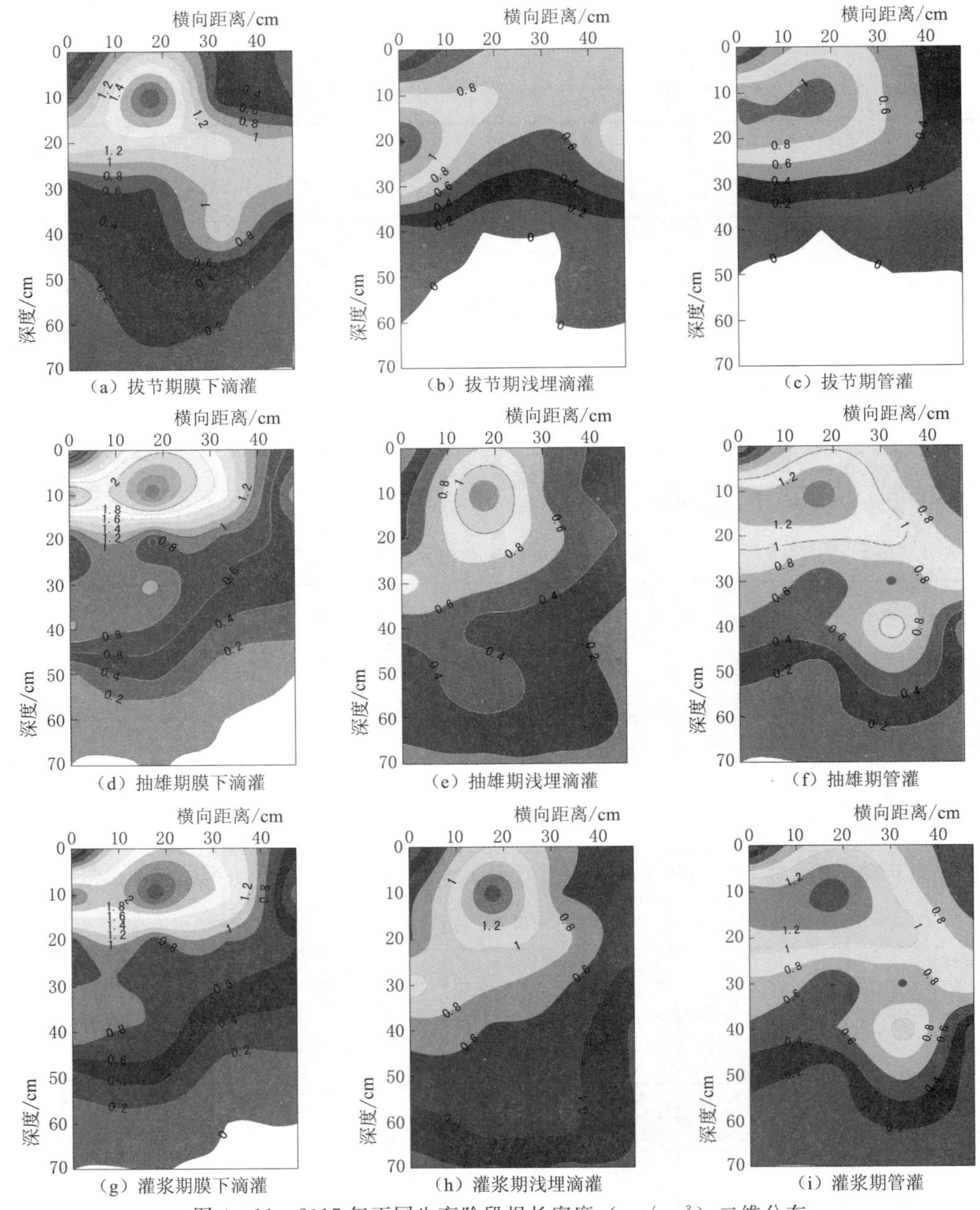

图 4-11 2017 年不同生育阶段根长密度（cm/cm^3）二维分布

注：横坐标轴 17.5cm 处为植株下方。

覆膜降低了浅层土壤水分蒸发，土壤水分分布较均匀，根系正常向植株下方生长并逐步向外延伸；浅埋滴灌根系生长中心向左偏移，偏向滴灌带方向，相比膜下滴灌扎根深度明显增加，根量主要在25cm土体内，占全部根量的72.28%［图4-11（b)］，这是由于前期棵间蒸发较大，浅层土壤水分较低，滴灌带下含水率较高，根系生长发生了偏移，根系分布中心位于植株与滴灌带之间距离植株17.5cm处。管灌处理一次灌水量较大，水分在土体内分布均匀，故根系生长均匀，表现为横向分布更广，垂向分布较浅，根量在25cm土体内达到总根量的98.19%［图4-11（c)］。抽雄期，8月以后出现了大规模降雨(181.04mm)，根系迅速增长尤其是浅埋滴灌处理下，开始逐渐沿水平方向从滴灌带向植株下方生长，并向土壤深层下扎，从图4-11（d)～(f）可以看出，相对其他两种灌水方式垂向分布更加均匀，根深甚至可以达到70cm土层。灌浆期，植株根系已经定型，膜下滴灌根系表现为25cm土层分布密集，沿垂向急剧降低；浅埋滴灌根系分布表现为扎根最深，但是横向分布交窄。管灌处理在整个40cm深度的土体内分布较为均匀，见图4-11(g)～(i)。

4.3.3.2 玉米产量、增产量、增产效果

玉米产量由籽粒数、百粒重及产量等要素构成，2014—2018年不同处理玉米产量及其构成因子，以及不同处理对玉米产量性状详见表4-21。产量均为折算为14%含水率标准的亩产量。

1. 百粒重

2014年和2015年覆膜处理的百粒重略大于浅埋处理（$P<0.05$)，但是2016年和2017年覆膜处理百粒重明显偏低，特别是浅埋处理随着灌水定额的增大，百粒重也随之增大，这一趋势较覆膜处理更加明显，可能是由于浅埋处理对不同水分的响应更敏感，在决定玉米粒重的灌浆期—乳熟期，一定要保持充足的土壤水分。

2. 穗粒数

覆膜处理随着灌水定额的增大，玉米穗粒数也随之增大。各处理浅埋低水处理的穗粒数明显大于其他处理，但是产量优势并不明显，说明浅埋低水处理玉米籽粒较小，管灌处理的穗粒数最低，且抽雄期—灌浆期是玉米籽粒形成的重要阶段，要保持充足的土壤水分。

3. 产量

从图4-12和图4-13中可以看出，2014—2015年覆膜处理产量高于浅埋处理，2015—2018年为在同一试验地试验区1进行田间试验，其中2015年、2018年为平水偏枯年，2016年、2017年为平水偏丰年，在平水偏丰年后期降雨较多。通过前文玉米土壤水分变化与根系分布规律及降雨利用率分析得知，浅埋滴灌玉米无薄膜截流作用，降雨可直接入渗到土壤中。覆膜小区雨水在膜上横向运移至垄间位置，在晴天后太阳辐射的作用下以无效蒸发的形式散失。浅埋根系分布较覆膜处理更深，在浅层土壤水分蒸发不能满足玉米发育时可以从深层土壤中吸收水分，浅埋滴灌降雨利用率高。在灌浆期浅埋可以更好地吸收水分用于籽粒的形成与累积，得到更高产量。试验表明平水偏丰年浅埋处理较膜下滴灌各处理产量高6%～23%。浅埋高水、中水处理比低水处理产量分别高13%、16%，浅埋中水产量处于最高水平。平水偏枯年（2015年和2018年）覆膜产量高，覆膜处理产量

高于浅埋处理1%～16%。2015年（261.21mm）与2018年（225.6mm）降雨较多，2015年膜下滴灌低水处理仅高于浅埋滴灌1%，无显著性差异（$P<0.05$），说明在降雨较少年份，覆膜可以有效降低土壤水分蒸发，提高产量。降雨多年份尤其是后期降雨较大时浅埋滴灌效果更好。管灌处理产量为740.00kg/亩，低于滴灌处理平均产量13%，滴灌具有较好的增产效果。

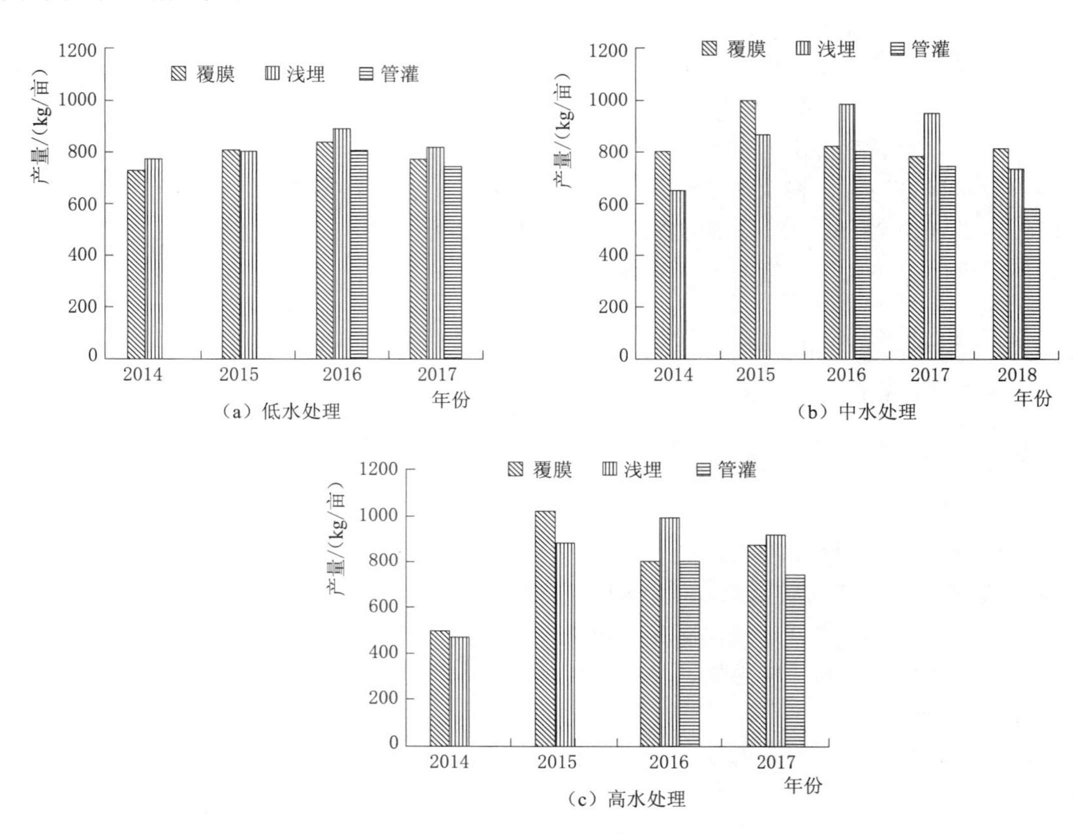

(a) 低水处理

(b) 中水处理

(c) 高水处理

图4-12 不同年份玉米产量比较

图4-13 2018年不同处理玉米产量比较

表 4-21　不同处理下玉米测产成果

年份	处理		灌溉定额/(kg/亩)	穗粒数/个	百粒重/g	产量/(kg/亩)	增产量/(kg/亩)	增产效果/%
2014	覆膜	Y1	144.5	660	30.04	493.33	0.00	
		Y2	161.3	632	37.49	797.31	304.00	62
		Y3	241.6	717	37	723.49	230.13	47
		平均	182.46	670	34.84	671.40		
	浅埋	N1	148.2	703	24.44	468.80	0	
		N2	181.2	677	36	644.07	175.27	37
		N3	243.6	724	36.13	771.73	302.93	65
		平均	191	701	32.19	628.20		
2015	覆膜	Y1	75.03	624	36.53	805.37	0	
		Y2	124.53	636	37.43	992.37	187	23.22
		Y3	161.8	645	40.61	1015.34	210	26.07
		平均	120	635	38	938		
	浅埋	N1	95.6	615	34.4	798	0	
		N2	149.45	633	38.1	859	61	7.64
		N3	183.49	651	39.63	878	80	10.02
		平均	142.85	633	37	845		
2016	覆膜	Y1	112.86	640	35.36	831.42	0	
		Y2	118.42	651	38.48	818.08	−13.34	−1.6
		Y3	155.15	697	38.82	797.25	−34.17	−4.11
		平均	128.81	663	37.55	815.58		
	浅埋	N1	120.83	707	37.47	888.15	0	
		N2	148.87	667	37.78	980.71	92.56	10.42
		N3	175.45	679	37.18	987.6	99.45	11.2
		平均	148.38	684	37.48	952.15		
2017	覆膜	Y1	105.73	561	38.97	765.53	0	
		Y2	122.28	602	36.53	779.12	13.59	1.78
		Y3	146.81	605	40.02	868.09	102.56	13.4
		平均	124.94	589	38.51	804.25		
	浅埋	N1	122.65	666	45.74	815.93	0	
		N2	149.35	686	42.27	945.15	129.22	15.84
		N3	183.43	689	43.81	922.52	106.59	13.06
		平均	151.81	680	43.94	894.53		

续表

年份	处理		灌溉定额/(kg/亩)	穗粒数/个	百粒重/g	产量/(kg/亩)	增产量/(kg/亩)	增产效果/%
2018	覆膜	Y1	105.21	660	43.74	760.16	0	
		Y2	131.19	602	42.14	805.04	44.88	5.90
		Y3	155.67	605	42.09	855.89	95.73	12.59
		Y3′	150.95	694	43.11	837.06	76.9	9.55
		Y2′	160.41	677	39.85	841.46	81.3	10.10
		平均	140.69	648	42.19	819.92		
	浅埋	N1	128.69	541	49.59	701.74	0	
		N2	160.41	522	49.53	728.96	27.22	3.88
		N3	191.66	631	50.64	799.2	97.46	13.89
		N3′	184.15	654	49.9	788.64	86.9	11.92
		平均	166.23	587	49.92	754.64	52.895	

4.3.3.3 基于 Penman - Monteith 方法的玉米作物系数 K_c 值分析

作物系数 K_c 是作物腾发量与参考作物腾发量的比值，对于计算作物需水量来说，它是一个重要的因素。K_c 在受作物类型、土壤蒸发、气候和作物生长阶段的影响下表现出不同的变化趋势。

根据水量平衡法测得的作物耗水量是由棵间土壤蒸发与植株蒸腾两部分组成，在覆膜的情况下，由于地膜的作用使得对植株棵间土壤蒸发的影响较大，且地膜对降雨有隔绝的作用，覆膜处理作物的耗水量计算发生变化，也同时影响了作物系数 K_c 值的变化情况。通辽地区对于这方面的相关研究较少，玉米作物系数通过中国主要农作物需水量等值线图研究作为参考标准。然而对于覆膜后对大田玉米作物系数的影响国内外至今研究相对较少，大多数的研究与设计都以传统种植方式的作物灌溉制度作为作物耗水系数的参照标准，在一定程度上造成了灌溉利用效率低，膜下滴灌节水技术的优势得不到发挥。因此通过2014—2018年田间试验监测研究了中水处理滴灌玉米作物系数的变化情况。

FAO Penman - Monteith 公式是计算参考作物腾发量中具有代表性的一种方法。它具有较为严格的理论基础和物理意义，综合考虑了辐射及平流对作物蒸腾和株间土壤蒸发过程的影响。用少量的气象数据，计算逐日或是逐月参考作物腾发量。

通过 EXCEL 对 FAO Penman - Monteith 公式进行数据编程，以旬为计算单位，利用当地测得的气象数据计算试验区2014—2018年参考作物4月下旬至9月中旬的参考作物腾发量（图4-14）。

ET_0 的变化趋势一般表现为4月下旬至5月中旬低，随后升高，在5月下旬较大；6月中旬由于降雨较多，其日照时数及太阳福射低，使得 ET_0 降低；7月、8月相对平稳，9月随着气温的降低而逐渐降低。全生育期变化范围在1.84～6.79mm/d之间。各年际间 ET_0 基本均在5月下旬或6月上旬达到最大值，由于该阶段正处于植株生长阶段，且叶

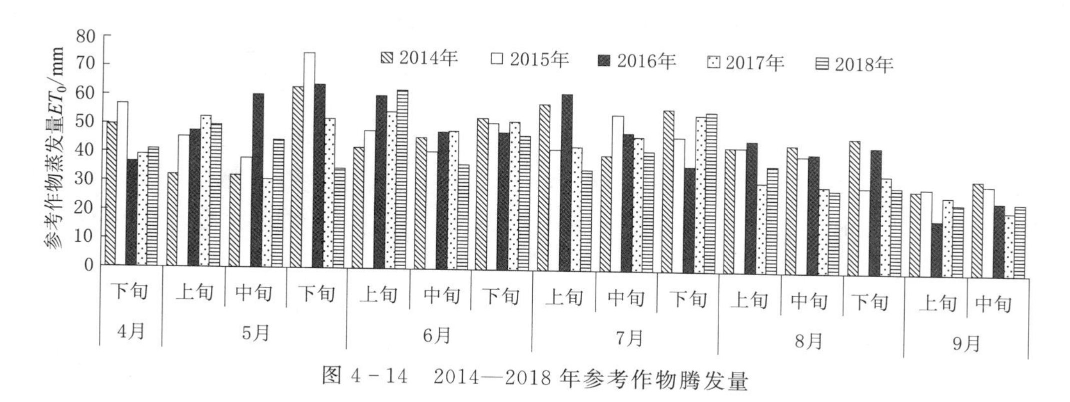

图 4-14　2014—2018 年参考作物腾发量

片覆盖度较低，太阳辐射和地面风速均较大。膜下滴灌全生育期 ET_0 为 600.9mm，浅埋滴灌为 616.3mm，无显著性差异（$P<0.05$）。播种—出苗期为 88.5～122.6mm，平均为 104.8～108.6mm；出苗期—拔节期为 174.8～237.8mm，平均为 190.0～210.6mm；拔节期—抽雄期为 84.2～129.9mm，平均为 100.3～103.8mm；抽雄期—灌浆期为 89.6～142.0mm，平均为 109.6～115.1mm；灌浆期—成熟期为 79.5～99.8mm，平均为 87.1mm。

2015—2018 年覆膜处理与浅埋处理平均 K_c 值见表 4-22。从表 4-22 可得出，虽各年玉米需水量 ET_c 及 ET_0 不同，但 K_c 总体变化趋势与作物需水量变化成正相关，各试验年份均属于平水年，K_c 变化规律基本一致，无显著性差异，在生育期内呈现先变大后减小的趋势。作物需水量小的时期 K_c 值小，作物需水量大的时期 K_c 值变大。播种—出苗期作物系数平均为 0.33～0.35；出苗期—拔节期为 0.43～0.48；拔节期—抽雄期为 1.02～1.04；抽雄期—灌浆期为 1.08～1.26；灌浆期—成熟期为 0.78～1.00。其中，2016 年抽雄期—灌浆期需水较低，灌浆期—成熟期需水较高，在前文需水规律中也有论述，故抽雄期—灌浆期 K_c 值较低，为 0.56～0.76，灌浆期—成熟期 K_c 值较高，为 1.26～1.65。

表 4-22　2015—2018 年覆膜处理与浅埋处理平均 K_c 值

处理		生育期					
		播种—出苗期	出苗期—拔节期	拔节期—抽雄期	抽雄期—灌浆期	灌浆期—成熟期	全生育期
覆膜	ET_c/mm	35.0	81.1	106.1	124.1	67.8	414.0
	ET_0/mm	104.8	190.0	103.8	115.1	87.1	600.9
	K_c	0.33	0.43	1.02	1.08	0.78	
浅埋	ET_c/mm	38.4	101.7	104.4	138.4	86.9	469.8
	ET_0/mm	108.6	210.6	100.3	109.6	87.1	616.3
	K_c	0.35	0.48	1.04	1.26	1.00	

4.3.3.4　不同水文年推荐灌溉制度

通过对通辽市舍伯吐镇已有的 36 年（1983—2018 年）生育期（4 月下旬至 9 月中旬）

降水量资料计算，得到各个频率情况下所对应的降水量值。取 P 为 25%、50%、75%所对应的降雨量值作为丰水年、平水年、枯水年的设计值，该地区丰水年（$P=25\%$）降水量为 332.4mm、平水年（$P=50\%$）降水量为 269.4mm、枯水年（$P=75\%$）降水量为 209.8mm。采用 Penman - Monteith 公式根据各代表年的气象数据计算参考作物腾发量，结合作物系数 K_c 得到生育期耗水量，用作物耗水量减去降水量推算灌溉定额。具体推荐的灌水次数、灌水时间、灌水定额详见表 4 - 23。由于每年各次降水均匀性的不可预测性，具体的灌水日期应根据土壤墒情进行确定。

表 4 - 23　　枯水年、平水年、丰水年滴灌玉米推荐优化灌溉制度

年型	处理	灌溉制度	出苗前期	苗期	拔节期	抽雄期	灌浆期	全生育期
枯水年	覆膜	灌水次数	1	1	3	1	2	8
		灌水量/(m³/亩)	20	20	25,25,25	25	20,20	180
	浅埋	灌水次数	1	1	3	1	3	9
		灌水量/(m³/亩)	20	25	25,25,25	25	25,20,20	210
平水年	覆膜	灌水次数	1	1	2	0	3	7
		灌水量/(m³/亩)	10	20	20,20		20,16,16	122
	浅埋	灌水次数	1	1	2	0	3	7
		灌水量/(m³/亩)	10	25	20,25		25,25,18	148
丰水年	覆膜	灌水次数	1	2	0	0	1	4
		灌水量/(m³/亩)	10	20,20			20	70
	浅埋	灌水次数	1	2	0	0	2	5
		灌水量/(m³/亩)	10	20,20			20,20	90

4.4　玉米水肥一体化试验研究

4.4.1　研究内容

通过不同水氮用量耦合下的玉米干物质积累量及收获指数、光合特性指标及相关性，以及产量、收获后土壤残留有效氮的探讨分析，研究水、氮对以上指标单因素影响效应与水氮互作效应，得到能协调较高产量、较高互作效应与较低土壤残留有效氮环境风险之间相互矛盾的适宜水氮耦合量。主要观测内容如下。

1. 试验田施肥次数与施肥量

试验田基肥采用一体化农机施肥，追肥在拔节期、大喇叭口期、抽雄吐丝期分三次进行，每次追肥前称取不同肥料处理的尿素用量，在辅管上安装施肥罐，采用滴灌随水入肥的方式进行追肥。

2. 土壤养分含量的监测

土壤取样位置为平行于滴灌带的玉米棵间，播种前和收获后两次取样土层为 1m，拔节期、抽雄期、灌浆期的 3 次取样土层为 60cm，均以 20cm 为 1 层、取 1m 深的土壤样品。风干样过1mm筛，测有机质采用"油浴加热重铬酸钾氧化—容量法"。采用碱解扩散法测定土壤有效氮。用NaOH碱液处理土壤时，铵态氮及易水解的有机氮碱解转化为氨；硝态氮则需加入硫酸亚铁还原剂及硫酸银催化剂还原为铵，扩散皿放入40℃恒温箱中保温24h后用0.01mol/L的盐酸标准溶液滴定。测定速效磷采用"碳酸氢钠浸提—钼锑抗比色法"。测定速效钾采用"乙酸铵浸提—原子吸收分光光度法"。为防止临近处理水肥侧渗，每个试验处理设3条滴灌带为3个种植单元，两边为保护行，监测和取样均采用中单元。

3. 玉米光合特性数据采集

采用LI-6400型光合仪，监测时间选在抽雄吐丝期末期与灌浆期开始的生育期过渡时段，选择无风晴朗的天气，在上午10：30—11：30时段内（按仪器说明书推荐监测时间），监测不同处理小区玉米穗位叶净光合速率Pn（$\mu mol\ CO_2 \cdot m^{-2} \cdot s^{-1}$）、蒸腾速率$Tr$（$mmol\ H_2O \cdot m^{-2} \cdot s^{-1}$）、气孔导度$Gs$（$mol\ H_2O \cdot m^{-2} \cdot s^{-1}$）、胞间$CO_2$浓度$Ci$（$\mu mol\ CO_2 \cdot mol^{-1}$），仪器每次夹叶片时均待读数稳定后操作记录，单个样片数据记录次数为3～5次。

4.4.2 研究方案与方法

膜下滴灌条件下水肥一体化试验设置水、氮两个因素，每个因素设高、中、低3个水平。灌水水平与需水规律与灌溉制度试验中的灌水水平确定方法相同，施肥水平的确定原则是以当地农民施肥平均水平作为中等施肥水平，在此基础上，根据测土施肥情况分别增加、降低20%作为高、低肥处理，特别从生态角度考虑，施肥量并不追求最高。

本试验在科尔沁左翼中旗腰林毛都镇进行大田对比试验，2014年施尿素氮（N）梯度按192kg/hm^2、240kg/hm^{2}和288kg/hm^{2}设低（N1）、中（N2）和高（N3）3个水平。2015—2018年施用复合肥（F），低肥（F1）水平为低氮223.5kg/hm^2、低磷51kg/hm^2、低钾18kg/hm^2，中肥（F2）水平为中氮270.75kg/hm^2、中磷63.75kg/hm^2、中钾22.5kg/hm^2，高肥（F3）水平为高氮330.75kg/hm^2、高磷89.25kg/hm^2、高钾31.5kg/hm^2。具体方案、实际施用量和灌水量详见表4-24和表4-25。

表4-24　2014年全生育期实际施纯氮量　单位：kg/hm^2

处理	实际施纯氮量				
	4月27日	6月22日	7月8日	8月1日	全生育期
W0N0	0.000	0.000	0.000	0.000	0.000
W1N1	57.60	53.76	53.76	26.88	192.00
W1N2	72.00	67.2	67.2	33.6	240.00
W1N3	86.40	80.64	80.64	40.32	288.00
W2N1	57.60	53.76	53.76	26.88	192.00
W2N2	72.00	67.2	67.2	33.6	240.00
W2N3	86.40	80.64	80.64	40.32	288.00
W3N1	57.60	53.76	53.76	26.88	192.00
W3N2	72.00	67.2	67.2	33.6	240.00
W3N3	86.40	80.64	80.64	40.32	288.00

注　2014年施用肥料为尿素，用N代表。

表 4-25 2015—2018 年全生育期纯养分施用量 单位：kg/hm²

处理	纯养分施用量						
	4 月 23 日			6 月 24 日	7 月 22 日	8 月 7 日	总养分
	基施氮	基施磷	基施钾	追氮	追氮	追氮	氮＋磷＋钾
W0F0	0	0	0	0	0	0	0
W1F1	51	51	18	69	69	34.5	292.5
W1F2	63.75	63.75	22.5	82.8	82.8	41.4	357
W1F3	89.25	89.25	31.5	96.6	96.6	48.3	451.5
W2F1	51	51	18	69	69	34.5	292.5
W2F2	63.75	63.75	22.5	82.8	82.8	41.4	357
W2F3	89.25	89.25	31.5	96.6	96.6	48.3	451.5
W3F1	51	51	18	69	69	34.5	292.5
W3F2	63.75	63.75	22.5	82.8	82.8	41.4	357
W3F3	89.25	89.25	31.5	96.6	96.6	48.3	451.5

注 2015—2018 年施用肥料为复合肥，用 F 代表。

灌水量采用旋翼式数字水表记录。磷肥和钾肥施用量、病虫草害及农机农艺配套措施均采用当地常规方式。基肥氮使用一体化农机施入，追氮肥方式为先在施肥罐中充分溶解尿素，通过水压差随灌水滴施于膜下根区。

4.4.3 研究结果

4.4.3.1 水氮耦合对玉米光合特性的影响

1. 水氮耦合对光合速率及蒸腾速率的影响

通过图 4-15 对比不同水氮组合处理对玉米光合速率和蒸腾速率的影响，所有水氮处理均远高于不灌水不施氮的空白对照，且总体变化趋势均表现为随着水氮施用量的增加而增大，但增大程度随着两个因素施用量的增加而减少，表现出增效减弱。但不同因子水平对其光合速率和蒸腾速率的影响不一致，不同因子水平下，水或氮的施用对光合作用影响的敏感程度不同，存在水氮耦合效应。

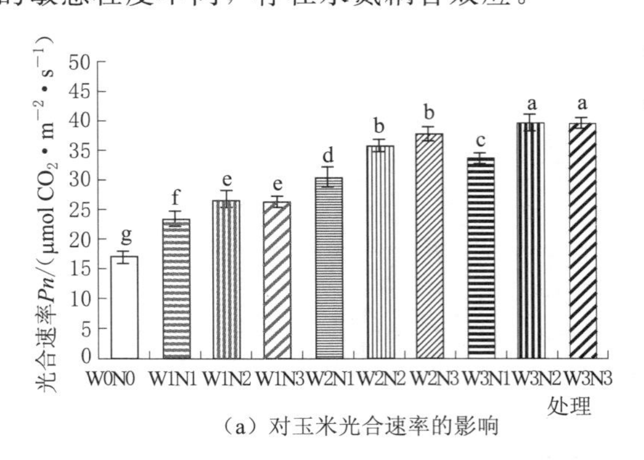

(a) 对玉米光合速率的影响

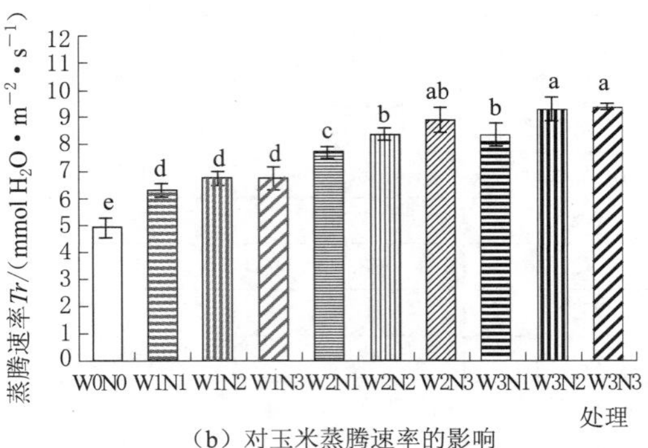

(b) 对玉米蒸腾速率的影响

图 4-15 不同水氮组合处理对玉米光合速率和蒸腾速率的影响

通过Duncan's多重比较，水氮处理光合速率的显著逆次序可分组为（W3N2、W3N3）＞（W2N3、W2N2）＞W3N1＞W2N1＞（W1N2、W1N3）＞W1N1。蒸腾速率分组为（W3N3、W3N2、W2N3）＞（W2N2、W3N1）＞W2N1＞（W1N2、W1N3、W1N1）。在W1水平下，光合速率W1N3、W1N2分别比W1N1高7.1%、7.0%，但W1N3、W1N2差异不显著；蒸腾速率W1N3、W1N2分别比W1N1高6.0%、5.1%，但3个施氮水平差异不显著，说明灌溉水平太低的情况下配施氮不能有效提升光合速率与蒸腾速率，增施一定量的氮肥有微弱的正效应，继续增加氮用量有减弱光合速率和蒸腾速率的趋势。W1灌溉水平不能有效发挥氮肥对光合作用的贡献，影响玉米对氮的吸收利用，进而阻碍光合作用。在W2灌溉水平下，施氮量由N1增至N2，蒸腾速率分别显著提高了17.2%、8.4%，继续提升施氮量至N3，虽能增大光合速率和蒸腾速率，但增长不明显，说明较高的灌水量才能体现出肥料氮的效应，且增施氮过程可持续提高光合作用，超过一定用量后肥料氮效应仍存在，但明显减弱，这部分氮投入代价大，W3灌溉水平下肥料氮效应与W2呈相似规律。每种施氮水平下，光合速率和蒸腾速率均表现为W3＞W2＞W1，其中N3水平下蒸腾速率W3＞W2，但差异不显著，可能因为氮施用量达到一定水平并且灌溉水分适宜的情况下，对应于当地的气象及环境因子限制，蒸腾速率已接近上限，故继续提升灌溉量效应微弱。W2N2显著大于W3N1的光合速率，水因子W2～W3增加并不能补偿氮因子N2～N1降低带来光合速率的减弱；但W2N2与W3N1两个处理蒸腾速率无显著差异，水因子W2～W3的增加补偿了氮因子N2～N1降低引起的负效应，说明在中高水平的灌溉量下，氮亏缺抑制光合速率的程度要大于蒸腾速率，而水分对蒸腾速率的促进作用要大于光合速率。

2. 水氮耦合对叶片水分利用效率的影响

表4-26中叶片水分利用率*WUE*统计计算方法为光合速率*Pn*/蒸腾速率*Tr*，通过F检验得到灌水和施氮均对水分利用效率有显著影响，各水氮组合处理*WUE*均显著大于空白对照。随着灌溉及施氮水平的提升叶片水分利用效率呈增加趋势，水、氮施用对*WUE*有正效应。

表4-26　不同水氮处理各光合因子数值统计分析

处理	光合速率 *Pn* /(μmol CO_2 · m^{-2} · s^{-1})	蒸腾速率 *Tr* /(mmol H_2O · m^{-2} · s^{-1})	气孔导度 *Gs* /(mol H_2O · m^{-2} · s^{-1})	胞间 CO_2 浓度 *Ci* /(μmol CO_2 · mol^{-1})	叶片水分利用效率 *WUE* /(μmol · $mmol^{-1}$)
W0N0	16.9±0.98g	4.87±0.37e	0.262±0.007f	242.42±9.01a	3.48±0.22d
W1N1	23.47±1.31f	6.27±0.26d	0.283±0.01e	205.87±7.08b	3.75±0.26c
W1N2	26.68±1.39e	6.71±0.27d	0.333±0.012d	202.53±7.83b	3.97±0.15bc
W1N3	26.35±1.05e	6.71±0.44d	0.319±0.006d	207.56±11.5b	3.94±0.23c
W2N1	30.45±1.67d	7.69±0.22c	0.495±0.005c	179.78±10.76c	3.96±0.14bc
W2N2	35.69±0.99b	8.34±0.23b	0.62±0.008a	156.92±8.24d	4.28±0.19a
W2N3	37.67±1.39b	8.87±0.47ab	0.628±0.011a	155.71±9d	4.25±0.29a
W3N1	33.59±0.91c	8.3±0.43b	0.522±0.006b	177.21±7.56c	4.06±0.26b

续表

处理		光合速率 *Pn* /(μmol CO_2 · m^{-2} · s^{-1})	蒸腾速率 *Tr* /(mmol H_2O · m^{-2} · s^{-1})	气孔导度 *Gs* /(mol H_2O · m^{-2} · s^{-1})	胞间 CO_2 浓度 *Ci* /(μmol CO_2 · mol^{-1})	叶片水分利用效率 *WUE* /(μmol · $mmol^{-1}$)
W3N2		39.57±1.34a	8.98±0.32a	0.622±0.009a	145.18±6.87d	4.40±0.19a
W3N3		39.65±0.87a	9.29±0.19a	0.641±0.01a	128.25±7.01e	4.27±0.04a
F检验	W	265.88**	118.90**	345.07**	100.49**	7.292**
	N	59.04**	16.44**	349.91**	19.606**	5.156*
	W×N	3.57*	1.10ns	29.58**	6.692**	0.136ns

注 *、** 分别表示在5%、1%水平显著；ns表示不显著。

通过前述分析，灌水施氮对光合速率及蒸腾速率均有增效，表明水、氮施用对光合速率的增加速率大于对蒸腾速率的增加速率，故以两个光合因子比值计算得到的水分利用效率在一定范围内随着灌溉及施氮水平的增加而增大。通过Duncan's多重比较，不同水氮用量耦合处理下，中水中肥以上的处理（W3N2、W3N3、W2N2和W2N3）差异不显著（$P>0.05$），4个处理水分利用效率平均值比5个处理均值高7.78%～12.07%，说明在达到中等灌溉与中等施氮水平后，继续提升灌溉量和施氮量对叶片水分利用效率的增效不显著，水氮人为调控因子对水分利用效率无贡献作用。此时水氮投入是对水分利用效率无效的过量投入，也是在不削弱水分利用效率前提下的节水节氮空间。较低的灌溉水平与较高的施氮水平耦合（W1N3）与较低的施氮水平与较高的灌溉水平耦合（W3N1）叶片水分利用效率均较低，体现出水氮不协调的供应均对水分利用效率有不利影响。水分亏缺无法用高施氮供应去补偿，氮素亏缺条件下，过高的灌水调控也无法弥补其对水分利用效率的影响效应。而两种不利的水氮耦合处理下，水分利用效率表现为W3N1显著大于W1N3，相对来说过量灌水与氮亏缺的水氮配比对水分利用效率的削弱作用要小于过量施氮与水分亏缺对水分利用效率的削弱作用。水分亏缺条件下过多的氮肥施用降低了土壤水势，反而对水分利用效率有更明显的抑制作用。

3. 水氮耦合对气孔导度的影响

水氮组合处理对气孔导度的影响见图4-16。由图4-16总体增减规律可知，不同水氮组合处理气孔导度和变化规律相反，不灌水不施氮的空白对照气孔导度值显著低于不同水氮组合处理，气孔导度总体变化趋势均表现为随着水氮施用量的增加而增大，增大程度随着两个因素施用量的增加而明显减少。由表4-26中F检验值可得，灌水和施氮单因素及水氮交互作用均对气孔导度有显著的影响（$P<0.01$）。在灌水、施氮均产生影响效应的情况下，不同灌溉水平适宜的施氮量不同，不同施氮水平适宜灌水量也不同。

通过对不同水氮组合处理气孔导度值进行Duncan's多重比较，得到差异显著的分组由高到低排序为中水中肥以上（W3N3、W2N2、W3N2、W2N3）>高水低肥（W3N1）>中水低肥W2N1>低水中肥以上（W1N2、W1N3）>低水低肥W1N1。分组平均值分别为0.628mol H_2O · m^{-2} · s^{-1} >0.522mol H_2O · m^{-2} · s^{-1} >0.495mol H_2O · m^{-2} · s^{-1} >

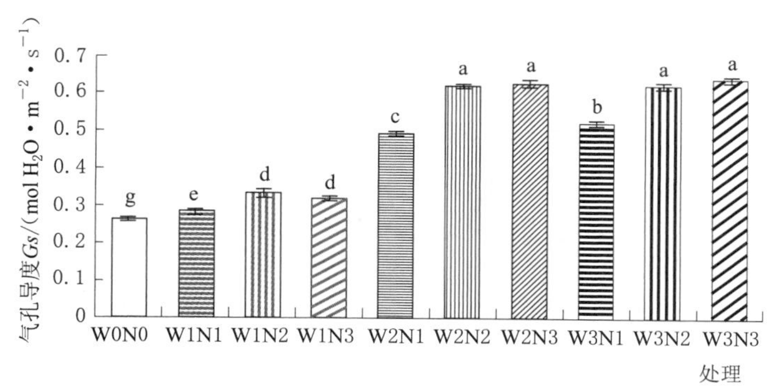

图 4-16 水氮组合处理对气孔导度的影响

0.326mol $H_2O \cdot m^{-2} \cdot s^{-1}$>0.283mol $H_2O \cdot m^{-2} \cdot s^{-1}$。可获得高气孔导度值的水氮用量为水氮两个因素中、高施用水平的4个组合处理，灌溉量充足和氮素亏缺气孔导度值次之，中等灌溉水平和氮素亏缺次之。水分亏缺和氮素供应中、高水平下气孔导度值偏低，水分氮素均亏缺条件下气孔导度值最低。

在低水W1水平下，W1N3、W1N2处理气孔导度差异不显著，比W1N1分别显著提高了12.72%、17.67%，气孔导度值在0.283～0.333mol $H_2O \cdot m^{-2} \cdot s^{-1}$范围内。总体数值均偏低，说明灌溉水平太低即水分亏缺限制的情况下增施一定量的氮肥会有较低的正效应，继续增加氮用量不能有效提升气孔导度，反而在实测数值对比上降低了气孔导度值。

在中水W2灌溉水平下，W2N2与W2N3处理之间差异不显著，气孔导度比W2N1分别显著提高了25.32%、26.80%，说明在中等灌溉水平下，氮肥供给由N1～N2显著地提升了气孔导度，提升百分比远高于低灌溉水平。继续提升施氮量至N3增长不明显，与N2施氮水平差异不显著。可见在灌溉水平低的水分亏缺条件下，肥料氮对气孔导度发挥的作用小，而中等灌溉水平的较适宜的水分供给条件下增施肥料氮发挥作用大，但施氮水平增加到一定程度后其发挥作用微弱，肥料氮投入对气孔导度已无增效。

在高水W3灌溉水平下，W3N2与W3N3处理气孔导度差异不显著，比W3N1分别显著提高了19.14%、22.65%。此时的肥料氮效应与中水处理呈相似规律，但处理W3N2对W3N1气孔导度增长百分比小于W2N2比W2N1的增长百分比，差值为6.8%，说明高灌溉水平下提升氮供应气孔导度增效低于中等灌溉水平，灌溉供应过量抑制了肥料氮对气孔导度的增效，水分饱和条件下肥料氮的总体效应虽然与适量水分条件下较为一致，但仍然影响到氮对气孔导度的影响程度。

4. 水氮耦合对胞间 CO_2 浓度的影响

采用Sigmaplot12.5软件对不同水氮两个因素组合处理的胞间 CO_2 浓度做F检验及各处理间的多重比较，统计分析结果如表4-26所示。灌水因素W、施氮因素N和水氮交互作用均对胞间 CO_2 浓度影响显著（$P<0.01$）。由图4-17各处理对胞间 CO_2 浓度影响的对比，空白对照显著高于其他处理，胞间 CO_2 浓度总体随着灌水施氮量的增加而减少，按差异显著性分组大小排序为（W1N1、W1N2、W1N3）>（W2N1、W3N1）>

（W2N2、W2N3、W3N2）＞W3N3，水氮供应降低了胞间 CO_2 浓度，与光合速率和气孔导度的增减变化趋势相反，说明光合速率的增减不受气孔因素限制，光合速率受到非气孔因素限制。W1 灌溉条件下 3 个氮肥处理胞间 CO_2 浓度在 202.52～207.56μmol CO_2 · mol^{-1} 范围内，差异不明显，说明水分亏缺条件下施氮对胞间 CO_2 浓度影响很小，氮肥效应受到抑制，在此水氮组合下胞间 CO_2 浓度值整体偏高，在光合速率不受气孔因素限制条件下，灌溉水平低的亏水情况使得非气孔因素影响到 CO_2 的吸收利用，CO_2 不被同化和固定，导致胞间 CO_2 浓度变高。W2 灌溉条件下胞间 CO_2 浓度在 155.71～179.78μmol CO_2 · mol^{-1} 范围内，W2N2 与 W2N3 处理之间差异不显著，胞间 CO_2 浓度比 W2N1 分别显著降低了 12.71%、13.39%。在 W3 灌溉水平下胞间 CO_2 浓度在 128.25.71～177.21μmol CO_2 · mol^{-1} 范围内，处理 W3N2 与 W3N3 差异显著，且比 W2N1 分别显著降低了 18.07%、27.63%，在水分供给处于中高灌溉水平时，施氮对胞间 CO_2 浓度发挥影响效应，可见肥料氮的增施削弱了非气孔因素对 CO_2 吸收利用的限制，使得更多的 CO_2 被同化和固定，从而减少了 CO_2 的累积量，降低了胞间 CO_2 浓度。

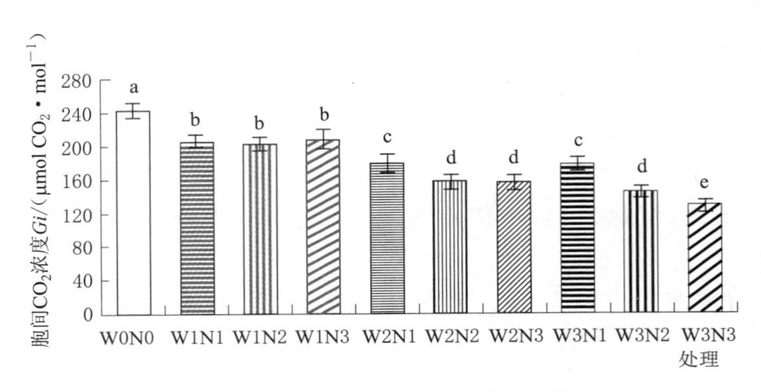

图 4-17 水氮组合处理对胞间 CO_2 浓度的影响

5. 光合因子 *Pn*、*Tr*、*Gs*、*Ci*、*WUE* 间的关系

气孔张开程度与单位叶面积一定时间蒸腾的水量以及光合强度之间存在相互联系，光合速率 *Pn*、蒸腾速率 *Tr*、气孔导度 *Gs*、叶片水分利用效率 *WUE* 间均呈不同程度正相关，而胞间 CO_2 浓度 *Ci* 与 *Pn*、*Tr*、*Gs*、*WUE* 均呈负相关（表 4-27），说明气孔张开的程度与蒸腾速率的高低与光合强度的强弱及叶片水分利用效率 *WUE* 增减方向一致，胞间 CO_2 浓度则与以上各光合因子增减方向相反。

表 4-27 各光合因子相关性检验

光合因子	光合速率	蒸腾速率	气孔导度	胞间 CO_2 浓度	叶片水分利用效率
光合速率	1	0.955**	0.953**	−0.907**	0.774**
蒸腾速率		1	0.942**	−0.887**	0.563**
气孔导度			1	−0.921**	0.686**
胞间 CO_2 浓度				1	−0.659**
叶片水分利用效率					1

注 表中数值为 Pearson 相关系数；* 表示 $P<0.05$；** 表示 $P<0.01$。

各光合因子间两两拟合线性方程及相应的统计学指标 MSE、RMSE、Rsqr（R^2）及 Adj Rsqr（调整 R^2）。不同水氮组合处理试验条件下各个光合因子之间均有一定的相关性，其相互之间的线性拟合结果的相关程度各不相同，在各光合因子之间固有的相互关系基础上，针对当地膜下滴灌水氮耦合试验条件下的因子之间的线性拟合可初步反映实际试验中各光合因子的变异性与相关性（表 4-28 和图 4-18）。

表 4-28　各光合因子之间线性拟合方程

光合指标	拟合方程	MSE	RMSE	Rsqr	Adj Rsqr
光合速率与蒸腾速率	$Pn=-8.461+(5.197\times Tr)$	3.286	1.813	0.913	0.909
光合速率与气孔导度	$Pn=12.567+(40.464\times Gs)$	3.429	1.852	0.909	0.905
光合速率与胞间 CO_2 浓度	$Pn=65.929-(0.192\times Ci)$	6.671	2.583	0.823	0.816
光合速率与叶片水分利用效率	$Pn=-38.253+(17.296\times WUE)$	15.066	3.881	0.599	0.584
蒸腾速率与气孔导度	$Tr=4.261+(7.351\times Gs)$	0.143	0.378	0.888	0.883
蒸腾速率与胞间 CO_2 浓度	$Tr=13.891-(0.0345\times Ci)$	0.271	0.521	0.787	0.778
蒸腾速率与叶片水分利用效率	$Tr=-1.570+(2.312\times WUE)$	0.868	0.932	0.317	0.29
气孔导度与胞间 CO_2 浓度	$Gs=1.293-(0.00460\times Ci)$	0.003	0.055	0.848	0.842
气孔导度与叶片水分利用效率	$Gs=-0.984+(0.361\times WUE)$	0.011	0.105	0.471	0.45
叶片水分利用效率与胞间 CO_2 浓度	$WUE=5.182-(0.00626\times Ci)$	0.043	0.207	0.435	0.412

注　表中 MSE 为误差平方和的均值；RMSE 为 MSE 的开方；Rsqr、Adj Rsqr 分别为 Pearson、调整 Pearson 相关系数的平方。

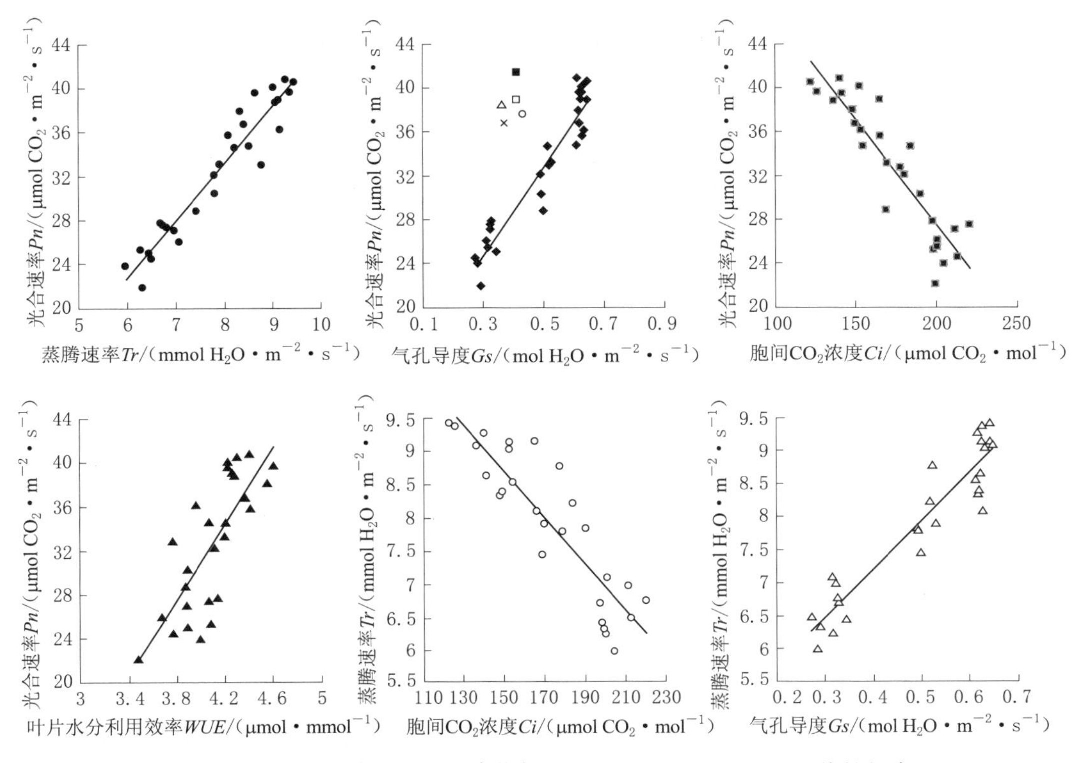

图 4-18（一）　水氮处理光合指标 Pn、Tr、Gs、Ci、WUE 线性拟合

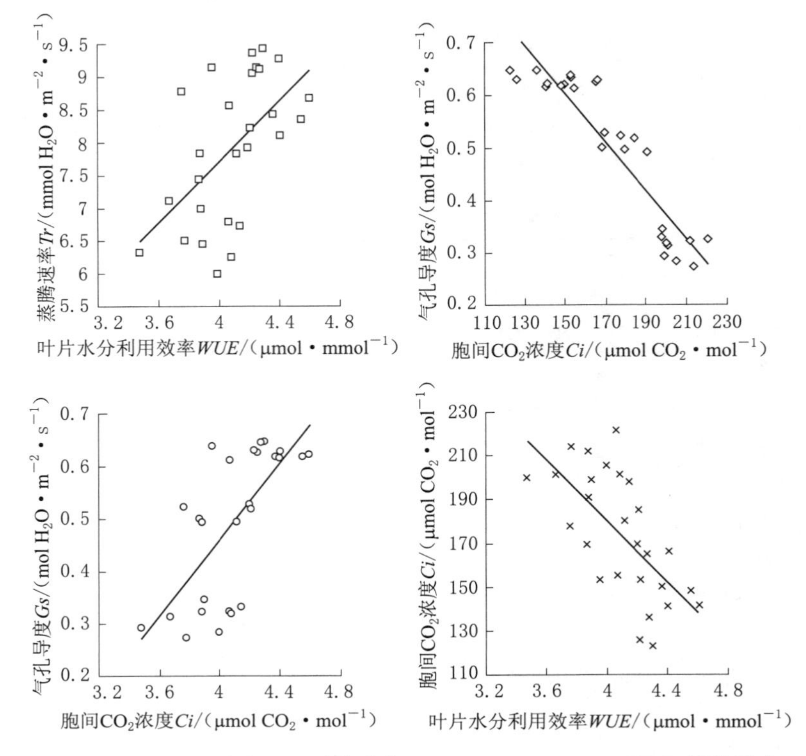

图4-18（二） 水氮处理光合指标 Pn、Tr、Gs、Ci、WUE 线性拟合

6. 水氮耦合对 Pn、Tr、Gs、Ci、WUE 的回归模型

以全生育期灌水量和施氮量为两个变量因素对 Pn、Tr、Gs、Ci、WUE 进行二元二次线性回归，采用 Sigmaplot 12.5 输出回归模型，见式（4-8）～式（4-12）：

$$Pn=-48.471+0.0105W+0.4774N+4.77\times10^{-5}WN-2.67\times10^{-6}W^2-0.00109N^2$$
$$R^2=0.949, \mathrm{Adj}R^2=0.864 \tag{4-8}$$

$$Tr=-0.785+0.00179W+0.0364N+8.2WN-3.94\times10^{-7}W^2-9.46\times10^{-5}N^2$$
$$R^2=0.939, \mathrm{Adj}R^2=0.823 \tag{4-9}$$

$$Gs=-2.337+9.47\times10^{-4}W+0.0145N+1.79\times10^{-6}WN-3.03\times10^{-7}W^2-3.57\times10^{-5}N^2$$
$$R^2=0.936, \mathrm{Adj}R^2=0.831 \tag{4-10}$$

$$Ci=326.778-0.0573W-0.0145N+1.79\times10^{-6}WN+3.03\times10^{-7}W^2+3.57\times10^{-5}N^2$$
$$R^2=0.975, \mathrm{Adj}R^2=0.923 \tag{4-11}$$

$$WUE=-2.238+8.05\times10^{-4}W+0.0433N+7.52\times10^{-7}WN-1.72\times10^{-7}W^2-8.9\times10^{-5}N^2$$
$$R^2=0.969, \mathrm{Adj}R^2=0.918 \tag{4-12}$$

以上各式灌水量单位（m^3）和施氮量单位（kg）二者量纲不同，各项系数值大小无法反应水氮因子水平对各光合指标的影响，为了直接通过多元线性回归模型对比水、氮两个因素对作物各光合因子的影响效应的强弱，需统一量纲。在此采用离差标准化，对灌水量和施肥量的具体数据作线性变换，将水、氮两个因素不同施用量的具体数据作线性变换统一量纲，使其因子水平无量纲代码在变量区间［0，1］内，转化方程见式（4-13）：

$$X^* = \frac{x - x_{min}}{x_{max} - x_{min}} \tag{4-13}$$

式中：x_{max}与x_{min}分别为水、氮两个因素最高与最低施用量。带入各个水平水氮施用量 X 后计算得到相应的无量纲代码值 X^*，多元线性回归模型常数项、一次项、乘积项、二次项输入 Sigmaplot 12.5 软件时转化后的无量纲代码值（表 4-29），得到同量纲回归方程，见式（4-14）～式（4-18）。

表 4-29　　　　水氮实际施用量对应的无量纲代码值

处理	W	W*	N	N*	W×N	W*×N*	W²	W*²	N²	N*²
W1N1	1350.935	0.15	192	0	259379.5	0	1825025	0.02	36864	0
W1N2	1174.583	0	240	0.5	281899.9	0	1379646	0	57600	0.25
W1N3	1464.881	0.25	288	1	421885.8	0.25	2145877	0.06	82944	1
W2N1	1802.426	0.55	192	0	346065.7	0	3248738	0.3	36864	0
W2N2	2070.743	0.79	240	0.5	496978.3	0.39	4287976	0.62	57600	0.25
W2N3	1940.121	0.67	288	1	558754.9	0.67	3764071	0.45	82944	1
W3N1	2197.069	0.9	192	0	421837.3	0	4827113	0.8	36864	0
W3N2	2299.141	0.99	240	0.5	551793.8	0.49	5286049	0.97	57600	0.25
W3N3	2315.058	1	288	1	666736.7	1	5359494	1	82944	1

$$Pn = 22.303 + 15.311W + 10.894N + 5.224WN - 3.473W^2 - 10.067N^2$$
$$R^2 = 0.949, AdjR^2 = 0.864 \tag{4-14}$$

$$Tr = 6.095 + 2.761W + 1.256N + 0.860WN - 0.333W^2 - 1.187N^2$$
$$R^2 = 0.934, AdjR^2 = 0.823 \tag{4-15}$$

$$Gs = 0.229 + 0.661W + 0.287N + 0.196WN - 0.394W^2 - 0.329N^2$$
$$R^2 = 0.936, AdjR^2 = 0.831 \tag{4-16}$$

$$Ci = 206.423 - 45.786W - 17.378N + 70.957WN + 14.961W^2 + 42.175N^2$$
$$R^2 = 0.975, AdjR^2 = 0.923 \tag{4-17}$$

$$WUE = 3.673 + 0.622W + 0.961N + 0.0822WN - 0.223W^2 - 0.820N^2$$
$$R^2 = 0.969, AdjR^2 = 0.918 \tag{4-18}$$

由方程一次项系数及其数值大小关系可得出水、氮对 *Pn*、*Tr*、*Gs*、*WUE* 均为正效应，水氮两个因素对 *Pn*、*Tr*、*Gs* 的影响作用为水大于氮，对 *WUE* 的影响作用为氮大于水，乘积项 WN 均为正，说明水氮对 *Pn*、*Tr*、*Gs*、*WUE* 有交互促进作用，平方项 W2、N2 均为负，说明 *Pn*、*Tr*、*Gs*、*WUE* 随水氮两个因素增加增效减弱，关系曲线为开口向下的抛物线。而水氮两个因素对胞间 CO_2 浓度 *Ci* 的回归模型系数正负与其他光合指标相反，水氮施用对 *Ci* 呈负效应，*Ci* 与 *Pn*、*Gs* 变化趋势呈相反的负相关关系，所以本次水氮用量耦合试验中光合速率降低是非气孔因素限制而引起的。

4.4.3.2 水氮耦合对玉米收获指数的影响

图4-19中对比了不同水氮处理的收获指数，本次试验条件下各水氮处理收获指数为44.93%～47.65%。低水和高水条件下不同水氮组合处理收获指数整体小于中水条件，说明水分亏缺与过量均不利于植株营养器官向经济器官的转运，1351～1465m^3/hm^2的低灌溉量下玉米受到水分胁迫，植株总干物质积累较低，且相对于经济器官的籽粒产量更低，灌溉量提升至1802～2071m^3/hm^2时收获指数明显提升，而继续增加灌溉量至2197～2315m^3/hm^2后收获指数下降，说明达到适宜水分继续提升灌溉量后灌水对营养器官的贡献要大于对籽粒的贡献，即籽粒产量与总生物量的比例降低，收获指数降低。对于不同的施氮水平，低氮和中氮的养分施用量下，收获指数接近，继续增加氮肥用量至288kg/hm^2，收获指数明显降低。在中高灌溉水平下，虽然总生物量随着氮肥施用量的增加而增大，但大量施氮条件下，氮肥更多地贡献于叶片、秸秆等营养器官，因此可以初步得出不同水氮耦合用量能够影响玉米生物量的配比的结论，本次水氮两个因素用量耦合的试验条件下W3N3、W3N2、W2F3处理干物总量较高，但收获指数低，而W2N2可获得较高收获指数，较好协调光合产物在籽粒与营养器官间的分配。

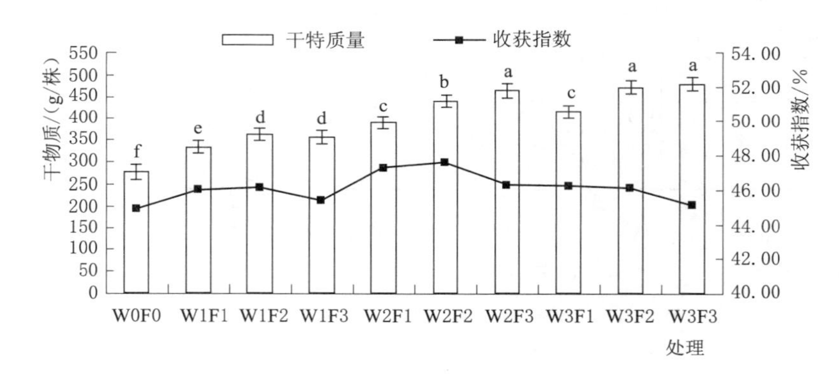

图4-19 不同水氮处理对玉米干物质及收获指数的影响

4.4.3.3 水氮耦合对玉米产量的影响

1. 水氮耦合处理产量响应效果对比

通过表4-30可以看出，2014年不同水氮处理的玉米产量总趋势表现为产量随水氮投入量的提高而提高，但增产程度随两个因素投入量的增加而减小。产量10000kg/hm^2以上的处理为W3N2、W3N3、W2N3、W3N1。水氮处理W3N2产量最高，但与W3N3无显著差异，W2N3次之并与W3N1差异不显著。水氮处理真实产量逆次序可表现为（W3N2、W3N3）>（W2N3、W3N1）> W2N2 > W2N1 >（W1N3、W1N2）> W1N1。10000kg/hm^2以下产量区灌水量影响效果远大于施氮量，在W1的灌溉水平下，施氮量由N1提升至N2增产明显，再次提升施氮量至N3时，产量无显著提升，即低灌溉水平下，配施氮肥量提高可小幅度提升产量，但总体产量水平较低，不能有效地发挥出氮肥对产量的贡献能力。

表 4-30　2014 年不同水氮处理玉米产量及差异显著性

处理	产量/(kg/hm²)	标准差/(kg/hm²)	差异显著性
W0F0	4820.51	279.64	g
W1F1	7053.31	78.32	f
W1F2	7472.97	138.29	e
W1F3	7683.75	81.12	e
W2F1	9949.96	146.57	d
W2F2	10560.33	249.99	c
W2F3	11166.55	63.50	b
W3F1	10921.81	284.54	b
W3F2	11832.04	290.66	a
W3F3	11695.15	324.82	a

通过表 4-31 可以看出，2015 年 W2F2、W2F3、W3F2、W3F3 处理玉米产量高，表 4-32 中 2016 年 W1F2、W2F3、W3F1、W3F3 处理玉米产量高，表 4-33 中 2017 年 W2F1、W2F2、W3F1、W3F2 处理玉米产量高，表 4-34 中 2018 年 W2F2、W2F3、W3F2、W3F3 处理玉米产量高并且显著高于其他水肥处理。但 4 个处理间产量差异不显著，说明对于玉米产量，存在适宜的水肥耦合量，超过适宜用量的水肥投入对产量的波动影响已不显著。低水条件下，2015 年 W1F2>W1F1>W1F3，W1F3 和 W1F2 差异不显著，W1F3 和 W1F1 差异不显著；2016 年 W1F2>W1F1>W1F3，W1F3 和 W1F2 差异显著，W1F3 和 W1F1 差异极其显著；2017 年 W1F2>W1F1>W1F3，W1F3 和 W1F2 差异显著，W1F3 和 W1F1 差异显著，W1F1 和 W1F2 差异不显著；2018 年 W1F2>W1F1>W1F3，W1F3 和 W1F2 差异不显著，W1F3 和 W1F1 差异显著，W1F1 和 W1F2 差异显著，说明低灌溉水平下，配施一定肥料可以显著增产，但施肥过量造成减产，其产量水平与肥料亏缺条件下一致。中水条件下，2015 年 W2F3 与 W2F2 产量显著高于 W2F1，W2F2 产量比 W2F1 高 1619.26kg/hm²，而 W1F2 产量比 W1F1 高 902.94kg/hm²；2016 年 W2F3 与 W2F2 产量高于 W2F1，W2F2 产量比 W2F1 高 448.2kg/hm²，而 W2F3 产量比 W2F1 高 795kg/hm²，说明在枯水年水文年型下，肥料增产效应在中等灌溉水平下要远高于低灌溉水平，水分亏缺影响肥效，影响肥料对产量的贡献；2017 年 W2F1 与 W2F2 产量高于 W2F3，W2F2 产量比 W2F3 高 2451kg/hm²，而 W2F1 产量比 W2F3 高 2274kg/hm²，说明在平水年的水文年型下，肥料增产效应在中等灌溉水平下施肥量越高，产量越低。2015 年和 2016 年高水条件下不同施肥量的产量效应与中水类似，总体产量水平已不再提升。2017 年高水条件下不同施肥量的产量效应与低水相同，W3F1 与 W3F2 产量水平相当，W3F3 产量略低于 W3F1 和 W3F2，高水灌溉水平的总体产量水平已不再提升，说明达到适宜水分后的灌溉量不再对提升产量作出贡献，高灌溉水平下配施大量的肥料也无显著的增产效应。

表 4-31　2015 年不同水肥处理对玉米产量的影响

处理	产量/(kg/hm²)	标准差/(kg/hm²)	差异显著性
W0F0	8157.24	377.04	e
W1F1	10021.14	355.24	d
W1F2	10924.07	371.17	c
W1F3	10570.31	386.47	cd
W2F1	12105.37	355.31	b
W2F2	13724.63	339.31	a
W2F3	14107.30	361.93	a
W3F1	12544.38	381.73	b
W3F2	14230.66	327.93	a
W3F3	14114.00	358.47	a

表 4-32　2016 年不同水肥处理对玉米产量的影响

处理	产量/(kg/hm²)	标准差/(kg/hm²)	差异显著性
W0F0	7362.75	271.09	d
W1F1	11266.95	565.18	c
W1F2	12471.30	139.04	a
W1F3	11788.80	335.17	b
W2F1	11823.00	187.42	b
W2F2	12271.20	348.45	b
W2F3	12618.00	740.56	a
W3F1	12619.05	473.29	a
W3F2	11958.75	232.39	b
W3F3	12950.70	439.92	a

表 4-33　2017 年不同水肥处理对玉米亩产量的影响

处理	产量/(kg/hm²)	标准差/(kg/hm²)	差异显著性
W0F0	5989.29	335.46	e
W1F1	12499.47	850.60	b
W1F2	12836.05	1194.79	b
W1F3	11408.49	1123.63	d
W2F1	15010.01	1137.09	a
W2F2	14687.37	1211.00	a
W2F3	12236.68	1225.55	c
W3F1	14401.68	739.88	a
W3F2	14580.34	997.83	a
W3F3	13109.27	214.21	b

表 4-34　　2018 年不同水肥处理对玉米亩产量的影响

处理	产量/(kg/hm²)	标准差/(kg/hm²)	差异显著性
W1F1	12308.55	616.28	bc
W1F2	11402.40	336.75	d
W1F3	13062.75	558.75	ab
W2F1	9952.35	458.91	e
W2F2	12075.60	808.46	c
W2F3	10846.95	761.45	d
W3F1	11294.10	583.27	d
W3F2	12838.35	737.70	b
W3F3	13543.80	1074.80	a

2. 产量构成因子对比

由不同水肥处理产量构成因子的数据统计学分析可看出，玉米穗行数在空白对照与不同水肥组合处理间均无显著差异。对于玉米穗长、穗宽、行粒数，各水肥处理均显著大于不灌水、不施肥的空白对照，但不同水肥组合处理间的穗长、穗宽、行粒数没有明显差异，说明补灌和增施肥料相对于仅有自然降雨及土壤基础肥料情况下，对穗长、穗宽、行粒数有促进作用，但不同水肥施用对其影响不明显，详见表 4-35～表 4-44。

表 4-35　　2014 年不同水肥处理玉米穗长与穗宽特性

处理	穗长/cm	标准差/cm	差异显著性	穗宽/cm	标准差/cm	差异显著性
W0F0	17.34	0.95	c	5.17	0.16	d
W1F1	18.79	1.08	b	5.44	0.03	bc
W1F2	19.42	0.29	ab	5.58	0.11	ab
W1F3	18.94	1.14	b	5.58	0.12	ab
W2F1	19.54	0.98	ab	5.51	0.05	abc
W2F2	20.64	0.76	ab	5.51	0.13	abc
W2F3	19.81	0.39	ab	5.38	0.13	c
W3F1	20.69	0.52	a	5.67	0.09	a
W3F2	19.89	0.60	ab	5.60	0.05	ab
W3F3	20.78	0.55	a	5.51	0.11	abc

表 4-36　　2015 年不同水肥处理玉米穗长与穗宽特性

处理	穗长/cm	标准差/cm	差异显著性	穗宽/cm	标准差/cm	差异显著性
W0F0	17.34	0.95	c	5.17	0.16	d
W1F1	18.79	1.08	b	5.44	0.03	bc
W1F2	19.42	0.29	ab	5.58	0.11	ab
W1F3	18.94	1.14	b	5.58	0.12	ab

续表

处理	穗长/cm	标准差/cm	差异显著性	穗宽/cm	标准差/cm	差异显著性
W2F1	19.54	0.98	ab	5.51	0.05	abc
W2F2	20.64	0.76	ab	5.51	0.13	abc
W2F3	19.81	0.39	ab	5.38	0.13	c
W3F1	20.69	0.52	a	5.67	0.09	a
W3F2	19.89	0.60	ab	5.60	0.05	ab
W3F3	20.78	0.55	a	5.51	0.11	abc

表 4-37　2016 年不同水肥处理玉米穗长与穗宽特性

处理	穗长/cm	标准差/cm	差异显著性	穗宽/cm	标准差/cm	差异显著性
W0F0	15.77	1.26	d	5.1	0.13	c
W1F1	17.23	0.58	bc	5.87	0.09	ab
W1F2	17.33	0.42	bc	5.47	0.11	b
W1F3	16.80	1.15	cd	5.57	0.12	b
W2F1	19.27	0.57	a	5.6	0.05	ab
W2F2	18.13	0.25	b	5.77	0.09	ab
W2F3	17.67	0.58	bc	5.83	0.05	ab
W3F1	16.20	0.76	d	5.57	0.12	b
W3F2	19.10	0.44	a	5.67	0.05	ab
W3F3	16.40	0.99	cd	5.6	0.13	ab

表 4-38　2017 年不同水肥处理玉米穗长与穗宽特性

处理	穗长/cm	标准差/cm	差异显著性	穗宽/cm	标准差/cm	差异显著性
W0F0	10.83	0.29	e	4.67	0.15	c
W1F1	17.5	0.5	bc	5.3	0.1	ab
W1F2	16.33	0.58	c	5.23	0.12	ab
W1F3	15.67	0.58	d	5.27	0.12	ab
W2F1	17	0	bc	5.13	0.15	b
W2F2	16	0	c	5.05	0.13	b
W2F3	16.83	0.29	bc	5.2	0.17	ab
W3F1	17.7	0.1	ab	5.25	0.05	ab
W3F2	16.67	0.29	c	5.47	0.06	a
W3F3	18.5	1	a	5.45	0.23	a

表 4-39　　2018年不同水肥处理玉米穗长与穗宽特性

处理	穗长/cm	标准差/cm	差异显著性	穗宽/cm	标准差/cm	差异显著性
W1F1	17.57	0.93	b	5.67	0.06	ab
W1F2	17.70	0.70	b	5.73	0.15	ab
W1F3	19.23	0.91	a	5.80	0.17	ab
W2F1	17.73	0.64	b	5.53	0.06	b
W2F2	18.70	0.87	a	5.57	0.06	ab
W2F3	17.60	0.75	b	5.73	0.06	ab
W3F1	18.33	1.17	ab	5.63	0.12	ab
W3F2	18.70	0.87	a	5.83	0.06	a
W3F3	17.07	0.25	b	5.77	0.06	ab

表 4-40　　2014年不同水肥处理玉米行粒数与穗行数特性

处理	行粒数/个	标准差/个	差异显著性	穗行数/行	标准差/行	差异显著性
W0F0	30.33	0.76	d	16.11	1.26	b
W1F1	35.83	1.76	c	15.89	0.51	ab
W1F2	37.78	1.67	abc	16.78	0.77	a
W1F3	36.22	3.06	bc	16.22	0.96	ab
W2F1	38.83	1.09	ab	15.78	0.38	ab
W2F2	38.00	0.58	abc	16.44	0.69	a
W2F3	36.33	1.45	bc	16.67	0.58	a
W3F1	39.39	0.69	a	16.22	0.69	ab
W3F2	38.11	1.84	ab	16.44	0.84	a
W3F3	37.00	1.76	abc	15.67	0.58	ab

表 4-41　　2015年不同水肥处理玉米行粒数与穗行数特性

处理	行粒数/个	标准差/个	差异显著性	穗行数/行	标准差/行	差异显著性
W0F0	30.33	0.76	d	16.11	1.26	b
W1F1	35.83	1.76	c	15.89	0.51	ab
W1F2	37.78	1.67	abc	16.78	0.77	a
W1F3	36.22	3.06	bc	16.22	0.96	ab
W2F1	38.83	1.09	ab	15.78	0.38	ab
W2F2	38.00	0.58	abc	16.44	0.69	a
W2F3	36.33	1.45	bc	16.67	0.58	a
W3F1	39.39	0.69	a	16.22	0.69	ab
W3F2	38.11	1.84	ab	16.44	0.84	a
W3F3	37.00	1.76	abc	15.67	0.58	ab

表4-42 2016年不同水肥处理玉米行粒数与穗行数特性

处理	行粒数/个	标准差/个	差异显著性	穗行数/行	标准差/行	差异显著性
W0F0	30.67	2.31	cd	19.33	1.12	c
W1F1	34.69	1.16	b	19.33	1.12	b
W1F2	34.33	2.31	b	18.67	1.12	cd
W1F3	31.33	1.53	c	18.67	1.12	b
W2F1	35	0.01	b	18.67	1.12	b
W2F2	33.67	1.16	b	18.67	1.12	a
W2F3	32	1.73	c	19.33	1.12	b
W3F1	33.33	3.22	b	19.33	1.12	a
W3F2	37.33	0.58	a	18.67	1.12	a
W3F3	36.33	2.8	a	19.33	1.12	ab

表4-43 2017年不同水肥处理玉米行粒数与穗行数特性

处理	行粒数/个	标准差/个	差异显著性	穗行数/行	标准差/行	差异显著性
W0F0	29	0.76	d	19.33	1.26	a
W1F1	34.67	1.76	c	19.33	0.51	a
W1F2	34.33	1.67	d	18.67	0.77	ab
W1F3	31.33	3.06	bc	18.67	0.96	ab
W2F1	35	1.09	a	18.67	0.38	ab
W2F2	33.67	0.58	abc	18.67	0.69	ab
W2F3	32	1.45	bc	19.33	0.58	a
W3F1	30	0.69	d	19.33	0.69	a
W3F2	37.33	1.84	ab	18.67	0.84	ab
W3F3	29.67	1.76	d	19.33	0.58	a

表4-44 2018年不同水肥处理玉米行粒数与穗行数特性

处理	行粒数/个	标准差/个	差异显著性	穗行数/行	标准差/行	差异显著性
W1F1	34.00	2.65	c	18.67	1.15	ab
W1F2	36.67	1.53	b	18.00	0.00	b
W1F3	37.67	2.31	ab	19.33	1.15	a
W2F1	36.33	0.58	b	18.67	1.15	ab
W2F2	35.67	1.53	bc	18.67	1.15	ab
W2F3	35.33	0.58	bc	18.00	2.00	b
W3F1	37.67	2.89	ab	18.67	1.15	ab
W3F2	39.00	2.00	a	19.33	1.15	a
W3F3	34.33	2.89	c	17.33	1.15	b

空白对照处理的玉米百粒重及穗粒重显著低于其他处理，说明灌水施肥均能显著提高百粒重及穗粒重。低水分条件下，各个施肥处理之间百粒重差异不明显，穗粒重低肥和中肥差异显著，中肥高肥差异不显著，详见表 4-45～表 4-49。因为水分是营养物质的载体，由于水分不足，即使增加施肥量，养分也不能被输送到籽粒中，且过量施肥降低了穗粒重。高水和中水条件下各施肥处理明显高于低水条件下的施肥处理，但中水和高水之间百粒重、穗粒重差异不明显，说明达到适宜的灌溉量后继续提高水分已不能进一步提高籽粒重，水分过剩引起水土环境中的根系呼吸减弱，影响到营养物质向籽粒的传输。在中高灌溉水平下，高肥和中肥处理的百粒重无显著性差异，但显著高于低肥处理，说明水分充足情况下，在一定条件下增加施肥量可促进营养物质向籽粒的传输，增加了百粒重和穗粒重。但施肥过量会引起土壤环境离子浓度加大，影响到根系对土壤水分的吸收，导致百粒重和穗粒重有降低的趋势。

表 4-45　　2014 年不同水肥处理玉米百粒重与穗粒重特性

处理	百粒重/g	标准差/g	差异显著性	穗粒重/g	标准差/g	差异显著性
W0F0	33.35	0.67	f	129.82	6.00	6.00
W1F1	35.05	0.55	e	159.48	5.65	5.65
W1F2	36.27	0.55	cde	173.85	5.91	5.91
W1F3	35.76	0.98	de	168.22	6.15	6.15
W2F1	37.48	0.46	bc	192.65	5.65	5.65
W2F2	39.33	0.97	a	218.42	5.40	5.40
W2F3	38.65	0.82	ab	224.51	5.76	5.76
W3F1	37.06	0.56	cd	199.64	6.08	6.08
W3F2	39.61	0.81	a	226.48	5.22	5.22
W3F3	39.00	0.94	a	224.62	5.71	5.71

表 4-46　　2015 年不同水肥处理玉米百粒重与穗粒重特性

处理	百粒重/g	标准差/g	差异显著性	穗粒重/g	标准差/g	差异显著性
W0F0	33.35	0.67	f	129.82	6.00	6.00
W1F1	35.05	0.55	e	159.48	5.65	5.65
W1F2	36.27	0.55	cde	173.85	5.91	5.91
W1F3	35.76	0.98	de	168.22	6.15	6.15
W2F1	37.48	0.46	bc	192.65	5.65	5.65
W2F2	39.33	0.97	a	218.42	5.40	5.40
W2F3	38.65	0.82	ab	224.51	5.76	5.76
W3F1	37.06	0.56	cd	199.64	6.08	6.08
W3F2	39.61	0.81	a	226.48	5.22	5.22
W3F3	39.00	0.94	a	224.62	5.71	5.71

表 4-47 2016年不同水肥处理玉米百粒重与穗粒重特性

处理	百粒重/g	标准差/g	差异显著性	穗粒重/g	标准差/g	差异显著性
W0F0	33.35	0.67	f	163.93	6.00	e
W1F1	35.05	0.55	e	236.48	5.65	b
W1F2	36.27	0.55	cde	219.24	5.91	c
W1F3	35.76	0.98	de	196.66	6.15	d
W2F1	37.48	0.46	bc	215.92	5.65	c
W2F2	39.33	0.97	a	235.96	5.40	b
W2F3	38.65	0.82	ab	197.66	5.76	d
W3F1	37.06	0.56	cd	216.22	6.08	c
W3F2	39.61	0.81	a	254.59	5.22	a
W3F3	39.00	0.94	a	211.05	5.71	c

表 4-48 2017年不同水肥处理玉米百粒重与穗粒重特性

处理	百粒重/g	标准差/g	差异显著性	穗粒重/g	标准差/g	差异显著性
W0F0	38.45	0.19	a	124.72	6.99	d
W1F1	30.48	0.51	c	218.90	14.90	b
W1F2	33.60	0.23	b	223.15	20.77	b
W1F3	30.87	1.20	c	214.03	21.08	bc
W2F1	32.54	0.45	b	249.89	18.93	a
W2F2	32.63	0.51	b	241.94	19.95	a
W2F3	28.76	1.28	d	206.82	20.71	c
W3F1	33.27	0.97	b	242.67	12.47	a
W3F2	34.08	0.53	b	248.92	17.04	a
W3F3	30.90	0.33	c	223.66	3.65	b

表 4-49 2018年不同水肥处理玉米百粒重与穗粒重特性

处理	百粒重/g	标准差/g	差异显著性	穗粒重/g	标准差/g	差异显著性
W1F1	34.96	0.13	b	221.59	16.85	c
W1F2	36.69	0.36	ab	242.09	7.82	b
W1F3	35.21	0.10	b	256.08	16.58	a
W2F1	32.42	0.72	c	219.84	13.77	c
W2F2	35.61	0.29	b	237.25	21.48	bc
W2F3	35.88	0.44	ab	228.08	24.70	c
W3F1	34.71	0.27	b	243.63	15.18	b
W3F2	35.06	0.63	b	264.60	25.75	a
W3F3	37.62	0.15	a	224.72	33.18	c

4.4.3.4 水氮耦合对收获后土壤有效氮残留量的影响

施用于土壤的肥料氮经过玉米吸收利用及其他损失后，残留累积于土壤中，下年度连作种植玉米仍然会继续施用氮肥，研究表明，残留肥料氮被后茬作物吸收的相对数量很低，随施氮量的增加，氮肥的环境风险增大，因此探讨收获后的土壤残留有效氮可作为不同水氮影响土壤环境效应的其中一个评价指标。各土层有效氮残留量（kg/hm^2）计算方法为土层土壤有效氮比例含量（mg/kg）×土层土壤容重（g/cm^3）×土层厚度（0.2m）×土地面积（$10000m^2$）×10^{-3}。1m深土壤有效氮残留总量为5层分量之和。

1. 不同土层残留量分布及变异性

收获后各土层土壤有效氮残留量表层含量较大（图4-20），0～20cm、20～40cm明显高于其他土层，平均含量分别为185.56kg/hm^2、161.46kg/hm^2、71.97kg/hm^2、59.81kg/hm^2、45.17kg/hm^2。垂直分布由浅至深呈降低趋势，20～100cm的4层占0～20cm的百分比分别是88.09%、39.27%、32.86%、24.96%，与已研究成果类似。不同土层有效氮的变异性见表4-50。从表4-50可知，相对于40～100cm的3层土壤，浅层0～20cm、20～40cm有效氮虽然含量较高，但变异性低，说明不同水氮量对收获后浅层土壤有效氮影响小，灌水施氮对于浅层土壤的影响经历生育期土壤与大气氮交换、作物吸收、灌溉及降雨对有效氮的迁移等因素，残留量趋同，较小的差异仅表现为0～20cm土层3个施氮水平的平均有效氮残留量随着灌溉水平的提升而降低。因而水氮用量不同造成收获后1m深土壤有效氮残留量的不同主要是由40～100cm土层差异引起的。

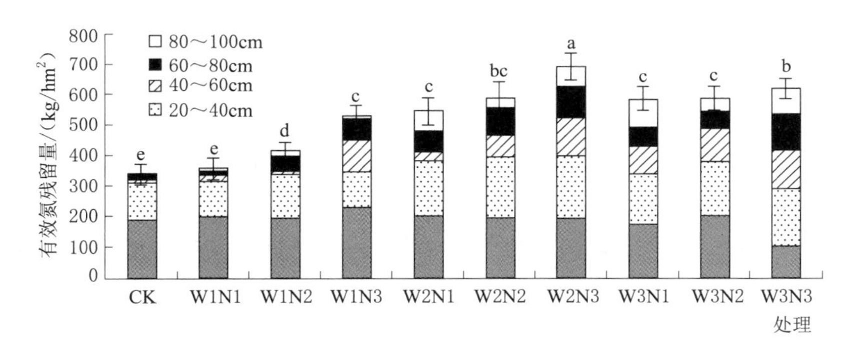

图4-20 收获后各土层土壤有效氮残留量

表4-50 不同土层有效氮的变异性

土层/cm	土壤容重/(g/cm^3)	平均含量/(kg/hm^2)	标准差/(kg/hm^2)	变异系数C_V
0-20	1.36	185.56	32.86	0.18
20～40	1.45	161.46	33.74	0.21
40～60	1.52	71.97	47.25	0.66
60～80	1.71	59.81	34.48	0.58
80～100	1.72	45.17	32.38	0.72

注 表中有效氮数据通过相应土层所有水氮处理有效氮取平均值得到。

2. 不同水氮施用量对残留量的影响

各灌溉水平下，1m土层有效氮总残留量均随着施氮量的增加而增大，且施氮192kg/hm^{2}增至240kg/hm^{2}残留有效氮增大量均小于240kg/hm^{2}增至288kg/hm^2，可见施氮量对土壤有效氮的影响是在一定范围内增长缓慢，超过后残留有效氮迅速增长，一定程度反映出作物吸收土壤氮的减少、进入土壤环境氮的增大。已研究表明施氮量在一定范围内，春玉米收获后硝态氮累积量不显著，超过一定限度后即显著增大。与本试验结果对比，硝态氮是有效氮的组成部分，其含量作为有效氮的“子集”，残留累积量有相似规律。施氮192kg/hm^{2}时土壤有效氮残留量随着灌水量的增加而增大；施氮240kg/hm^{2}及288kg/hm^{2}时随着灌水量的增加先增大后减少。同一灌溉水平下不同施氮处理取平均，得到有效氮残留量W2>W1>W3，即随灌水量的增加1m土层有效氮总残留量的整体变化趋势是先增大后减小，一个原因是表层土经过生育期各种因素影响，有效氮含量已趋同，而提高灌溉水平增加了土壤中的氮向下迁移量，即在表层趋同的条件下，下层注入的迁移量的增加使得1m深土层总的有效氮残留量增加；另外一个原因是低灌溉水平下肥料氮转化成土壤氮的过程受到抑制，灌水量少时肥料氮积累在表层的挥发量相应较大。虽然低灌溉水平下1m土层有效氮残留量较低，但代价是作物能有效利用土壤氮的减少和表层土壤氮向外“逃逸”出环境的氮量增加，所以低水和不同施氮量的组合是较差水氮用量耦合方式。灌溉量由中水提至高水时，1m土层内残留量降低，随水迁移至1m以下的土壤氮量增大，即增大了水分携带土壤氮进入较深土层的环境风险。研究表明对于硝态氮，玉米0～80cm土体根重比例达95%以上，1m土层以下不足1%，玉米收获后90cm能作为硝态氮淋溶损失的下边界，超于此深度土壤氮有更大的淋溶风险。

4.4.3.5 不同施氮下生育期土壤碱解氮动态分布

1. 土壤碱解氮的垂直动态

由图4-21可以看出，2014年空白对照W0N0剖面上的碱解氮与播前对比，在播后

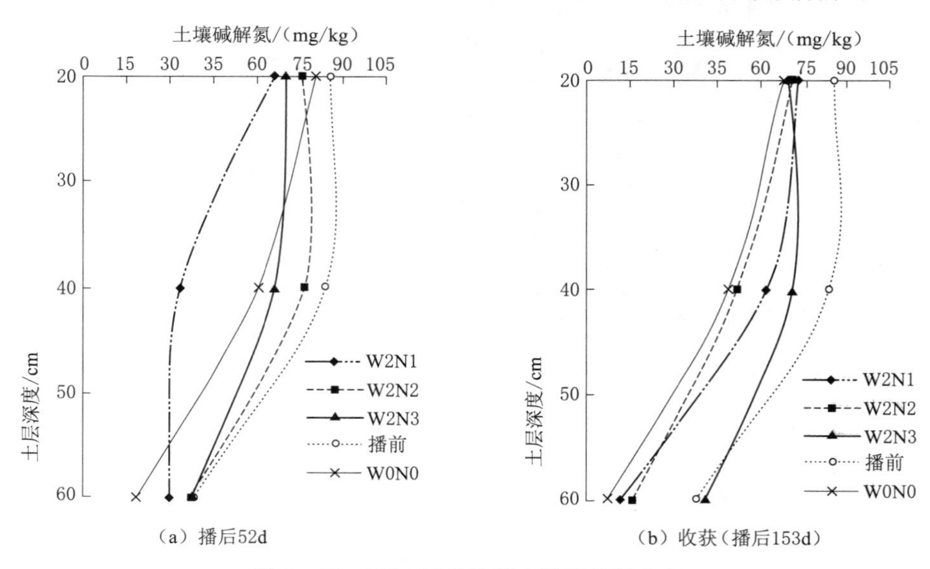

图4-21 2014年各处理土壤碱解氮分布

52 天及播后 153 天分布降低，且垂直分布曲线基本平行于播前土壤剖面的垂直分布，剖面上碱解氮只随时间减少，但无浮动变化。氮肥施用 52 天后土壤碱解氮残留在 0～20cm 的各个氮处理差异不大，可能播种—拔节期玉米根系较浅，0～20cm 土层氮的利用量是随着施氮量的增大而增大的。20～40cm 土层碱解氮 N2＞N3＞N1，而 40～60cm 土层中水条件 3 个氮肥处理碱解氮含量几乎无差异，说明播种—拔节期 40～60cm 土层碱解氮玉米未利用到，且期间灌溉定额较小，剖面氮还未发生垂直运移。播种后 153 天收获测产时坡面碱解氮垂直分布总体规律为随土层加深含量减少，N1、N2、N3 处理碱解氮含量均大于空白对照，且各层碱解氮含量均处于空白对照和播前含量之间。0～20cm 浅层含量 N3 最小，而 20～40cm、40～60cm 是 N3 最大，说明高氮条件下通过生育期灌水，氮的垂直迁移量相对更大。

由图 4-22 可以看出，2015 年与播前相比，空白对照 W0N0 剖面上的碱解氮，在播后 56 天及播后 156 天分布降低，且垂直分布曲线随着播后时间的增加，剖面上碱解氮降低的幅度不同，40cm 以上土层剖面上碱解氮降低的幅度较大，40cm 以下土层剖面上碱解氮降低的幅度较小，总体呈降低趋势。氮肥施用 56 天后土壤碱解氮残留 0～20cm 各个氮处理差异不大，可能播种—拔节期玉米根系较浅，0～20cm 土层氮的利用量是随着施氮量的增大而增大的。20～40cm 土层碱解氮 N2＞N1＞N3，而 40～60cm 土层中水条件 3 个氮肥处理碱解氮含量相差不大，说明播种—拔节期 40～60cm 土层碱解氮玉米未利用到，且期间灌溉定额较小，剖面氮还未发生垂直运移。播种后 156 天收获测产时坡面碱解氮垂直分布总体规律为随土层加深含量减少但减少的不明显，N1、N2、N3 处理碱解氮含量均大于空白对照，且各层碱解氮含量均处于空白对照和播前含量之间。0～20cm 浅层含量 N3 最小，而 20～40cm、40～60cm 是 N3 最大，说明高氮条件下通过降雨和生育期灌水，氮的垂直迁移量相对更大。

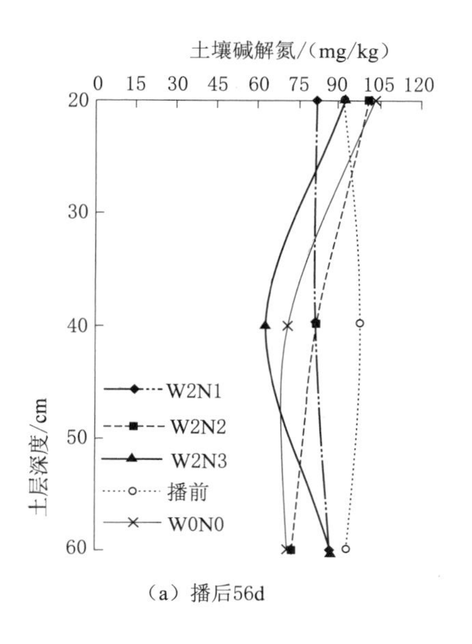

(a) 播后56d

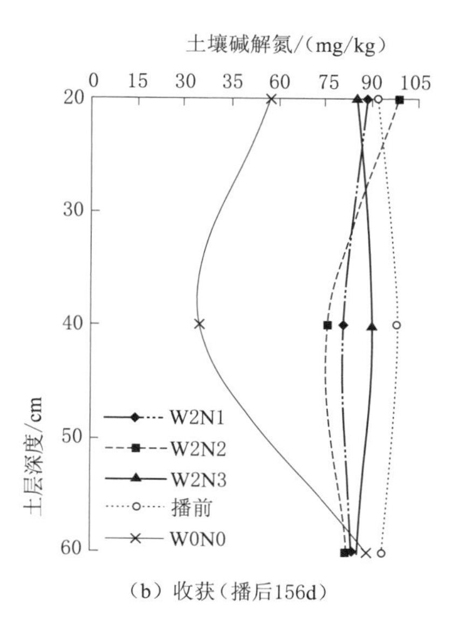

(b) 收获(播后156d)

图 4-22 2015 年各处理土壤碱解氮分布

2. 土壤碱解氮生育期动态分布

2014年不同施氮处理碱解氮分布见图4-23。由图4-23可以看出，2014年整体碱解氮含量表现为随着土层的逐渐加深而递减，不同土层不同处理碱解氮平均含量：对于W2N1处理，有78mg/kg土层（0～20cm）＞68mg/kg（20～40cm）＞31mg/kg（40～60cm）；W2N2处理92mg/kg（0～20cm）＞76mg/kg（20～40cm）＞33mg/kg（40～60cm）；W2N3处理77mg/kg（0～20cm）＜78mg/kg（20～40cm）＞47mg/kg（40～60cm）；W2N3处理，0～20cm与20～40cm土层碱解氮含量相当。从各个处理的全生育期土壤碱解氮动态可以看出，当地膜下滴灌玉米施入土壤氮肥消耗最大的时期为7月8—28日，此时期为其拔节期结束至抽雄吐丝期结束，而播前施入的基肥经过整个苗期至拔节期开始时，这段时间的土壤碱解氮消耗量相对较少。而由6月19日至7月8日的不同处理土壤碱解氮变化可以看出，此期间由第一次追肥使得土壤中提升的碱解氮含量并未完全消耗，说明期间作物由土壤中吸收的碱解氮效总量较低，效率较低，灌浆期追肥量占总追肥量的20%，从土壤碱解氮动态来看，所施氮肥基本消耗完，部分处理继续消耗前生育期土壤中的碱解氮。

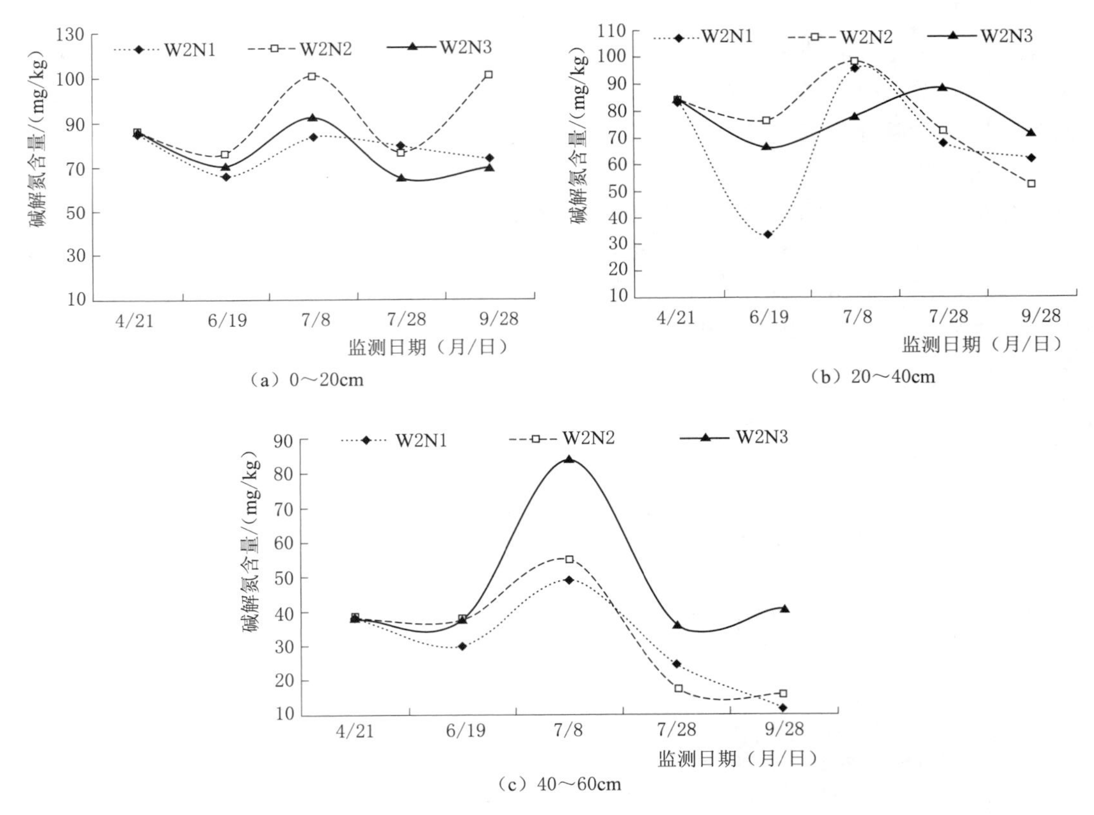

(a) 0～20cm

(b) 20～40cm

(c) 40～60cm

图4-23 2014年不同施氮处理碱解氮分布

2015年不同施氮处理碱解氮分布见图4-24。由图4-24可以看出，2015年碱解氮动态分布不同土层不同处理碱解氮平均含量：W2N1处理，0～20cm为84mg/kg、20～40cm为83mg/kg、40～60cm为84mg/kg；W2N2处理，0～20cm为95mg/kg、20～

40cm 为 88mg/kg、40～60cm 为 82mg/kg；W2N3 处理，0～20cm 为 91mg/kg、20～40cm 为 83mg/kg、40～60cm 为 92mg/kg，说明不同处理整体碱解氮含量表现为随着土层的逐渐加深，碱解氮含量先减少后增大，但减少或增大幅度相对较小。从各个处理的全生育期土壤碱解氮动态可以看出，当地膜下滴灌玉米施入土壤氮肥消耗最大的时期为 6 月 22 日至 8 月 6 日，此时期为其拔节期结束至抽雄吐丝期结束，而播前施入的基肥经过整个苗期至拔节期开始时，这段时间的土壤碱解氮消耗量相对较少。而由 6 月 22 日至 7 月 20 日的不同处理土壤碱解氮变化可以看出，此期间由第一次追肥使得土壤中提升的碱解氮含量并未完全消耗，说明期间作物由土壤中吸收的碱解氮总量较低，效率较低，灌浆期追肥量占总追肥量的 20%，从土壤碱解氮动态来看，氮肥施用量基本消耗完，部分处理继续消耗前生育期土壤中的碱解氮。

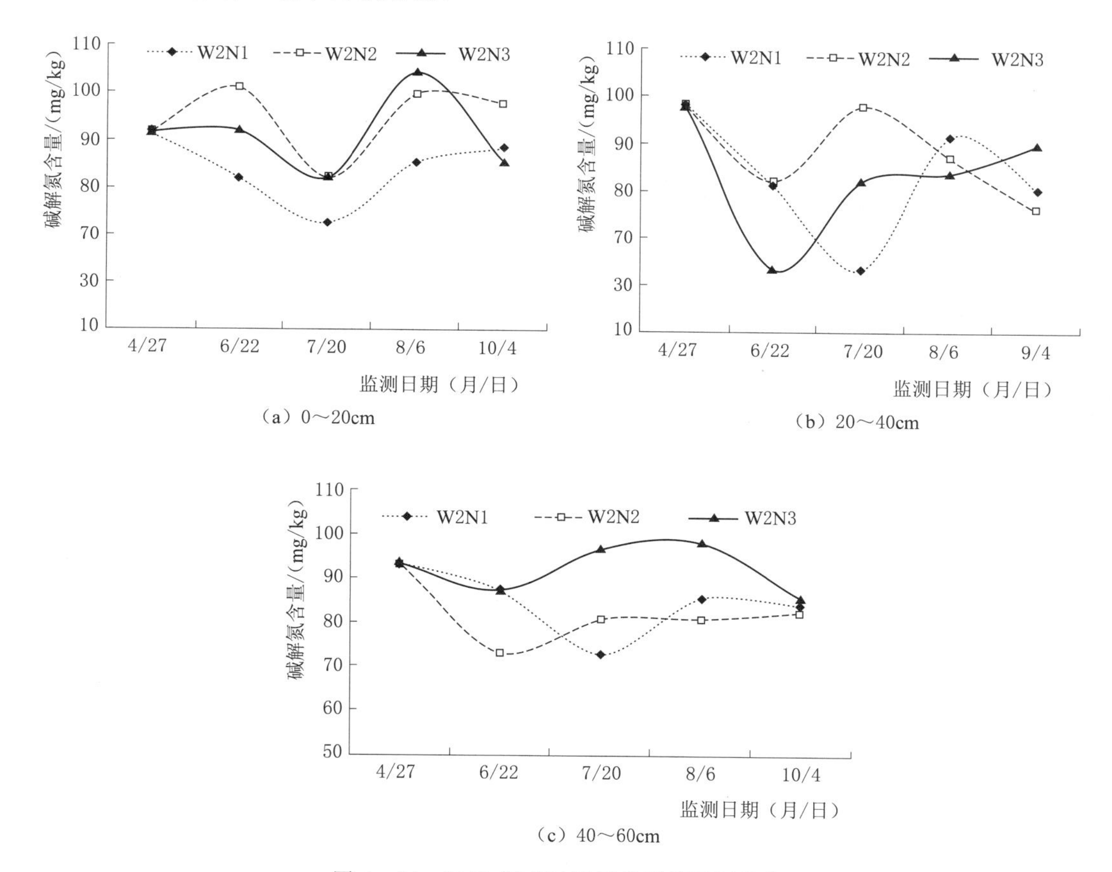

图 4-24　2015 年不同施氮处理碱解氮分布

4.4.3.6　适宜的水氮耦合区域

1. 灌水量和施氮量对玉米产量的回归模型

基于频数分析的水氮置信区间，利用水氮-产量试验数据，按照多元线性回归拟合，采用 Sigmaplot 12.5 软件分别输入水氮施用量的一次项、乘积项、平方项及对应的玉米公顷产量值，得到灌水量和施氮量对玉米产量的回归模型。

2014年：

$$Y=-9150.6783+7.5446W+68.6891N+0.00539WN-0.0013W^2-0.1563N^2 \quad (4-19)$$

$R^2=0.9392$, $AdjR^2=0.8389$

2015年：

$$Y=-38141.3889+18.4463W+179.0402N+0.0089WN-0.0038W^2-0.3357N^2 \quad (4-20)$$

$R^2=0.9809$, $AdjR^2=0.9622(4)$

2016年：

$$Y=5066.119+4.9571W+3.3716N+0.0014WN-0.001W^2-0.0051N^2 \quad (4-21)$$

$R^2=0.9518$, $AdjR^2=0.9059(6)$

2017年：

$$Y=-40828.4+23.3068W+230.2579N-0.013WN-0.0045W^2-0.3886N^2 \quad (4-22)$$

$R^2=0.9272$, $AdjR^2=0.9462(8)$

2018年：

$$Y=-15178.4+19.1576W+37.4224N+0.0152WN-0.0054W^2-0.0986N^2 \quad (4-23)$$

$R^2=0.9557$, $AdjR^2=0.9134$

以上式中灌水量单位（m^3/亩）和施氮量单位（kg/亩）二者量纲不同，各项系数值大小无法反映水氮因子水平对各光合指标的影响，为了直接通过多元线性回归模型对比水、氮两个因素对作物各光合因子的影响效应的强弱，需统一量纲。采用离差标准化，对灌水量和施肥量的具体数据作线性变换，将水、氮两个因素不同施用量的具体数据作线性变换统一量纲，使其因子水平无量纲代码在变量区间［0，1］内，转化方程为

$$X^*=\frac{x-x_{min}}{x_{max}-x_{min}} \quad (4-24)$$

式中：x_{max}与x_{min}分别为水、氮两个因素最高与最低施用量。带入各水平水氮施用量x后计算得到相应的无量纲代码值X^*，多元线性回归模型常数项、一次项、乘积项、二次项输入Sigmaplot 12.5软件，转化后的无量纲代码值见表4-51～表4-55，同量纲回归方程见式（4-25）～式（4-29）。

表4-51　2014年水氮实际施用量对应的无量纲代码值

处理	W	W^*	N	N^*	WN	W^*N^*	W^2	W^{*2}	N^2	N^{*2}
W1N1	1350.935	0.15	192	0	259379.5	0	1825025	0.02	36864	0
W1N2	1174.583	0	240	0.5	281899.9	0	1379646	0	57600	0.25
W1N3	1464.881	0.25	288	1	421885.8	0.25	2145877	0.06	82944	1
W2N1	1802.426	0.55	192	0	346065.7	0	3248738	0.3	36864	0
W2N2	2070.743	0.79	240	0.5	496978.3	0.39	4287976	0.62	57600	0.25
W2N3	1940.121	0.67	288	1	558754.9	0.67	3764071	0.45	82944	1
W3N1	2197.069	0.9	192	0	421837.3	0	4827113	0.8	36864	0
W3N2	2299.141	0.99	240	0.5	551793.8	0.49	5286049	0.97	57600	0.25
W3N3	2315.058	1	288	1	666736.7	1	5359494	1	82944	1

$$Y=6582.799+6299.08W+1465.26N+589.75WN-1691.301W^2-1434.075N^2$$
$$R^2=0.939, AdjR^2=0.838 \quad (4-25)$$

表 4-52　　2015 年水氮实际施用量对应的无量纲代码值

处理	W	W*	N	N*	WN	W*N*	W²	W*²	N²	N*²
W1N1	1812.81	0.00	224.00	0.00	406069.44	0.00	3286280.10	0.00	50176.00	0.00
W1N2	1812.68	0.00	270.00	0.43	489423.60	0.00	3285808.78	0.00	72900.00	0.19
W1N3	1818.29	0.00	330.00	1.00	600035.70	0.00	3306178.52	0.00	108900.00	1.00
W2N1	2569.02	0.59	224.00	0.00	575460.48	0.00	6599863.76	0.35	50176.00	0.00
W2N2	2238.28	0.33	270.00	0.43	604335.60	0.14	5009897.36	0.11	72900.00	0.19
W2N3	2341.10	0.41	330.00	1.00	772563.00	0.41	5480749.21	0.17	108900.00	1.00
W3N1	3094.04	1.00	224.00	0.00	693064.96	0.00	9573083.52	1.00	50176.00	0.00
W3N2	2993.77	0.92	270.00	0.43	808317.90	0.40	8962658.81	0.85	72900.00	0.19
W3N3	3015.73	0.94	330.00	1.00	995190.90	0.94	9094627.43	0.88	108900.00	1.00

$$Y=9742.2918+8681.3602W+4926.9231N+957.1465WN-6201.7562W^2-3920.2676N^2$$
$$R^2=0.9786, AdjR^2=0.9577(5) \quad (4-26)$$

表 4-53　　2016 年水氮实际施用量对应的无量纲代码值

处理	W	W*	N	N*	WN	W*N*	W²	W*²	N²	N*²
W1N1	1496.40	0.00	224.00	0.00	335193.60	0.00	2239212.96	0.00	50176.00	0.00
W1N2	1692.00	0.21	270.00	0.43	456840.00	0.09	2862864.00	0.04	72900.00	0.19
W1N3	1710.20	0.23	330.00	1.00	564366.00	0.23	2924784.04	0.05	108900.00	1.00
W2N1	1905.90	0.44	224.00	0.00	426921.60	0.00	3632454.81	0.19	50176.00	0.00
W2N2	1975.60	0.51	270.00	0.43	533412.00	0.22	3902995.36	0.26	72900.00	0.19
W2N3	1924.00	0.46	330.00	1.00	634920.00	0.46	3701776.00	0.21	108900.00	1.00
W3N1	2279.00	0.84	224.00	0.00	510496.00	0.00	5193841.00	0.70	50176.00	0.00
W3N2	2326.10	0.89	270.00	0.43	628047.00	0.39	5410741.21	0.79	72900.00	0.19
W3N3	2431.10	1.00	330.00	1.00	802263.00	1.00	5910247.21	1.00	108900.00	1.00

$$Y=11240.9+2161.861W+338.5942N+138.51WN-836.361W^2-56.9139N^2$$
$$R^2=0.9518, AdjR^2=0.9059(7) \quad (4-27)$$

表 4-54　　2017 年水氮实际施用量对应的无量纲代码值

处理	W	W*	N	N*	WN	W*N*	W²	W*²	N²	N*²
W1N1	1623.19	0.17	224.00	0.00	363594.56	0.00	2634745.78	0.03	50176.00	0.00
W1N2	1585.14	0.12	270.00	0.43	427987.80	0.05	2512668.82	0.01	72900.00	0.19
W1N3	1498.19	0.00	330.00	1.00	494402.70	0.00	2244573.28	0.00	108900.00	1.00

续表

处理	W	W*	N	N*	WN	W* N*	W^2	W^{*2}	N^2	N^{*2}
W2N1	1829.71	0.46	224.00	0.00	409855.04	0.00	3347838.68	0.21	50176.00	0.00
W2N2	1833.33	0.46	270.00	0.43	494999.10	0.20	3361098.89	0.21	72900.00	0.19
W2N3	1836.96	0.47	330.00	1.00	606196.80	0.47	3374422.04	0.22	108900.00	1.00
W3N1	2224.64	1.00	224.00	0.00	498319.36	0.00	4949023.13	1.00	50176.00	0.00
W3N2	2201.09	0.97	270.00	0.43	594294.30	0.42	4844797.19	0.94	72900.00	0.19
W3N3	2195.65	0.96	330.00	1.00	724564.50	0.96	4820878.92	0.92	108900.00	1.00

$$Y=11715.99+5034.424W+3885.278N-1001.91WN-2370.97W^2-4377.76N^2 \quad (4-28)$$
$$R^2=0.9727, AdjR^2=0.9462(9)$$

表 4-55　　2018 年水氮实际施用量对应的无量纲代码值

处理	W	W*	N	N*	WN	W* N*	W^2	W^{*2}	N^2	N^{*2}
W1N1	1547.98	0.01	224.00	0.00	346746.63	0.00	2396229.73	0.00	50176.00	0.00
W1N2	1577.96	0.05	270.00	0.43	426049.48	0.02	2489960.98	0.00	72900.00	0.19
W1N3	1540.48	0.00	330.00	1.00	508358.32	0.00	2373077.89	0.00	108900.00	1.00
W2N1	1967.77	0.53	224.00	0.00	440779.61	0.00	3872103.49	0.28	50176.00	0.00
W2N2	1967.77	0.53	270.00	0.43	531296.85	0.23	3872103.49	0.28	72900.00	0.19
W2N3	1960.27	0.52	330.00	1.00	646889.06	0.52	3842657.94	0.27	108900.00	1.00
W3N1	2350.07	1.00	224.00	0.00	526416.79	0.00	5522852.33	1.00	50176.00	0.00
W3N2	2335.08	0.98	270.00	0.43	630472.26	0.43	5452610.09	0.96	72900.00	0.19
W3N3	2342.58	0.99	330.00	1.00	773050.97	0.99	5487675.02	0.98	108900.00	1.00

$$Y=10219.56+4822.722W+1763.344N+1303.952WN-3532.19W^2-1108.4N^2 \quad (4-29)$$
$$R^2=0.9557, AdjR^2=0.9134$$

2. 产量及配比方案

对水氮编码值在［0，1］内各等步长划分为 7 个水平［0.00，0.17，0.33，0.50，0.67，0.83，1.00］全部组合共计 49 套，分别将对应的水氮编码值输入回归模型，2014 年超过本试验平均产量 9815.097kg/hm² 的方案共 23 套，占全部方案的 46.94%；2015 年超过本试验平均产量 12482.43kg/hm² 的方案共 37 套，占全部方案的 75.51%；2016 年超过本试验平均产量 122203.267kg/hm² 的方案共 32 套，占全部方案的 75.31%；2017 年超过本试验平均产量 13252.17kg/hm² 的方案共 30 套，占全部方案的 71.43%；2018 年超过本试验平均产量 11924.98kg/hm² 的方案共 29 套，占全部方案的 59.18%，水氮组合编码值及输出的玉米产量详见表 4-56～表 4-60。

表 4-56　　2014 年玉米产量大于平均值的因子取值及产量值输出

W	N	产量/(kg/hm²)	W	N	产量/(kg/hm²)	W	N	产量/(kg/hm²)
0.5	0.5	9831.065	0.67	1	10470.281	1	0.00	11190.579
0.5	0.67	9845.051	0.83	0.00	10645.899	1	0.17	11498.487
0.67	0.00	10043.958	0.83	0.17	10936.763	1	0.33	11712.564
0.67	0.17	10318.781	0.83	0.33	11134.799	1	0.5	11859.569
0.67	0.33	10501.719	0.83	0.5	11264.760	1	0.67	11923.685
0.67	0.5	10615.639	0.83	0.67	11311.831	1	0.83	11908.310
0.67	0.67	10646.669	0.83	0.83	11280.415	1	1	11811.522
0.67	0.83	10600.154	0.83	1	11166.583			

表 4-57　　2015 年玉米产量大于平均值的因子取值及产量值输出

W	N	产量/(kg/hm²)	W	N	产量/(kg/hm²)	W	N	产量/(kg/hm²)
0.17	0.5	12603.644	0.5	0.67	14394.407	0.83	0.5	14556.041
0.17	0.67	12689.142	0.5	0.83	14318.422	0.83	0.67	14748.93
0.17	0.83	12562.619	0.5	1	14017.761	0.83	0.83	14723.483
0.33	0.17	12709.746	0.67	0	12774.835	0.83	1	14476.518
0.33	0.33	13234.97	0.67	0.17	13608.135	1	0	12221.896
0.33	0.5	13573.093	0.67	0.33	14185.427	1	0.17	13108.892
0.33	0.67	13684.625	0.67	0.5	14578.873	1	0.33	13736.722
0.33	0.83	13582.606	0.67	0.67	14745.728	1	0.5	14183.864
0.33	1	13254.283	0.67	0.83	14695.778	1	0.67	14404.414
0.5	0	12532.533	0.67	1	14422.778	1	0.83	14405.001
0.5	0.17	13338.171	0.83	0	12675.431	1	1	14185.698
0.5	0.33	13889.429	0.83	0.17	13534.765			
0.5	0.5	14255.214	0.83	0.33	14136.561			

表 4-58　　2016 年玉米产量大于平均值的因子取值及产量值输出

W	N	产量/(kg/hm²)	W	N	产量/(kg/hm²)	W	N	产量/(kg/hm²)
0.33	0.5	12254.71305	0.67	0	13076.89316	0.83	0.67	13959.41874
0.33	0.67	12331.36465	0.67	0.17	13151.87528	0.83	0.83	14045.64727
0.33	0.83	12406.51238	0.67	0.33	13225.45173	0.83	1	14140.45796
0.33	1	12489.54972	0.67	0.5	13306.81959	1	0	14266.0803
0.5	0	12537.66343	0.67	0.67	13391.47707	1	0.17	14348.83283
0.5	0.17	12608.6426	0.67	0.83	13474.15975	1	0.33	14429.72261
0.5	0.33	12678.45158	0.67	1	13565.20296	1	0.5	14518.86088
0.5	0.5	12755.8165	0.83	0	13629.98656	1	0.67	14611.28876
0.5	0.67	12836.47104	0.83	0.17	13708.73615	1	0.83	14701.28477
0.5	0.83	12915.38625	0.83	0.33	13785.85846	1	1	14800.0984
0.5	1	13002.42653	0.83	0.5	13870.99379			

表4-59　　2017年玉米产量大于平均值的因子取值及产量值输出

W	N	产量/(kg/hm²)	W	N	产量/(kg/hm²)	W	N	产量/(kg/hm²)
0.17	0.33	13253.71669	0.5	0.67	13947.71867	0.83	0.33	14793.37787
0.17	0.5	13269.10976	0.5	0.83	13441.18809	0.83	0.5	14696.35623
0.33	0.17	13597.24194	0.67	0	14024.72347	0.83	0.67	14346.93561
0.33	0.33	13816.6457	0.67	0.17	14444.90483	0.83	0.83	13787.50399
0.33	0.5	13804.78672	0.67	0.33	14609.80449	1	0	14379.4404
0.33	0.67	13540.52877	0.67	0.5	14540.0349	1	0.17	14743.41441
0.5	0	13640.45783	0.67	0.67	14217.86634	1	0.33	14855.41302
0.5	0.17	14089.5945	0.67	0.83	13684.08371	1	0.5	14729.43608
0.5	0.33	14281.74621	0.83	0	14261.19789	1	0.67	14351.06015
0.5	0.5	14240.93193	0.83	0.17	14654.12721	1	0.83	13764.37648

表4-60　　2018年玉米产量大于平均值的因子取值及产量值输出

W	N	产量/(kg/hm²)	W	N	产量/(kg/hm²)	W	N	产量/(kg/hm²)
0.33	0.33	12029.60283	0.5	1	13054.79415	0.83	0.33	12607.4439
0.33	0.5	12246.12778	0.67	0.17	12281.43939	0.83	0.17	12240.8161
0.33	0.67	12398.58724	0.67	0.33	12614.68607	0.67	1	13393.7755
0.33	0.83	12483.55499	1	0.5	12766.6382	0.67	0.83	13290.3101
0.33	1	12511.65201	1	0.33	12401.5931	0.67	0.67	13134.4073
0.5	0.17	12126.44565	1	0.17	11999.4977	0.67	0.5	12906.5794
0.5	0.33	12424.22483	0.83	1	13526.317	1	0.67	13067.6177
0.5	0.5	12678.434	0.83	0.83	13387.3841	1	0.83	13292.3691
0.5	0.67	12868.57767	0.83	0.67	13198.1002	1	1	13468.9863
0.5	0.83	12989.01292	0.83	0.5	12934.8048			

对灌水量和施氮量不同水平进行频数统计分析，有95%概率超过当年平均产量的灌水量和施氮量：2014年灌水量为2015.912～2167.937m³/hm²、施氮量为227.875～253.546kg/hm²。2014—2018年具体水氮施用量详见表4-61～表4-65。

表4-61　　2014年玉米产量大于平均值的因子取值频数分布及配比方案

水平编码	W		N	
	频数	频率/%	频数	频率/%
0.00	0	0.00	3	13.04
0.17	0	0.00	3	13.04
0.33	0	0.00	3	13.04

续表

水平编码	W		N	
	频数	频率/%	频数	频率/%
0.50	2	8.70	4	17.39
0.67	7	30.43	4	17.39
0.83	7	30.43	3	13.04
1.00	7	30.43	3	13.04
总次数	23		23	
编码加权均值	0.8043		0.5074	
95%置信区间	0.7377～0.8710		0.3737～0.6411	
配比方案	2015.912～2167.937m^3/hm^2		227.875～253.546kg/hm^2	

表 4－62　　2015 年玉米产量大于平均值的因子取值频数分布及配比方案

水平编码	W		N	
	频数	频率/%	频数	频率/%
0	0	0	4	9.09
0.17	3	6.82	5	11.36
0.33	6	13.64	5	11.36
0.5	7	15.91	6	13.64
0.67	7	15.91	6	13.64
0.83	7	15.91	6	13.64
1	7	15.91	5	11.36
总次数	37		37	
编码加权均值	0.5491		0.5416	
95%置信区间	0.3338～0.7644		0.4339～0.6492	
配比方案	2375.43～2876.91m^3/hm^2		267.37～292.36kg/hm^2	

表 4－63　　2016 年玉米产量大于平均值的因子取值频数分布及配比方案

水平编码	W		N	
	频数	频率/%	频数	频率/%
0.00	0.00	0.00	4.00	9.09
0.17	0.00	0.00	4.00	9.09
0.33	4.00	9.09	4.00	9.09
0.50	7.00	15.91	5.00	11.36
0.67	7.00	15.91	5.00	11.36
0.83	7.00	15.91	5.00	11.36
1.00	7.00	15.91	5.00	11.36
总次数	32.00		32.00	
编码加权均值	0.70		0.53	
95%置信区间	0.5267～0.8683		0.4038～0.6587	
配比方案	1988.70～2308.01m^3/hm^2		266.80～293.83kg/hm^2	

表 4-64　2017 年玉米产量大于平均值的因子取值频数分布及配比方案

水平编码	W		N	
	频数	频率/%	频数	频率/%
0	0	0.00	4	9.09
0.17	2	4.55	5	11.36
0.33	4	9.09	6	13.64
0.5	6	13.64	6	13.64
0.67	6	13.64	5	11.36
0.83	6	13.64	4	9.09
1	6	13.64	0	0.00
总次数	30		30	
编码加权均值	0.66		0.42	
95%置信区间	0.4362～0.8745		0.2846～0.5487	
配比方案	1815.05～2133.46m³/hm²		254.17～282.16kg/hm²	

表 4-65　2018 年玉米产量大于平均值的因子取值频数分布及配比方案

水平编码	W		N	
	频数	频率/%	频数	频率/%
0.00	0	0.00	0	0.00
0.17	0	0.00	4	9.09
0.33	5	11.36	5	11.36
0.50	6	13.64	5	11.36
0.67	6	13.64	5	11.36
0.83	6	13.64	5	11.36
1.00	6	13.64	5	11.36
总次数	29		29	
编码加权均值	0.6776		0.5976	
95%置信区间	0.5431～0.8121		0.4631～0.7321	
优选配比方案	1980.17～2197.92m³/hm²		273.09～301.6kg/hm²	

本次研究基于产量及残留氮的环境效应下，其不同耦合用量包含在一个近似椭圆的区域内，2014—2018 年水氮耦合区域边界点图形表达见图 4-25～图 4-29。2014 年试验无显著差异的两个最高产量处理是 W3N2 及 W3N3，施用区间为水［2299，2315］m³/hm²、氮［240，288］kg/hm²；残留有效氮的环境风险较低的处理是 W2N1 及 W2N2，施用区间为水［1802，2070］m³/hm²、氮［192，240］kg/hm²；高于试验平均产量的水氮 95%置信区间为水［2016，2168］m³/hm²、氮［228，254］kg/hm²。以散点图形象表达不同的水氮用量耦合区域的边界点，椭圆域内 12 个边界点无公共交集，但椭圆中心区域耦合

量能兼顾三方面的影响效应，因此 2014 年推荐的耦合量为水 [2016，2070]m^3/hm^2、氮 [228，240]kg/hm^2。

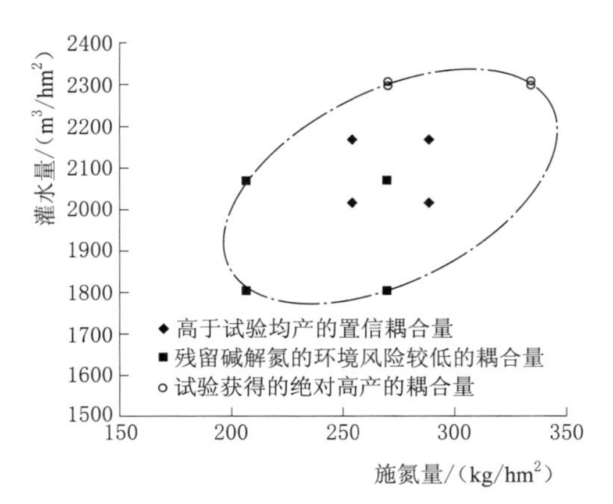

图 4-25　2014 年水氮耦合区域边界点图形表达

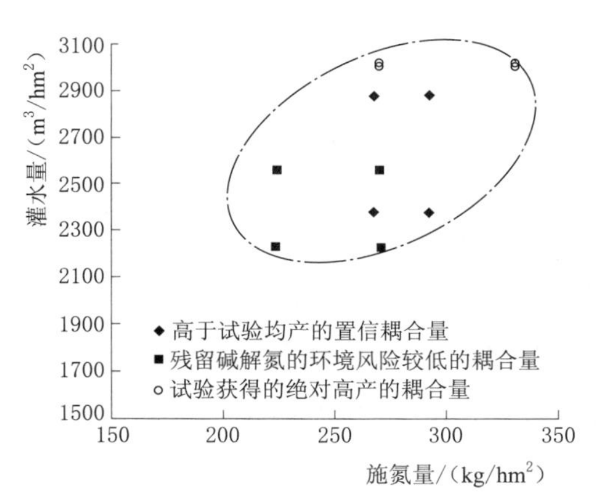

图 4-26　2015 年水氮耦合区域边界点图形表达

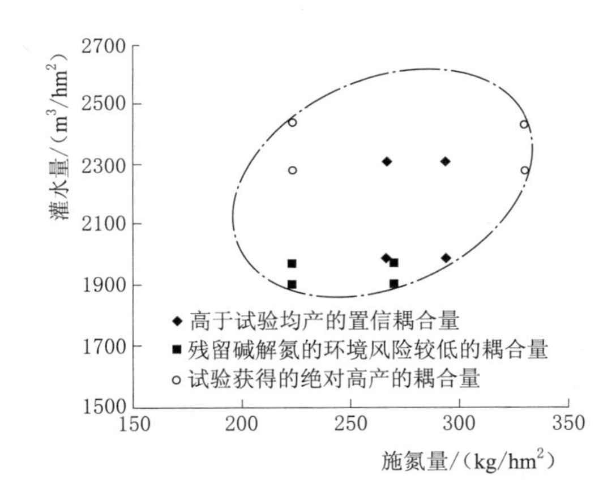

图 4-27　2016 年水氮耦合区域边界点图形表达

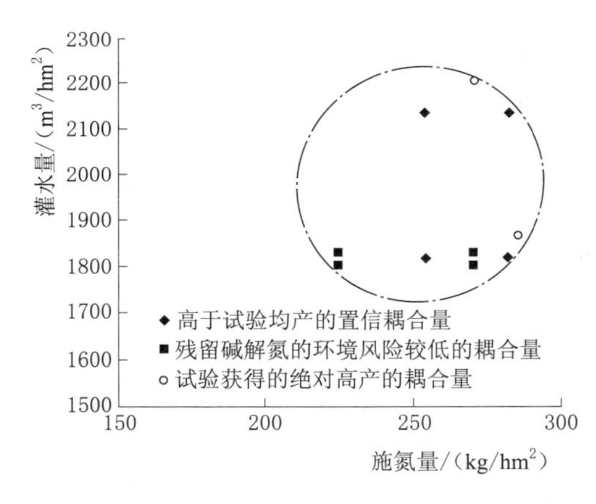

图 4-28　2017 年水氮耦合区域边界点图形表达

同理得到 2015—2018 年各试验年的水氮耦合量分别为：水 [2375.43，2569.02]m^3/hm^2、氮 [267.37，292.36]kg/hm^2；水 [1975.60，1988.69]m^3/hm^2、氮 [266.80，293.82]kg/hm^2；水 [1815.05，1833.33]m^3/hm^2、氮 [254.17，270.00]kg/hm^2；水 [1980.17，2197.92]m^3/hm^2，氮 [273.09，301.60]kg/hm^2。

综上，根据 5 年试验结果，通辽地区灌水量推荐区间为 [1815，1989]m^3/hm^2，施氮量为 [270，294]kg/hm^2。

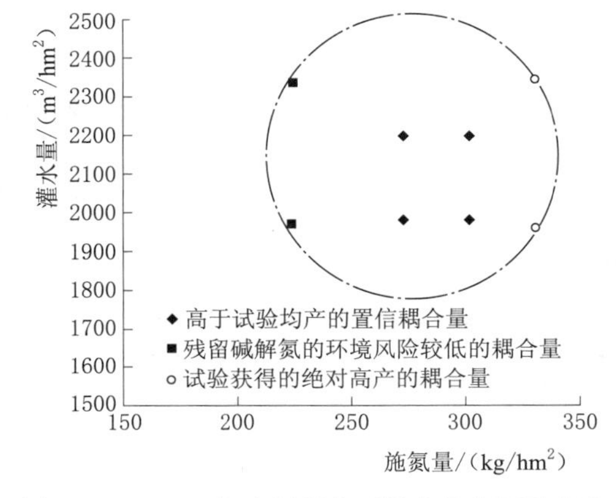

图 4-29　2018 年水氮耦合区域边界点图形表达

4.5 玉米滴灌土壤棵间蒸发规律研究

4.5.1 研究内容

作物蒸发蒸腾量的变化过程是作物田间用水管理的主要依据，可分析作物耗水的两个组成部分在生育期内的变化规律，对于因地制宜地选用适宜的灌水技术和有针对性地采用各种节水措施减少作物无效耗水和奢侈用水，提高水分利用效率，具有重要的参考意义。通过玉米蒸腾与棵间蒸发的研究，得到玉米生长过程中蒸腾与棵间蒸发分摊比值的变化规律，可以为玉米合理灌溉提供依据。

4.5.2 研究方案与方法

采用自动棵间土壤蒸发器与自制棵间蒸发器进行测定。在浅埋与覆膜滴灌中水处理各布置 1 个 LYS20 型自动棵间蒸发器，设定为每 1h 采集 1 次蒸发量数据。此设备直径 200mm、高 250mm，主要由土柱、外桶、称重装置组成。在浅埋高水、中水、低水处理与覆膜中水处理苗间与垄间各布置 1 个自制微型棵间蒸发器，与自动蒸发器对照监测。使其顶面与地面齐平，减少对内桶土壤的扰动。此装置用 PVC 管制成，由内外筒组成，内筒直径 110mm，外筒直径 125mm，高 100mm，每日 16：00 使用精度为 0.1g 的电子秤定时称质量。为了保证试验数据的准确性，每 4～5 天换土 1 次，灌水后与雨后及时换土。蒸发器外边缘相切于滴灌带方向的苗间与垂直于滴灌带方向的膜侧交点位置。

单位时间内棵间蒸发量通过式（4－30）计算：

$$E=\frac{\Delta W}{\pi r^2} \tag{4-30}$$

式中：E 为棵间蒸发，mm；ΔW 为单位时间内棵间蒸发器测得的质量差，g；r 为小型蒸渗桶的内径，cm。

4.5.3 研究结果

4.5.3.1 滴灌玉米土壤棵间蒸发逐日变化规律

图 4－30～图 4－33 为 2015—2018 年玉米在不同覆盖方式下测定并换算成的单位面积棵间土壤蒸发量的日变化过程，$P+I$ 为生育期内的降雨量和灌水量之和，mm；E 为棵间土壤蒸发量，mm/d。从图中可以看出，玉米棵间土壤蒸发受到许多因素的影响，如土壤供水状况、灌水湿润方式、作物生长发育和大气蒸发力等。作物棵间土壤蒸发在生育期内的变化曲线呈现脉冲状变化，其中波动变化较大的原因主要是降雨和灌水造成的，不同灌水方式之间的棵间土壤蒸发，在玉米生育期前期灌后和雨后几天内的差异非常明显。从全生育期的变化来看，管灌处理棵间土壤蒸发量最高，其次是浅埋处理，覆膜处理最低，但整体的趋势基本一致。试验表明，2015—2018 年膜下滴灌各生育期平均棵间土壤蒸发

量为 72.8mm，浅埋滴灌为 150.6mm，管灌为 248.8mm。

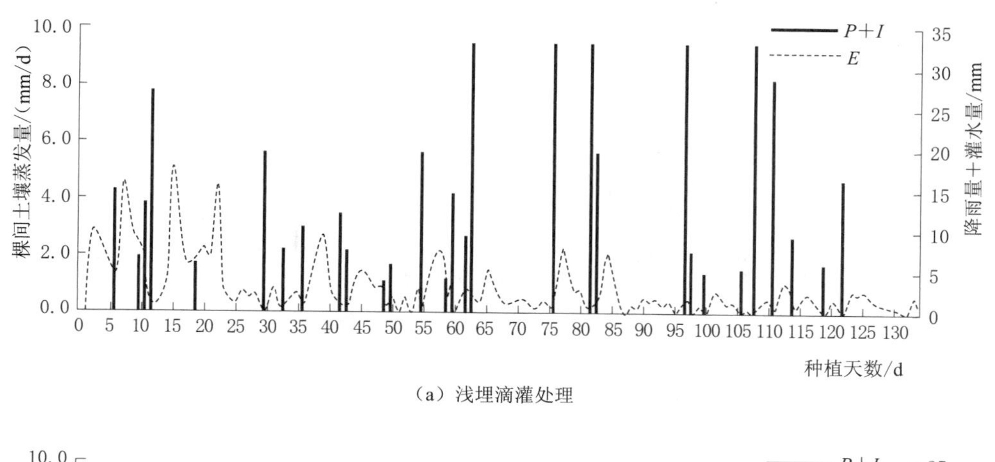

(a) 浅埋滴灌处理

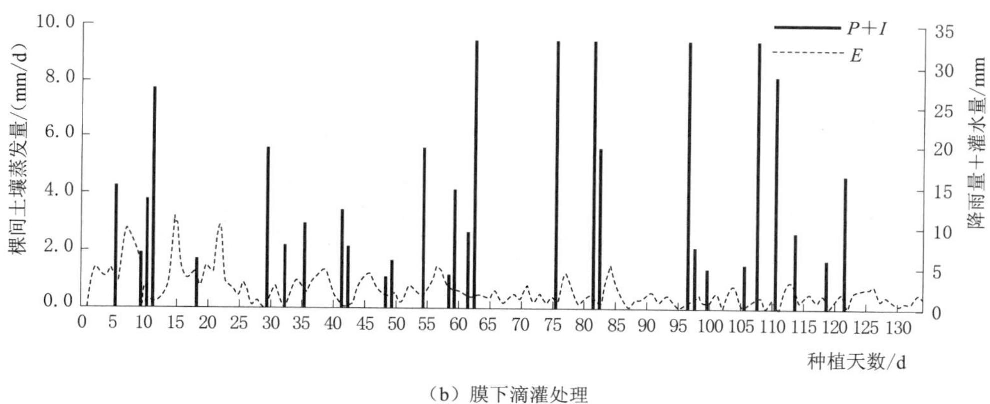

(b) 膜下滴灌处理

图 4-30　2015 年玉米生育期间逐日棵间蒸发及降雨与灌水的变化趋势

由生育期内前 3 次灌水和降雨后 1～5 天内的日棵间土壤蒸发速率的大小可以明显地看出：在生育期前期，玉米棵间土壤蒸发主要受玉米叶面积指数、土壤表面湿润状况和大气蒸发力的影响。可以看出，2015 年、2016 年的覆膜和浅埋的变化趋势基本相近，以 2015 年和 2017 年数据为例进行分析。

1. 2015 年玉米播种—拔节期阶段蒸发量变化

在此生育期玉米试验田基本上处在棵间土壤蒸发阶段。

(1) 在降雨后：浅埋处理在首次大雨后第 1 天的棵间土壤蒸发量为 0.7mm/d，第 2 天后为 1.23mm/d，第 3 天后为 5.21mm/d；覆膜处理在降雨第 1 天后棵间土壤蒸发量为 0.45mm/d，第 2 天后为 0.98mm/d，第 3 天后为 3.16mm/d。由此可知，雨后覆膜处理棵间土壤蒸发量较浅埋处理少 26%～65%，表明采用覆膜的方式，通过减少地表土壤湿润面积，可降低雨后玉米棵间土壤蒸发量，且雨后连续 2 天为阴天，所以无论覆膜与否，这两日棵间土壤蒸发量无明显差异，第 3 天为晴天，使得两个处理的土壤蒸发量都剧增。

(2) 在灌溉后：浅埋处理在首次灌水后第 1 天的棵间土壤蒸量为 4.5mm/d，第 2 天

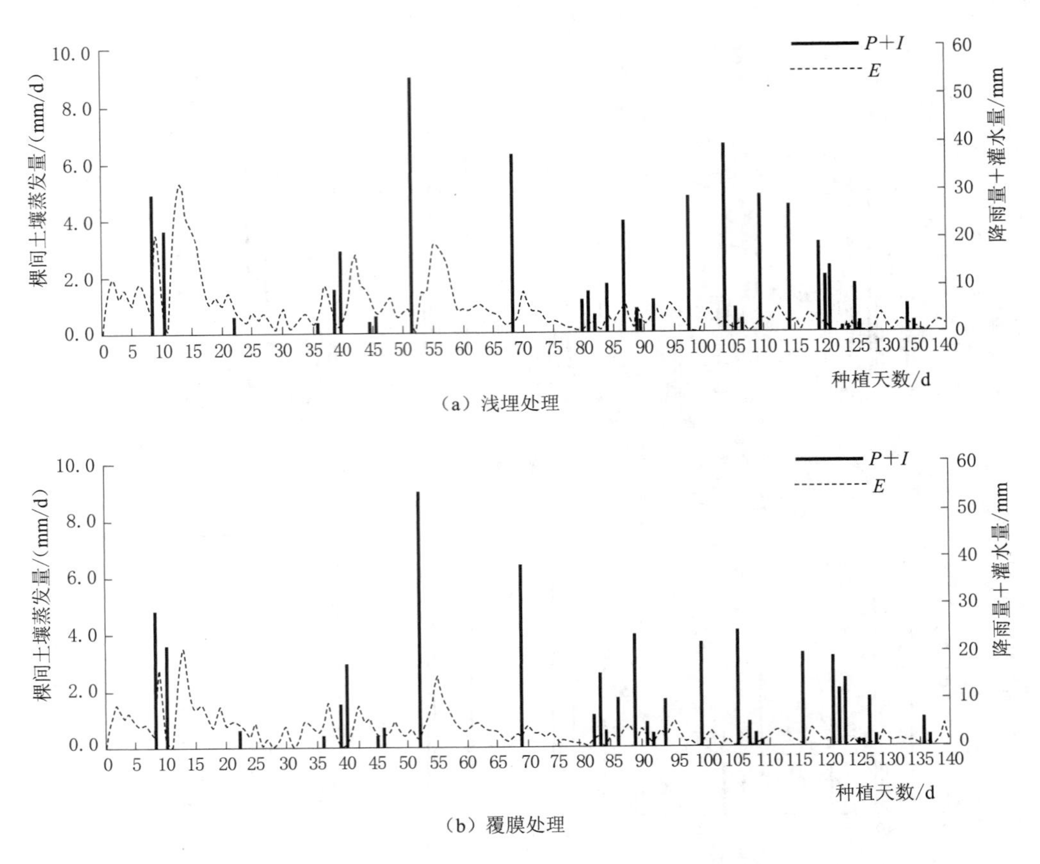

图 4-31　2016 年玉米生育期间逐日棵间蒸发及降雨与灌水的变化趋势

为 3.5mm/d，第 3 天为 2.6mm/d；覆膜处理在灌后第 1 天的棵间土壤蒸发量为 2.8mm/d，第 2 天为 2.5mm/d，第 3 天为 1.5mm/d。灌后两个处理前 3 天棵间土壤蒸发量覆膜较浅埋减少 0.9～1.7mm/d，表明灌后地膜可以有效抑制膜下土壤的蒸发，可明显地降低棵间土壤蒸发量。且从图 4-30 可以看出，灌水 5 天后，在无降雨的情况下，虽然浅埋处理的棵间土壤蒸发量仍然大些，但两种处理之间的差异已不是很明显，这一结果表明灌水后对不同处理棵间土壤蒸发的影响主要是表现在灌后的 3 天之内。

2. 2017 年玉米播种—拔节期阶段蒸发量变化

(1) 2017 年由于前期降雨量较少，播种—出苗期无有效降雨，灌水较少，气温较高，土壤表层含水率低，棵间蒸发相比 2015 年、2016 年有所降低。在降雨后：浅埋处理在降雨后第 1 天的棵间土壤蒸发量为 0.67mm/d，第 2 天后为 0.51mm/d，第 3 天后为 0.05mm/d；覆膜处理在降雨第 1 天后棵间土壤蒸发量为 0.27mm/d，第 2 天后为 0.04mm/d；管灌处理降雨第 1 天后棵间土壤蒸发量为 1.27mm/d，第 2 天后为 2.89mm/d，第 3 天后为 3.26mm/d，第 4 天后为 3.11mm/d。由此可知，雨后覆膜处理棵间土壤蒸发量较浅埋处理少 22%～27%，浅埋处理较管灌处理少 48%～74%，由于该阶段没有出现有效降雨，

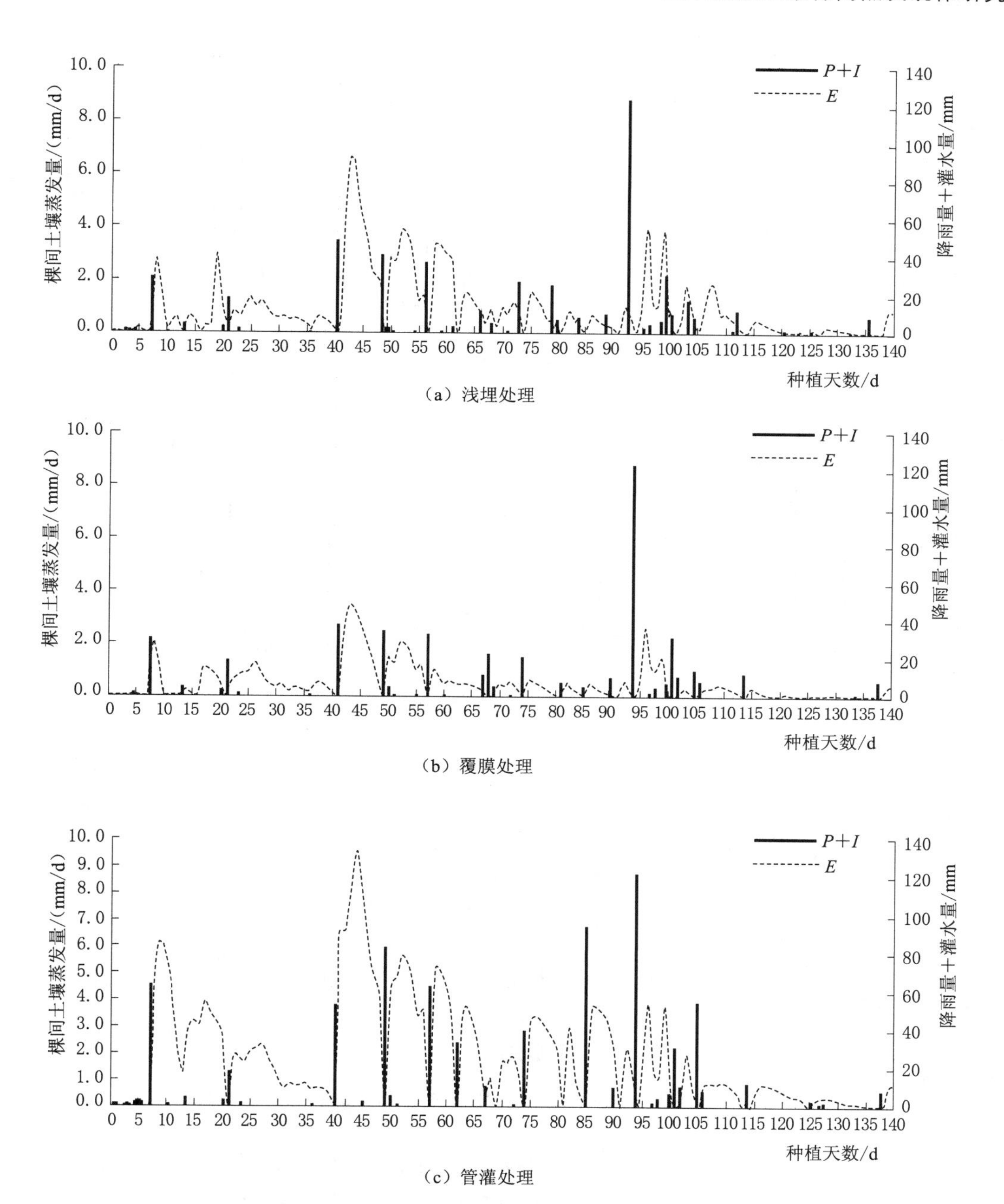

图 4-32　2017 年玉米生育期间逐日棵间蒸发变化趋势

故覆膜浅埋处理棵间蒸发均较小，管灌处理蒸发较大的原因是刚刚进行了灌水。在小规模降雨后（降雨量小于 5mm）温度较低，所以无论覆膜与否，这两日棵间土壤蒸发量无明显差异。气温回升后，浅埋和管灌处理的土壤蒸发量都增加，管灌处理土壤含水率较大，棵间蒸发量最大。

（2）在灌溉后：浅埋处理在首次灌水后第 1 天的棵间土壤蒸量为 2.79mm/d，第 2 天

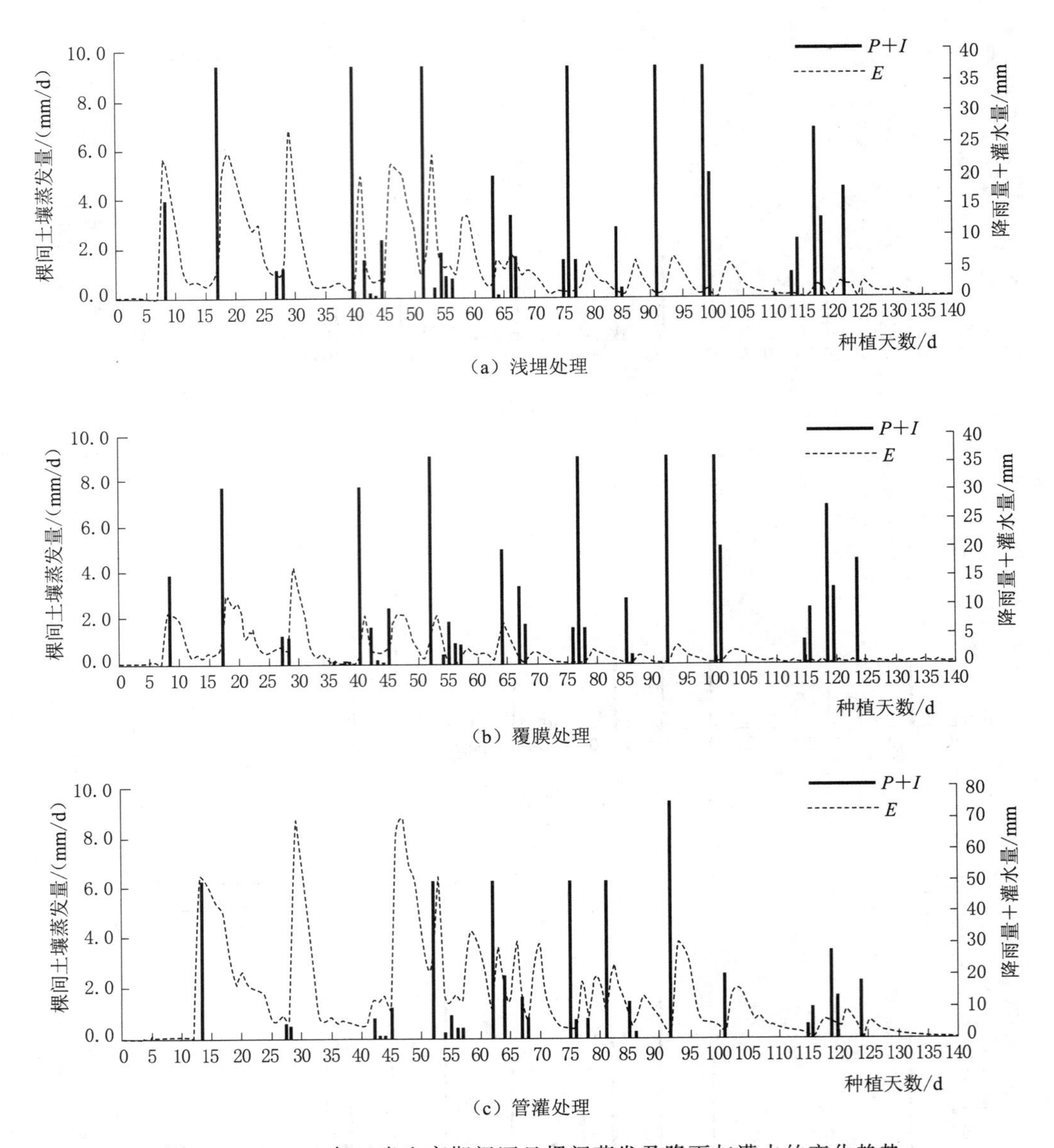

图 4-33　2018 年玉米生育期间逐日棵间蒸发及降雨与灌水的变化趋势

为 1.61mm/d，第 3 天为 0.23mm/d；覆膜处理在灌后第 1 天的棵间土壤蒸发量为 2.03mm/d，第 2 天为 1.24mm/d，第 3 天为 0.03mm/d；管灌处理在首次灌水后第 1 天的棵间土壤蒸量为 5.47mm/d，第 2 天为 6.22mm/d，第 3 天为 5.43mm/d，第 4 天后为 4.37mm/d，第 5 天后为 2.31mm/d。由于灌水方式较 2017 年、2018 年发生变化，单次灌水量增大，灌后棵间蒸发量较前两年变大，两处理灌后 3 日内棵间土壤蒸发量覆膜处理较无膜处理减少 57%～66%，管灌处理较无膜处理增大 52%～63%，表明滴灌与管灌相比可减少单次灌水量，从而减少棵间蒸发量，灌后地膜可以有效抑制膜下土壤的蒸发，可明显降低棵间土壤蒸发量。

3. 玉米拔节期后蒸发量变化

各年份变化规律一致，随着玉米根系的发育和叶面积指数的增大，影响棵间蒸发的大气蒸发力变得很小。虽然到后期，覆膜处理与浅埋处理相比较优势并不明显，二者之间棵间土壤蒸发的差值变小，但此阶段影响棵间土壤蒸发的两个主要因素还是叶面积指数和灌水后土壤被湿润的面积。到了生育后期，伴随着叶面积指数的不断减小，大气蒸发力的影响又开始呈现出变大的趋势，不同覆盖方法在灌水后对棵间土壤蒸发产生影响又比较大。

减少玉米棵间土壤蒸发的一种主要措施是在能够满足作物正常的蒸腾条件下，保持土壤表层干燥或阻隔湿润土壤与大气的接触。覆膜滴灌虽然在一定程度上比较节水，但在灌溉后其整个湿润范围面都曝露在空气中，使得其棵间土壤蒸发变大，增加了棵间土壤蒸发的无效耗水量，从而作物的耗水量变大。在通辽地区，作物生育期降水量较少，且生育期前期风沙天气较为频繁，使得作物在生育期前期棵间土壤蒸发量大，覆膜在一定程度上减少了苗期—拔节期棵间土壤蒸发。

4.5.3.2 基于SIMDual _ K_c 模型估算滴灌玉米土壤含水率与棵间蒸发量

1. 模型需输入的数据

（1）每日气象数据：最高气温 T_{max}(℃)、最低气温 T_{min}(℃)、最小相对湿度 RH_{min}(%)、高度为 2m 处风速（m/s)、参考作物腾发量 ET_0、有效降雨 P_ε。

（2）作物数据：播种日期、根系深度（m)、株高（m)、基础作物系数 K_{cb}、作物快速生长阶段无水分胁迫时土壤水分消耗量及种植方式等。

（3）土壤数据：蒸发层总蒸发水量 TEW(mm)、蒸发层易蒸发水量 REW(mm)、根层总有效水量 TAW(mm/m)、田间持水量 θ_{fc}(%)、凋萎系数 θ_{fwp}(%)、每层土壤的深度及土层划分的层数。

（4）灌溉数据：在灌溉的情况下，灌溉的日期、灌水量（mm）和最大灌溉深度（mm）等数据。

（5）可选择输入数据：覆盖物情况、地表径流、深层渗漏等数据。

（6）模型率定检验指标。模型在率定的过程中需要修正一些参数（K_{cb}、p、TEW、REW）使得实测值与模拟值数据的差异最小化。其步骤为：首先根据 Rosa 给出的参考值预估土壤参数，然后通过反复试验与纠错修正 K_{cb}与 p 值，直到 K_{cb}与 p 值修正到实测值与模拟值的差异逐渐稳定，且最小为止。检验需要使用率定后的模型参数，在检验时，若检验的结果不理想，还需继续重复上述修正过程，直到合理为止。

1）模型在率定和检验时需要的指标有以下几种，其中 O_i 与 P_i 分别表示实测值与模拟值，O 与 P 代表二者的平均值。实测值与模拟值的差异通过穿过原点的线性回归方程与最小二乘回归法衡量。

回归系数 b：

$$b=\frac{\sum_{i=1}^{n}O_iP_i}{\sum_{i=1}^{n}O_i^2} \tag{4-31}$$

决定系数 R^2：

$$R^2=\left\{\frac{\sum_{i=1}^{n}(O_i-O)(P_i-P)}{\left[\sum_{i=1}^{n}(O_i-O)^2\right]^{0.5}\left[\sum_{i=1}^{n}(P_i-P)^2\right]^{0.5}}\right\}^2 \tag{4-32}$$

当回归系数 b 接近 1 时，表明从统计学的角度来看，模拟值与观测值非常接近；当决定系数 R^2 接近于 1 时，表明模型的模拟结果可以适用于当地的情况。

2）检验模型实测值与模拟值残差的指标如下：

均方根误差 $RMSE$，用来衡量实测值与模拟值的偏差，当均方根误差 $RMSE$ 接近于 0 时，说明模拟值与实测值可以很好地匹配。

$$RMSE=\left[\frac{\sum_{i=1}^{n}(O_i-P_i)^2}{n}\right]^{0.5} \tag{4-33}$$

平均绝对误差 AAE，用来描述所有实测值与模拟值偏差的绝对值的平均。平均绝对误差避免了在计算过程中数值正负相抵的情况。

$$AAE=\frac{1}{n}\sum_{i=1}^{n}|O_i-P_i| \tag{4-34}$$

平均相对误差 ARE(%)，指平均误差占平均值的百分比：

$$ARE=\frac{100}{n}\sum_{i=1}^{n}\left|\frac{O_i-P_i}{O_i}\right| \tag{4-35}$$

3）百分比偏差 $PBIAS$(%)，表示模拟值略大或略小于相对应的实测值的平均趋势，其计算公式如下：

$$PBIAS=100\frac{\sum_{i=1}^{n}(O_i-P_i)}{\sum_{i=1}^{n}O_i} \tag{4-36}$$

百分比偏差 $PBIAS$ 的理想值为 0，当此误差值接近于 0 时，说明模拟效果较好。

4）模型的有效系数 EF，是 Nash 和 Sutcliffe 提出的模型检验系数。

$$EF=1.0-\frac{\sum_{i=1}^{n}(O_i-P_i)^2}{\sum_{i=1}^{n}(O_i-O)^2} \tag{4-37}$$

模型的有效系数 EF 的目标值为 1，越接近于 1，其模拟值的差异与实测值越小，说明模型的模拟效果越好；相反，如果 EF 的值接近于 0 或为负数，说明模型模拟的效果不明显，实测值的平均值能更好地代表实际测量的数据。

5）一致性检验系数 d_{IA}，为实测值与模拟值之间的均方差与潜在误差的比值，其计算公式为

$$d_{IA}=1-\frac{\sum_{i=1}^{N}(O_i-P_i)^2}{\sum_{i=1}^{N}(|P_i-O|+|O_i-O|)^2} \tag{4-38}$$

2. SIMDual _ K_c 模型参数的率定及验证

用 2014 年田间实测土壤含水率的数据进行双作物系数 SIMDual _ K_c 模型参数的率定，然后再用 2015 年的数据来验证。图 4－34 和图 4－35 分别为浅埋和覆膜情况下模型模拟土壤含水率的率定与验证结果，可以看出土壤含水率的模拟值与实测值之间拟合度较好。浅埋处理 2014 年与 2015 年的回归系数 b 为 0.98 与 1.02，决定系数 R^2 为 0.85 与 0.90，且均方根误差 $RMSE$ 为 0.010 与 0.008。覆膜处理 2014 年与 2015 年的回归系数 b 为 1.01 与 1.03，决定系数 R^2 为 0.91 与 0.86，且均方根误差 $RMSE$ 为 0.006 与 0.010，模拟值与实测值误差较小。从而说明模型可以很好地模拟当地土壤含水率的变化情况，可以用来预测浅埋与覆膜处理土壤含水率的变化趋势。

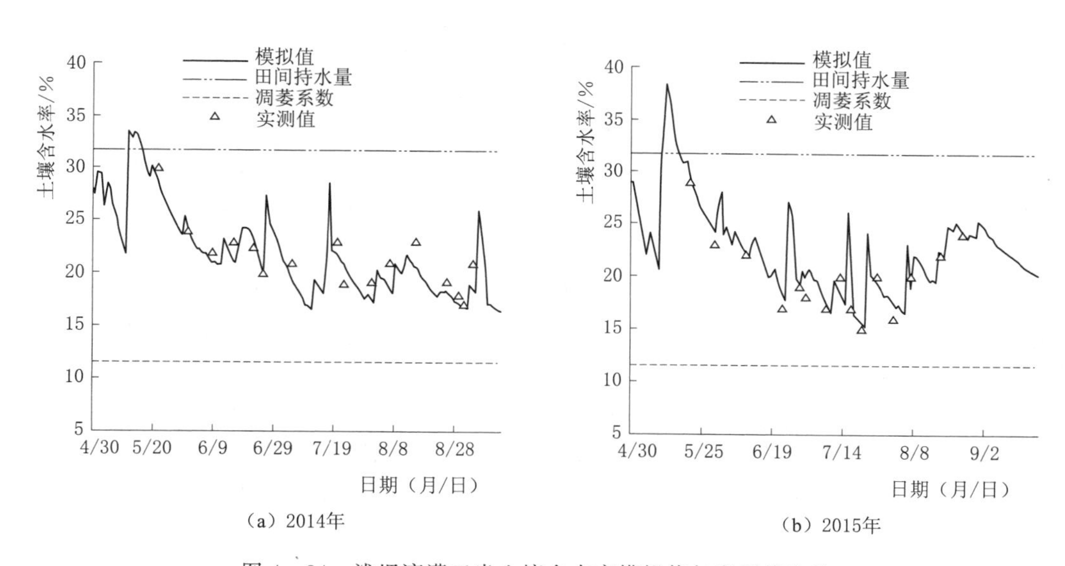

图 4－34　浅埋滴灌玉米土壤含水率模拟值与实测值比较

另外，土壤含水率在降雨时变化较为明显，2014 年与 2015 年生育期前期的 5 月中旬有连续强降雨，所以其预测含水率值有短暂超出田间持水量的现象。除了降雨，灌溉也会对含水率的变化有所影响，但是由于滴灌是局部灌溉，且所研究的处理为中水处理，其灌水上限没有达到田间持水量，所以其含水率值在灌后只是接近田间持水量而没有达到田间持水量。但覆膜处理降雨后的含水率值较浅埋处理低，说明覆膜在一定程度上会阻隔雨水渗入土壤。从图 4－38、图 4－39 也可以发现，覆膜处理含水率的模拟值也较浅埋处理大，说明覆膜在一定程度上能起到保墒的作用。

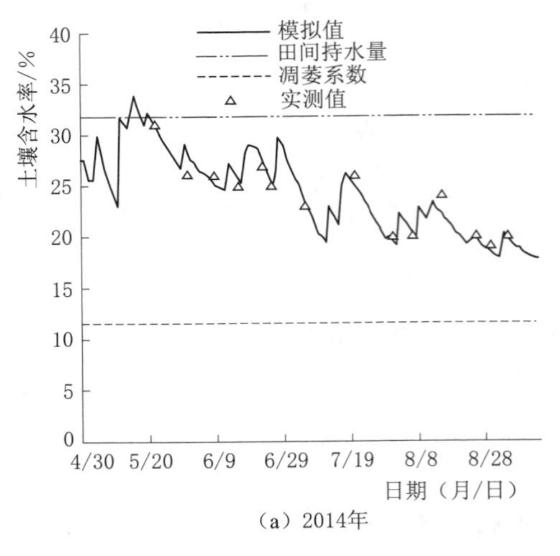

(a) 2014年

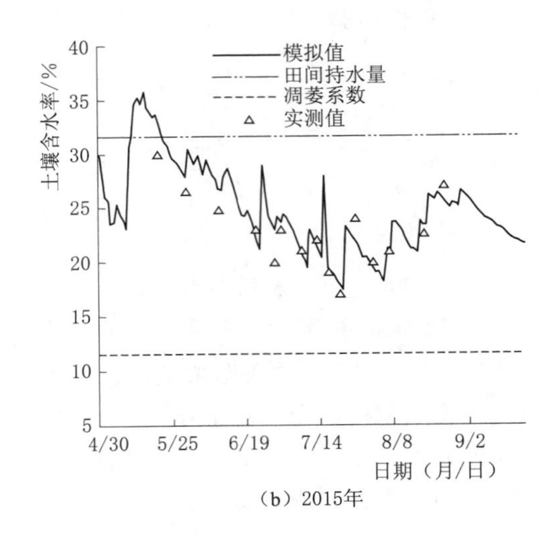

(b) 2015年

图 4-35　膜下滴灌玉米土壤含水率模拟值与实测值比较

3. 滴灌玉米棵间蒸发量模拟

(1) 作物系数变化规律。

1) 浅埋滴灌作物系数 K_{cb}、$K_{cb\ adj}$ 和 K_e 变化规律模拟。在 Simdual _ K_c 模型经过率定验证的基础上，利用模型模拟了 2014 年和 2015 年作物系数 K_{cb}、$K_{cb\ adj}$ 和 K_e 变化规律（图 4-36）。

对于浅埋处理，2014 年与 2015 年生育期前期有连续降雨，且处于生长初期的玉米根系较浅，所以其基础作物系数修正值 $K_{cb\ adj}$ 与基础作物系数 K_{cb} 非常接近，土壤中有充足的水分可以满足玉米的生长，没有水分胁迫的发生。在生育期初期，土壤蒸发系数 K_e 处于全生育期的高峰值，进一步证明在土壤没有被作物覆盖或覆盖率很小时，土壤蒸发占主导地位。进入玉米发育期后，2014 年 6 月上旬虽然有降雨，但雨量较少，基本都为无效降雨，玉米水分供给不充足，发生轻微的水分胁迫，在有灌水的 6 月 12 日，才恢复不受水分胁迫的状态。2015 年 6 月下旬降雨较少，无法满足玉米的蒸发蒸腾，出现水分胁迫。土壤蒸发系数 K_e 随降雨和灌水发生起伏，在降雨和灌溉后，K_e 值变大，但明显低于作物生长初期时 K_e 的变化值。在玉米生长中期，作物转入生殖生长和营养生长，需水达到峰值，主要以植株蒸腾为主。2014 年 7 月上旬和下旬降雨较少且无灌溉，导致作物缺水，发生水分胁迫，但在灌溉后，水分胁迫状况有所缓解。2015 年玉米生长中期灌溉充分，基本没有水分胁迫的发生。在此时，土壤蒸发系数 K_e 达到了全生育期的最低值，说明在植株发育旺盛时期，叶片在一定程度上隔绝了土壤与大气之间的接触，使得土壤蒸发对作物的蒸腾蒸发影响较小。进入玉米生长末期到收割时，2014 年和 2015 年由于降雨和灌溉较充足，没有发生水分胁迫，但土壤蒸发系数 K_e 又有所增加，这是由于生育期末期，植株叶片枯萎发黄，土壤暴露在大气中的面积增大，土壤蒸发量也变大。

2) 膜下滴灌作物系数 K_{cb}、$K_{cb\ adj}$ 和 K_e 变化规律模拟。图 4-37 给出了膜下滴灌在 2014 年和 2015 年中基础作物系数 K_{cb}、修正值 $K_{cb\ adj}$ 和土壤蒸发系数 K_e 变化规律模拟结果。与浅埋处理相同，2014 年与 2015 年生育期前期有连续降雨，虽然覆膜对降雨有一

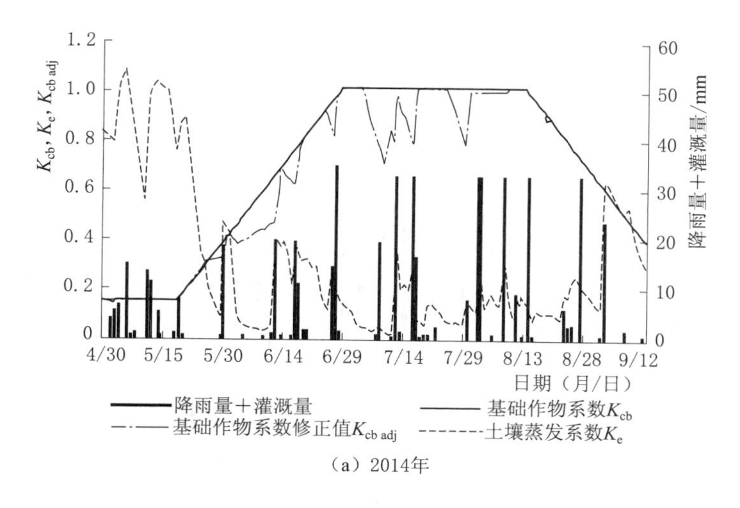

（a）2014年

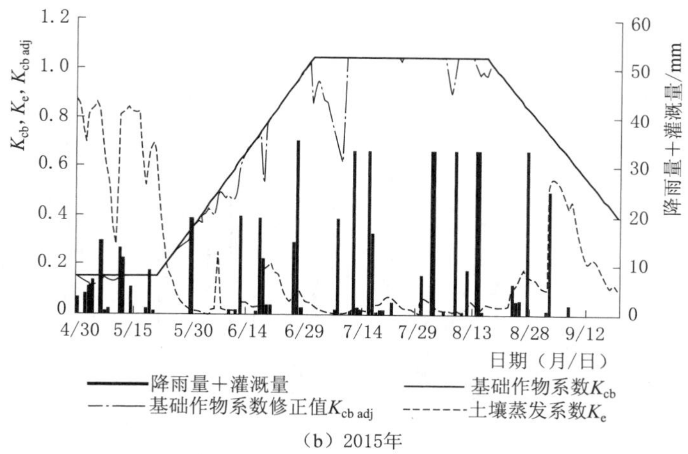

（b）2015年

图 4-36　浅埋滴灌试验点 K_{cb}、$K_{cb\,adj}$ 和 K_e 的变化规律

定的截流作用，但是处于生长初期的玉米根系较浅，降雨可从膜侧进入到作物根部，所以其修正作物系数 $K_{cb\,adj}$ 与基础作物系数 K_{cb} 非常接近，土壤中有充足的水分可以满足玉米的生长，没有水分胁迫的发生。在生育期初期，土壤蒸发系数 K_e 处于全生育期的高峰值，但是由于覆膜作用，K_e 较浅埋处理低，说明覆膜在一定程度上可以降低土壤棵间蒸发量，但是无法彻底隔绝土壤与大气接触。进入玉米发育期后，2014 年有降雨和一定量的灌水，无水分胁迫。2015 年 6 月下旬降雨较少，无法满足玉米的蒸发蒸腾，出现短暂的水分胁迫，在 6 月 22 日灌溉后水分胁迫状态消失。2015 年土壤蒸发系数 K_e 在作物发育期前期很低，这可能是由于这个阶段的气温较低且多为阴天，所以使得 K_e 值变小。但在 2014 年作物发育期前期，由于气温回升且有一定的降雨，所以 K_e 虽有所降低，但降低幅度较 2015 年低。在玉米生长中期，作物转入生殖生长和营养生长，需水达到峰值，主要以植株蒸腾为主。在此阶段，2014 年有灌水且灌水较为集中，所以基本没有水分胁迫的发生。2015 年 7 月上旬无降雨与灌溉，造成水分胁迫的发生。此时土壤蒸发系数 K_e

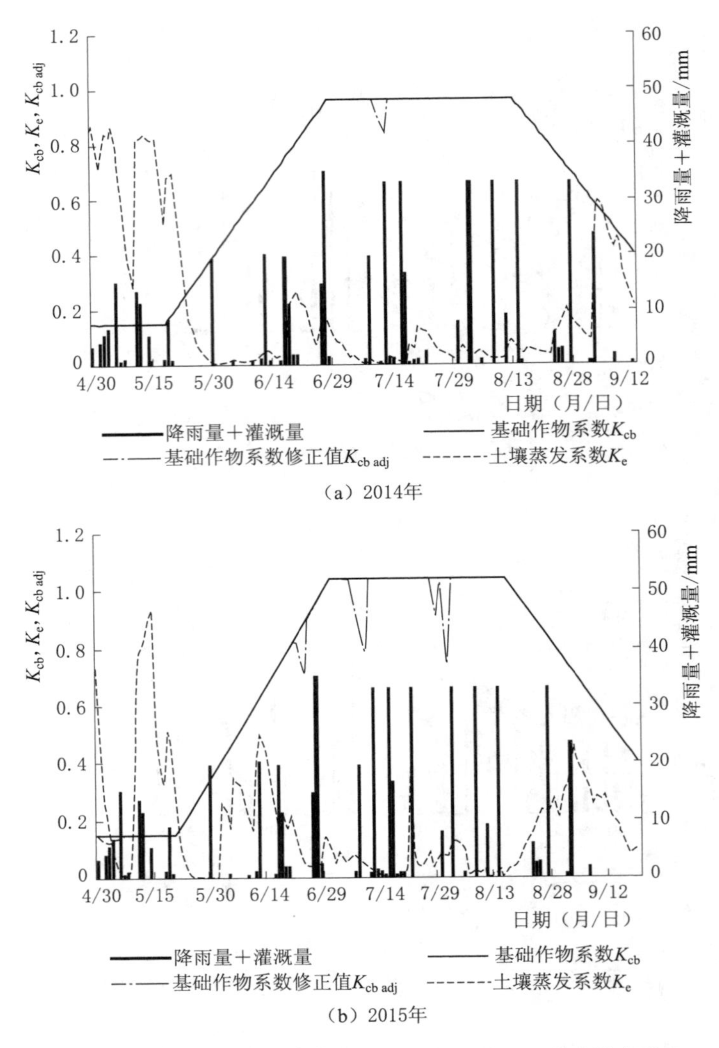

图 4-37 膜下滴灌试验点 K_{cb}、$K_{cb\ adj}$ 和 K_e 的变化规律

较低，与浅埋处理变化趋势一致，且低于浅埋处理。

(2) 棵间土壤蒸发及其比例的模拟。利用经过率定验证的双作物系数 SIMDual _ K_c 模型推求得出修正基础作物系数 $K_{cb\ adj}$ 和土壤蒸发系数 K_e，可以进一步得出棵间土壤蒸发量 E(mm) 与作物叶面腾发量 T(mm)，进而可以计算作物不同生育期内棵间土壤蒸发量占作物腾发量的比例（E/ET）。表 4-66 和表 4-67 分别为 2014 年模型模拟值和 2015 年模型模拟值与实测值的结果比较。对比结果表明，玉米生育期前期及末期实测 E/ET 值接近于模型模拟值，在中期有所误差，可能是由于模型在模拟作物棵间蒸发时主要是根据玉米各个生育阶段作物的冠层覆盖度 f_c 模拟计算其变化过程，模拟过程中 f_c 偏大或偏小而引起的。另一方面，由微型蒸发器所测定的作物棵间蒸发也会有不同程度偏差，中期模拟值与实测值误差较大。

表 4-66　　浅埋滴灌玉米各生育阶段平均 E 以及 E/ET 变化

作物生长阶段	2014 年		2015 年		
	模拟 E/(mm/d)	模拟 E/ET/%	模拟 E/(mm/d)	模拟 E/ET/%	实测 E/ET/%
苗期	2.05	89.47	2.51	90.23	84.60
拔节期	1.25	42.60	0.86	37.41	36.31
抽雄吐丝期	0.64	13.09	0.67	12.54	13.75
灌浆期	0.38	8.31	0.40	8.56	5.26
成熟期	0.44	26.60	0.33	20.72	20.98
全生育期	0.92	26.15	0.95	27.23	25.75

表 4-67　　膜下滴灌玉米各生育阶段平均 E 以及 E/ET 变化

作物生长阶段	2014 年		2015 年		
	模拟 E/(mm/d)	模拟 E/ET/%	模拟 E/(mm/d)	模拟 E/ET/%	实测 E/ET/%
苗期	1.56	57.10	1.56	58.96	57.71
拔节期	0.91	27.31	0.84	33.66	32.13
抽雄吐丝期	0.44	7.09	0.44	10.67	8.88
灌浆期	0.25	5.63	0.35	8.34	4.96
成熟期	0.23	19.67	0.29	18.54	18.25
全生育期	0.67	19.85	0.70	20.29	19.39

膜下滴灌与浅埋滴灌在玉米全生育期棵间土壤蒸发变化趋势基本一致，但由于地膜的覆盖，在生育期前期，膜下滴灌较浅埋滴灌棵间土壤蒸发量小，说明覆膜阻碍了土壤水分扩散入大气，减少作物无效耗水；覆膜处理与浅埋处理日平均棵间蒸发量 2014 年分别是 1.56mm/d、2.05mm/d，2015 年分别是 1.56mm/d、2.51mm/d，均比同处理其他生育期高，主要是生育初期叶面积指数较小，地面裸露程度较大。随着作物生育期进程，作物行间覆盖度增加、大气温度逐渐降低后，日棵间蒸发量呈现逐步递减的趋势。2014 年与 2015 年成熟期覆膜处理的日棵间蒸发量只有 0.23mm/d 和 0.29mm/d，浅埋处理是 0.44mm/d 和 0.33mm/d。从整个生育期看，2014 年与 2015 年覆膜处理日棵间蒸发量是 0.67mm/d 和 0.70mm/d，而浅埋处理是 0.92mm/d 和 0.95mm/d，差异显著（$P<0.05$）。同时可以看出，浅埋处理棵间日蒸发量大且波动幅度大，而覆膜处理棵间日蒸发量相对较小，所以覆膜在一定程度上改变了作物行间的小气候环境，能有效降低作物行间的棵间蒸发量，具有降低作物耗水量的潜在优势，这与王建东等研究结果较一致。

从 2 年的模拟结果可以发现，对于浅埋处理，2014 年与 2015 年玉米各个生育阶段棵间土壤蒸发量与叶面蒸腾量变化趋势一致，在无植被覆盖的生育期初期，棵间蒸发量最大；随着玉米的生长，植被覆盖率增加，玉米的叶面积指数增大，棵间土壤蒸发量逐渐变小；但在生育期后期，玉米成熟，叶片枯萎发黄，玉米遮盖率降低，使得棵间蒸发量在后期又有所上升。而叶面蒸腾变化过程与棵间土壤蒸发变化相反，玉米生长中期，植株发育达到旺盛时期。2014 年与 2015 年整个生育期内浅埋滴灌棵间蒸发占作物腾发量比例（E/ET）分别为26.15%和27.23%。2014年与2015年整个生育期内膜下滴灌棵间蒸发占作物腾发量比例（E/ET）分别为19.85%和20.29%。

4.6 可降解地膜降解效果响应研究

4.6.1 研究方案与方法

试验采用田间试验的研究方法，优选出可以满足普通地膜性状同时不污染环境的可降解地膜。覆盖地膜对玉米贡献主要集中在前期，可以提高出苗率并且增温保墒。作物郁闭度是指农作物冠层垂直投影面积与其生长农田面积之比。根据覆膜主要功能消失时间和作物郁闭度达到90%的时间交叉，提出覆膜的安全时间在玉米大喇叭口期前后。2015—2018年设白色可降解地膜（简称"白降解膜"）大喇叭口期、抽雄期、成熟期，黑色可降解地膜（简称"黑降解膜"）大喇叭口期、抽雄期、成熟期6个可降解地膜处理以及裸地对照和普通地膜处理，共计8个处理，3次重复，试验处理详见表4-68。

表4-68　　试验处理名称及编号

编号	种植方式	处理编号	处理说明
1	不覆膜	CK	对照
2	覆膜	PM	普通地膜
3		WM1	白色可降解地膜大喇叭口期
4		WM2	白色可降解地膜抽雄期
5		WM3	白色可降解地膜成熟期
6		BM1	黑色可降解地膜大喇叭口期
7		BM2	黑色可降解地膜抽雄期
8		BM3	黑色可降解地膜成熟期

4.6.2 研究结果

4.6.2.1 不同可降解地膜降解效果

1. 降解强度

不同地膜的降解强度见表4-69。由表4-69可知，WM1处理1m膜段的失重率为40.38%～50.36%，BM1处理1m膜段的失重率为45.06%～55.63%，WM2处理1m膜段的失重率为36.38%～44.97%，BM2处理1m膜段的失重率为39.87%～41.35%，WM3处理1m膜段的失重率为21.83%～25.98%，BM3处理1m膜段的失重率为23.37%～27.09%，预设降解时间的增加，降解率逐渐降低。在相同降解时间下，黑色可降解地膜与白色可降解地膜降解率差异显著，黑色可降解地膜的失重率比白色可降解地膜高6%～13%，这是因为黑色可降解地膜在阳光照射下，本身增温快，高温有助于可降解地膜降解。其中2018年地膜降解率高于其他年份，因为2018年前期气温高，降雨量偏少。普通地膜质量减少属于风化等正常损耗。

表 4-69　不同地膜的降解强度

处　理		地膜初始质量/g	收获后质量/g	地膜减少质量/g	地膜失重率/%
2015年	WM1	5.79	3.45	2.34	40.38e
	BM1	5.93	3.26	2.67	45.06d
	WM3	5.91	4.62	1.29	21.83i
	BM3	5.89	4.51	1.38	23.43h
	PM	5.76	4.97	0.79	13.78k
2016年	WM1	5.62	2.91	2.71	48.22c
	BM1	5.99	2.72	3.27	54.59a
	WM2	5.91	3.76	2.15	36.38f
	BM2	5.97	3.59	2.38	39.87e
	WM3	5.84	4.43	1.41	24.14h
	BM3	5.87	4.28	1.59	27.09g
	PM	5.92	5.03	0.89	15.03j
2017年	WM1	5.83	3.01	2.82	48.37c
	BM1	5.98	2.92	3.06	51.17b
	WM3	5.99	4.59	1.4	23.37h
	BM3	5.87	3.09	2.78	26.36g
	PM	5.81	4.93	0.88	15.15j
2018年	WM1	5.66	2.47	3.19	56.36a
	BM1	6.04	2.68	3.36	55.63a
	WM2	5.87	3.23	2.64	44.97d
	BM2	6.07	3.56	2.51	41.35e
	WM3	5.89	4.36	1.53	25.98g
	BM3	5.91	4.49	1.42	24.03h
	PM	5.97	5.16	0.81	13.57k

2. *覆土试验*

为了探明生物膜的降解过程，通过覆土试验可知，2015年埋于地表下5cm处的WM1、WM3处理和BM1、BM3处理的失重率分别为6.33%、3.55%和6.46%、3.74%（表4-70）；2016年埋于地表下5cm处的WM1、WM2、WM3处理和BM1、BM2、BM3处理的失重率分别为7.12%、5.41%、3.60%和7.55%、5.86%、3.92%；2017年埋于地表下5cm处的WM1、BM1、WM3处理和BM3处理的失重率分别为7.38%、7.69%、3.84%和4.33%；2018年埋于地表下5cm处的WM1、WM2、WM3处理和BM1、BM2、BM3处理的失重率分别为7.77%、6.47%、3.90%和7.45%、5.77%、4.06%。2015年、2016年、2017年和2018年普通地膜PM处理的地膜失重率分别为0.94%、1.01%、1.20%和1.01%，属于正常损耗。

表4-70 埋地可降解地膜的失重率

处理		地膜初始质量/g	收获后质量/g	地膜减少质量/g	地膜失重率/%
2015年	WM1	5.79	5.42	0.37	6.33c
	BM1	5.93	5.55	0.38	6.46c
	WM3	5.91	5.7	0.21	3.55h
	BM3	5.89	5.67	0.22	3.74h
	PM	5.76	5.71	0.05	0.94i
2016年	WM1	5.62	5.22	0.4	7.12b
	BM1	6.09	5.63	0.46	7.55a
	WM2	5.91	5.59	0.32	5.41e
	BM2	5.97	5.62	0.35	5.86d
	WM3	5.84	5.63	0.21	3.60h
	BM3	5.87	5.64	0.23	3.92gh
	PM	5.92	5.86	0.06	1.01i
2017年	WM1	5.83	5.4	0.43	7.38ab
	BM1	5.98	5.52	0.46	7.69a
	WM3	5.99	5.76	0.23	3.84g
	BM3	6.01	5.75	0.26	4.33f
	PM	5.81	5.74	0.07	1.20i
2018年	WM1	5.66	5.22	0.44	7.77a
	BM1	6.04	5.59	0.45	7.45ab
	WM2	5.87	5.49	0.38	6.47c
	BM2	6.07	5.72	0.35	5.77d
	WM3	5.89	5.66	0.23	3.90gh
	BM3	5.91	5.67	0.24	4.06g
	PM	5.97	5.91	0.06	1.01i

3. 降解速率

由表4-71可知，WM1处理3年降解速率大致相同，在覆膜后30天开始出现裂纹，50天田间25%地膜出现细小裂纹，60天地膜出现2～2.5cm裂纹，70天地膜出现均匀网状裂纹，无大块地膜存在，90天地膜裂解为$4\times4cm^2$以下碎片；BM1处理在覆膜后20～30天开始出现裂纹，40天田间25%地膜出现细小裂纹，50天地膜出现2～2.5cm裂纹，60天地膜出现均匀网状裂纹，无大块地膜存在，90天地膜裂解为$4\times4cm^2$以下碎片。WM2处理在覆膜后60天开始出现裂纹，80天田间25%地膜出现细小裂纹，90天地膜出现2～2.5cm裂纹，100天地膜出现均匀网状裂纹，无大块地膜存在；BM2处理在覆膜后50～60天开始出现裂纹，70天田间25%地膜出现细小裂纹，90天地膜出现2～2.5cm裂纹，100天地膜出现均匀网状裂纹，无大块地膜存在。WM3处理3年降解速度大致相同，在覆膜后100天开始出现裂纹，110天田间25%地膜出现细小裂纹，130天地膜出现2～

2.5cm 裂纹；BM2 处理在覆膜后 90～100 天开始出现裂纹，100 天田间 25%地膜出现细小裂纹，130 天地膜出现 2～2.5cm 裂纹。可知，BM 处理降解速度比 WM 处理快 5～10 天，因为黑色地膜比白色地膜吸热性能更强一些，能促进地膜降解。而普通地膜在覆膜后 100 天才开始出现裂纹，因为普通地膜不具备降解性能，出现细小裂纹属于正常损耗。

表 4-71　不同地膜的降解速率

处理		不同天数覆膜后降解速率										
		20d	30d	40d	50d	60d	70d	80d	90d	100d	110d	130d
2015 年	WM1	—	—	1	2	3	4	4	5	5	5	5
	BM1	—	1	2	3	4	4	4	5	5	5	5
	WM3	—	—	—	—	—	—	—	—	1	2	3
	BM3	—	—	—	—	—	—	—	1	1	2	3
	PM	—	—	—	—	—	—	—	—	1	1	1
2016 年	WM1	—	—	1	2	3	4	4	4	5	5	5
	BM1	—	—	1	2	3	4	4	4	5	5	5
	WM2	—	—	—	—	1	1	2	3	4	4	4
	BM2	—	—	—	—	1	2	2	3	4	4	4
	WM3	—	—	—	—	—	—	—	—	1	2	3
	BM3	—	—	—	—	—	—	—	1	1	2	3
	PM	—	—	—	—	—	—	—	—	1	1	1
2017 年	WM1	—	—	1	2	3	4	4	5	5	5	5
	BM1	—	1	2	2	3	4	4	5	5	5	5
	WM3	—	—	—	—	—	—	—	—	1	2	3
	BM3	—	—	—	—	—	—	—	—	1	2	3
	PM	—	—	—	—	—	—	—	—	1	1	1
2016 年	WM1	—	—	1	2	3	4	4	4	5	5	5
	BM1	—	—	—	1	2	3	4	4	4	5	5
	WM2	—	—	—	—	1	1	2	3	4	4	4
	BM2	—	—	—	—	—	1	2	2	3	4	4
	WM3	—	—	—	—	—	—	—	—	1	2	3
	BM3	—	—	—	—	—	—	—	—	1	2	3
	PM	—	—	—	—	—	—	—	—	1	1	1

注　"—"表示未出现裂纹；"1"表示开始出现裂纹；"2"表示田间 25%地膜出现细小裂纹；"3"表示地膜出现 2～2.5cm 裂纹；"4"表示地膜出现均匀网状裂纹，无大块地膜存在；"5"表示地膜裂解为 4×4cm^2 以下碎片。

4.6.2.2　不同可降解地膜覆盖对土壤温度的影响

土壤温度是作物生长环境因子优劣的重要综合表征指标之一，在玉米不同生育期，不同可降解地膜覆盖对土壤的增温效应不同。

1. 不同可降解地膜覆盖对日温度变化的影响

玉米苗期苗间地下5cm处（图4-38），总体上地温日变化曲线呈余弦曲线型，最低温度出现在7时，最高温度出现在15:00—16:00，地下5cm处地温日变幅较大，日最高地温和最低地温相差13.87℃，地膜覆盖可以明显提高玉米苗期地温，普通地膜覆盖日最高地温和最低地温分别比裸地地温高4.32℃和3.24℃，白色可降解地膜覆盖日最高地温和最低地温分别比裸地地温高3.92℃和2.23℃，黑色可降解地膜覆盖日最高地温和最低地温分别比裸地地温高3.31℃和2.86℃。黑色可降解地膜最高地温低于白色可降解地膜，黑色可降解地膜最低地温高于白色可降解地膜，可见，在玉米苗期，黑色可降解地膜处理在白天高温时段，可有效降低地下5cm处地温，夜晚可减缓温度下降，减小了日夜温差，有利于玉米生长。

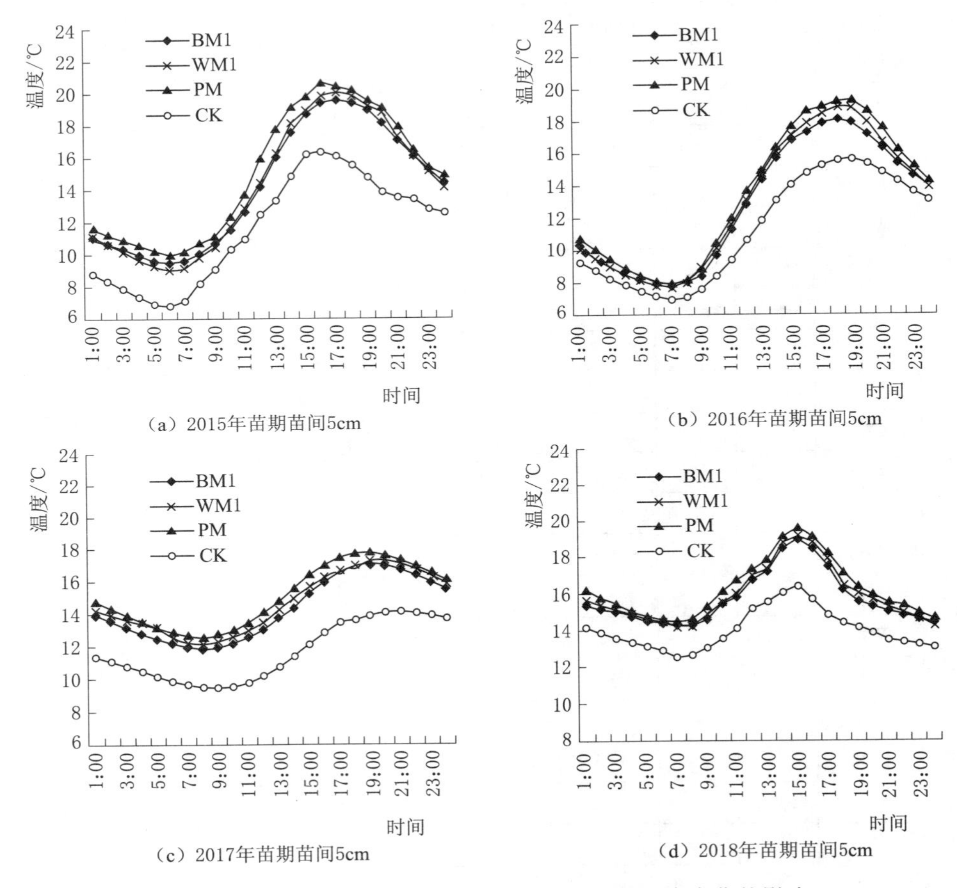

(a) 2015年苗期苗间5cm

(b) 2016年苗期苗间5cm

(c) 2017年苗期苗间5cm

(d) 2018年苗期苗间5cm

图4-38 苗期不同可降解地膜覆盖对土壤日温度变化的影响

玉米拔节期苗间地下5cm处（图4-39），地温变化趋势与苗期一致，最低温度出现在7:00，最高温度出现在16:00—17:00，比苗期延后1h，日最高温度与最低温度相差11.54℃，可降解地膜在拔节期开始诱导降解，增温效果较普通地膜明显降低，普通地膜覆盖日最高地温和最低地温分别比裸地地温高3.63℃和2.71℃，白色可降解地膜覆盖日最高地温和最低地温分别比裸地地温高 2.24℃和 1.89℃，黑色可降解地膜覆盖日最高地温和最低地温分别比裸地地温高 1.81℃和 1.88℃。黑色可降解地膜在拔节期，白天增温效果低于白色可降解地膜，夜晚最低温度与白色可降解地膜差异不明显。

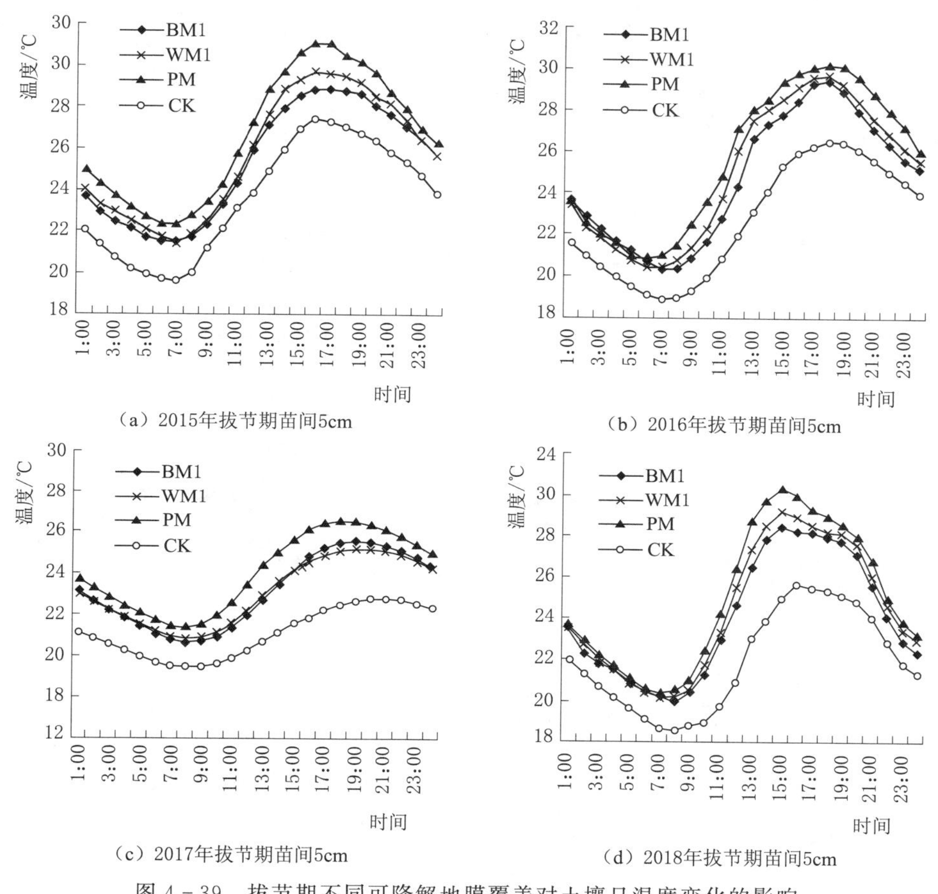

（a）2015年拔节期苗间5cm

（b）2016年拔节期苗间5cm

（c）2017年拔节期苗间5cm

（d）2018年拔节期苗间5cm

图 4-39 拔节期不同可降解地膜覆盖对土壤日温度变化的影响

玉米抽雄期—灌浆期苗间地下 5cm 处（图 4-40），日最高温度与最低温度相差 6.53℃，可降解地膜在此阶段已降解，增温效果较普通地膜降低，普通地膜覆盖日最高地温和最低地温分别比裸地地温高 1.79℃和 1.58℃，白色可降解地膜覆盖日最高地温和最低地温分别比裸地地温高 1.05℃和 0.85℃，黑色可降解地膜覆盖日最高地温和最低地温分别比裸地地温高 0.83℃和 0.84℃，在玉米生育后期，白色可降解地膜与黑色可降解地膜增温效果相当。

2. 不同可降解地膜覆盖对不同深度土层温度变化的影响

选取 6:00 和 15:00 作为一天做低温度和最高温度的代表，做 5～25cm 的纵向温度图（图 4-41 和图 4-42）。5 月 16 日 6:00 的地温均随着深度的增加逐渐增加，在 20cm 处达到最大值，然后减小；5 月 28 日早上 6:00 的覆膜处理地温随着深度增加先增加后减小，在 15cm 处达到最大值，不覆膜处理的地温却是先减小后增大再减小；5 月 16 日和 28 日 15:00 的地温均随着深度增加而减少，到达 15cm 后降温逐渐变缓。

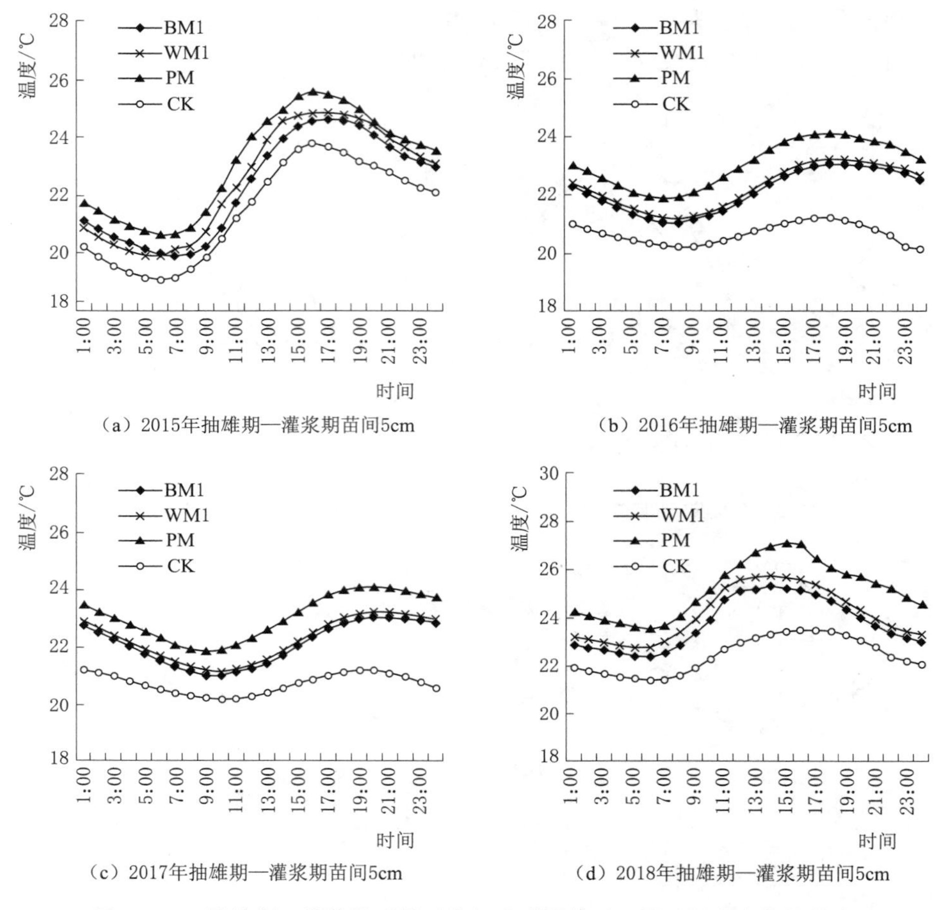

(a) 2015年抽雄期—灌浆期苗间5cm

(b) 2016年抽雄期—灌浆期苗间5cm

(c) 2017年抽雄期—灌浆期苗间5cm

(d) 2018年抽雄期—灌浆期苗间5cm

图 4-40 抽雄期—灌浆期不同可降解地膜覆盖对土壤日温度变化的影响

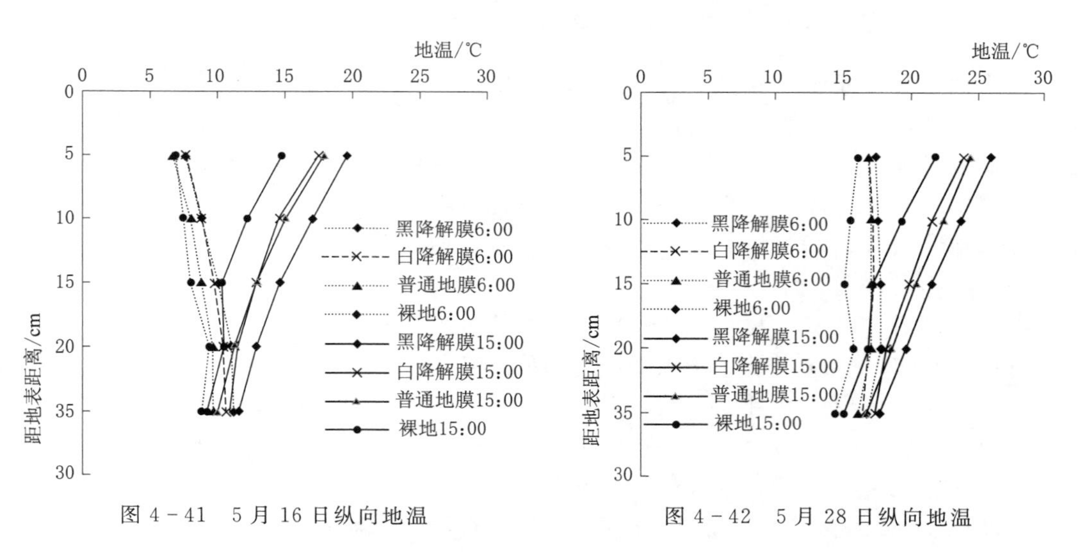

图 4-41 5 月 16 日纵向地温

图 4-42 5 月 28 日纵向地温

随着距地表距离的增加，各处理地温涨幅逐渐减小（表 4-72～表 4-75)。5 月 16 日的地下 5cm 处增温效果为：普通地膜＞黑降解膜＞白降解膜＞裸地，地下 10cm 处的增温效果为：黑降解膜＞普通地膜＞白降解膜＝裸地，地下 15cm 处增温效果为：普通地膜＞黑降解膜＞白降解膜＞裸地，地下 20cm 处增温效果为：普通地膜＝黑降解膜＞裸地＞白降解膜，地下 25cm 处增温效果为：裸地＞白降解膜＞普通地膜＞黑降解膜；5 月 28 日的地下 5～20cm 的增温效果均为：黑降解膜＞普通地膜＞白降解膜＞裸地，地下 25cm 处增温效果为：白降解膜＞黑降解膜＞裸地＞普通地膜，裸地在上层土壤的增温幅度均小于覆膜处理，在 20cm 以下结果却相反。由此可见，地膜覆盖对深层土壤的影响逐渐减小。5 月 16 日的日均温度低于 28 日的日均温度，地下 0～15cm 的增温百分比高于 28 日的增温百分比 77.36%～106.91%，可见气温越低，地膜覆盖的增温性越好。

表 4-72　　5 月 16 日 5～25cm 地温　　单位：℃

处　理	距地表不同距离的地温				
	5cm	10cm	15cm	20cm	25cm
黑降解膜 6:00	7.65	8.83	10.09	11.07	11.29
白降解膜 6:00	7.68	8.94	9.82	10.42	10.65
普通地膜 6:00	6.74	8.01	8.81	9.69	9.74
裸地 6:00	6.93	7.47	7.99	9.45	8.79
黑降解膜 15:00	19.59	17.05	14.62	12.92	11.60
白降解膜 15:00	17.52	14.60	12.90	11.53	11.01
普通地膜 15:00	17.82	15.08	12.86	11.26	10.02
裸地 15:00	14.77	12.21	10.31	10.56	9.24

表 4-73　　5 月 16 日 5～25cm 增温百分比　　%

处　理	距地表不同距离日增温百分比				
	5cm	10cm	15cm	20cm	25cm
黑降解膜	155.93	93.12	44.92	16.69	2.73
白降解膜	128.20	63.37	31.37	10.66	3.44
普通地膜	164.50	88.19	45.88	16.16	2.83
裸地	113.19	63.36	28.96	11.75	5.18

表 4-74　　5 月 28 日 5～25cm 地温　　单位：℃

处　理	距地表不同距离的地温				
	5cm	10cm	15cm	20cm	25cm
黑降解膜 6:00	17.41	17.58	17.78	17.73	16.86
白降解膜 6:00	16.93	17.12	17.17	16.81	16.43
普通地膜 6:00	16.85	17.15	17.07	17	16.12
裸地 6:00	16.05	15.54	15.05	15.74	14.41

续表

处　理	距地表不同距离的地温				
	5cm	10cm	15cm	20cm	25cm
黑降解膜 15:00	25.95	23.78	21.54	19.65	17.67
白降解膜 15:00	23.87	21.6	19.93	18.18	17.26
普通地膜 15:00	24.45	22.44	20.42	18.58	16.71
裸地 15:00	21.8	19.26	17.14	16.89	15.06

表 4-75　　5 月 28 日增温百分比　　%

处　理	距地表不同距离增温百分比				
	5cm	10cm	15cm	20cm	25cm
黑降解膜	49.02	35.26	21.14	10.85	4.89
白降解膜	41.01	26.20	16.06	8.17	5.74
普通地膜	45.07	30.84	19.54	9.62	3.42
裸地	35.83	23.92	13.88	7.34	4.62

6 月 11 日与 6 月 20 日的纵向地温在早上 6 时的整体趋势为随着距地表距离的增加，温度逐渐小幅度增加，到 20cm 达到最大，然后下降（图 4-43 和图 4-44）。15 时的覆膜处理地温整体趋势为随着距地表距离的增加，温度逐渐降低。裸地处理的地温呈现先降低（5～15cm）再增加（15～20cm）最后降低的趋势（20～25cm）。6:00 和 15:00 在地下 25cm 处的地温几乎相同，在拔节期，覆膜对地下 25cm 处地温几乎没有影响。玉米在拔节期以后，根系主要分布层在地下 25cm 以下，此后覆膜对土壤温度的提升对根系生长影响逐步减小至忽略不计。不再讨论后期地温提升对玉米的影响。

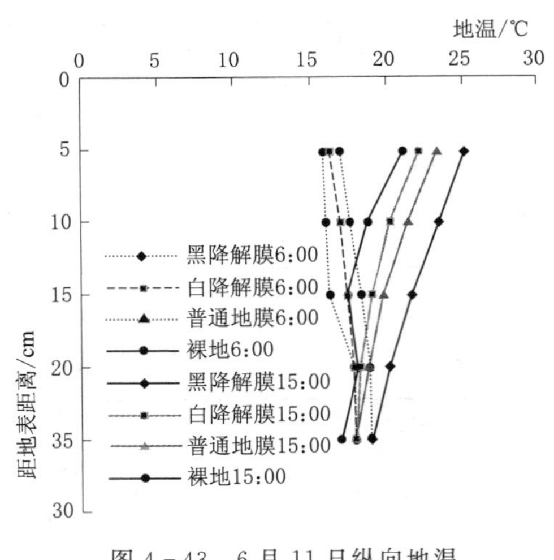

图 4-43　6 月 11 日纵向地温

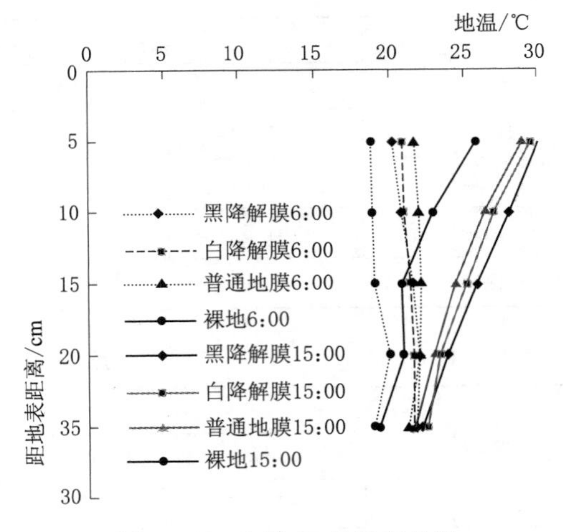

图 4-44　6 月 20 日纵向地温

随着距地表距离的增加，各处理地温涨幅逐渐减小，至地下 25cm 处涨幅几乎为零。6 月 11 日的整体趋势为：黑降解膜>普通地膜>白降解膜>裸地，6 月 28 日的地温整体趋势为：黑降解膜>白降解膜>普通地膜>裸地，地温变化详见表4-75～表4-79。由此可见裸地的增温效果均低于各覆膜处理。在拔节期，降解膜已经出现轻微降级，膜面有细小裂纹出现，降雨时，水分可以通过这些裂缝进入膜下，降低了膜下的地温，6月11日为雨后第一天，白降解膜的地温和增温幅度均小于普通地膜；黑降解膜因为黑色吸热性性能较好，地温一直高于其他地膜。

表4-76　　6月11日5～25cm地温　　单位：℃

处　理	距地表不同距离的地温				
	5cm	10cm	15cm	20cm	25cm
黑降解膜6:00	17.05	17.67	18.40	18.96	18.98
白降解膜6:00	16.35	17.05	17.55	17.87	17.98
普通地膜6:00	16.02	16.85	17.37	18.02	18.01
裸地6:00	15.92	16.10	16.29	17.92	16.99
黑降解膜15:00	25.14	23.49	21.66	20.21	19.10
白降解膜15:00	22.15	20.26	19.09	18.33	18.01
普通地膜15:00	23.33	21.44	19.86	18.83	18.01
裸地15:00	21.12	18.85	17.44	18.27	17.05

表4-77　　6月11日增温百分比　　%

处　理	距地表不同距离增温百分比				
	5cm	10cm	15cm	20cm	25cm
黑降解膜	47.47	32.96	17.69	6.58	0.64
白降解膜	35.49	18.87	8.79	2.59	0.18
普通地膜	45.63	27.26	14.29	4.46	0.00
裸地	32.64	17.09	7.06	1.94	0.34

表4-78　　6月20日5～25cm地温　　单位：℃

处　理	距地表不同距离的地温				
	5cm	10cm	15cm	20cm	25cm
黑降解膜6:00	20.33	20.94	21.69	22.14	21.84
白降解膜6:00	20.98	21.13	21.52	21.76	21.68
普通地膜6:00	21.83	22.13	22.19	22.15	21.39
裸地6:00	18.88	18.98	19.07	20.14	19.08
黑降解膜15:00	30.06	28.20	26.00	24.04	22.25
白降解膜15:00	29.60	27.14	25.33	23.53	22.50
普通地膜15:00	29.03	26.53	24.53	23.17	21.70
裸地15:00	25.90	23.05	20.97	21.01	19.39

表 4-79　　6月20日增温百分比　　%

处　理	距地表不同距离增温百分比				
	5cm	10cm	15cm	20cm	25cm
黑降解膜	47.87	34.69	19.87	8.58	1.89
白降解膜	41.11	28.45	17.69	8.17	3.74
普通地膜	32.99	19.89	10.54	4.62	1.42
裸地	37.21	21.47	9.99	4.34	1.62

4.6.2.3 不同可降解地膜覆盖对土壤水分的影响

土壤水分对植被生长有着重要影响，而地膜覆盖能对土壤起到有效蓄水保墒的作用，因此通过对比不同时期不同可降解地膜覆盖情况，来研究不同可降解地膜覆盖对土壤水分的影响。

1. 不同可降解地膜覆盖对玉米全生育期储水量变化的影响

播前各处理间储水量差异不显著，生育期前期，地膜未降解，降解膜处理的储水量与普通地膜处理差异不显著，不覆膜对照处理与覆膜处理差异显著，明显低于覆膜处理；生育期中期，可降解地膜诱导降解后，储水量低于普通地膜处理，高于不覆膜对照处理；生育期末期，PM处理储水量最高，可降解地膜处理与不覆膜对照处理差异不显著（图 4-45～图 4-48）。

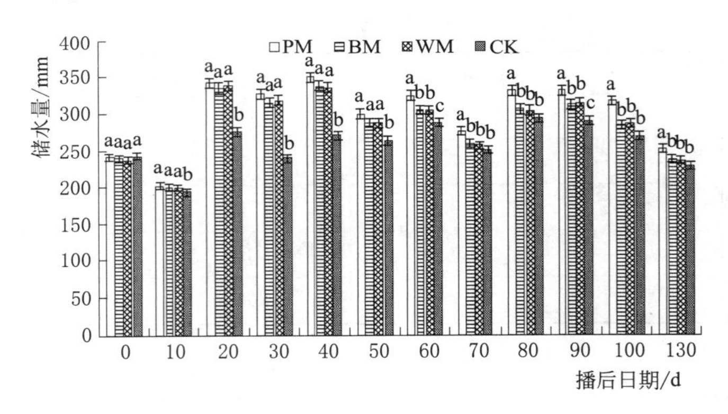

图 4-45　2015年不同处理储水量图

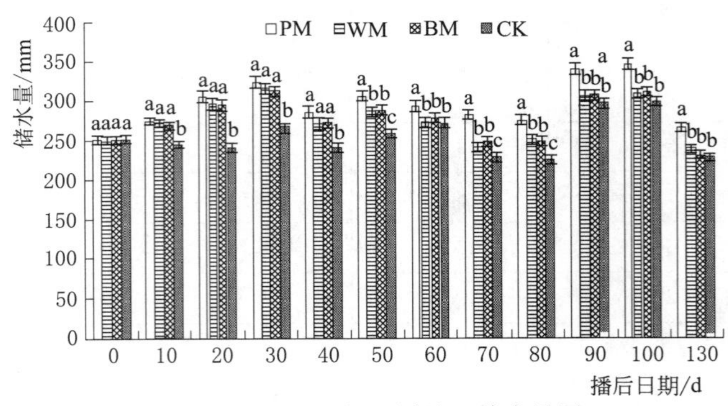

图 4-46　2016年不同处理储水量图

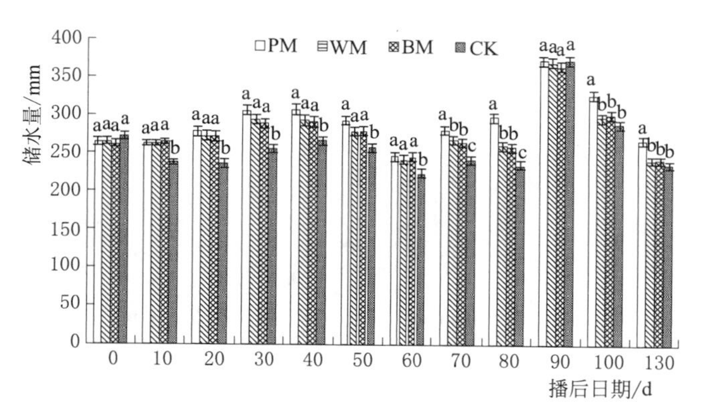

图 4-47 2017 年不同处理储水量图

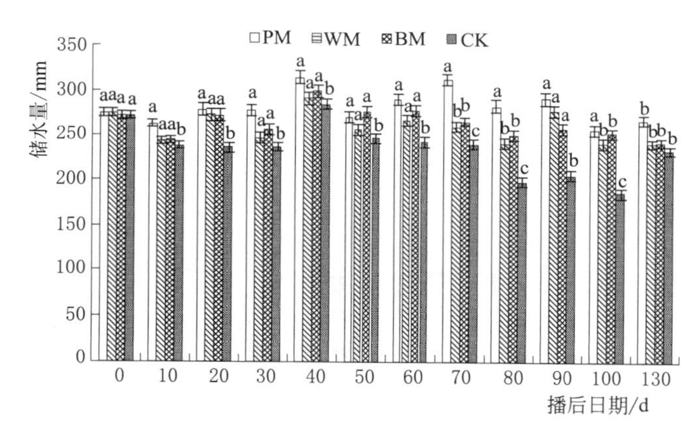

图 4-48 2018 年不同处理储水量图

2. 不同可降解地膜覆盖对不同深度土层含水率变化的影响

同可降解地膜覆盖对不同深度土层含水率变化见图 4-49。拔节期，因 5 月 30 日灌水，5 月 31 日 0～20cm 含水率并无太大差别，40～60cm 含水率为：普通地膜>裸地>黑降解膜>白降解膜，60～100cm 含水率为：黑降解膜>白降解膜>普通地膜>裸地。拔节期玉米生物学产量较小，蒸腾耗水有限，土壤含水率主要受降雨和灌水的影响。因此不同处理各土层含水量差异不大。

抽雄期选 2015 年 7 月 11 日为典型日期，0～40cm 普通地膜处理的含水率略高于其他处理，40～80cm 含水率是普通地膜>降解膜>裸地。进入拔节期后，生理耗水逐渐增加，而地膜覆盖能有效抑制水分的蒸发，各覆膜处理在 0～80cm 土层间的含水率高于裸地处理结果。

灌浆期选 2015 年 8 月 8 日为典型日期，0～20cm 含水率是普通地膜>白色降解膜>黑色降解膜>裸地，40～60cm 含水率是普通地膜处理与裸地处理含水率相差不大，且均大于两个降解膜处理，20～40cm 和 80～100cm 含水率无明显差别。灌浆期玉米需要大量水分，分布在主根系30～100cm的水分无明显差别。

在5月31日、7月11日、8月8日的含水率图（图4-49）中底层含水率均小于表层含水率，说明膜下滴灌具有很好的防渗漏功能。

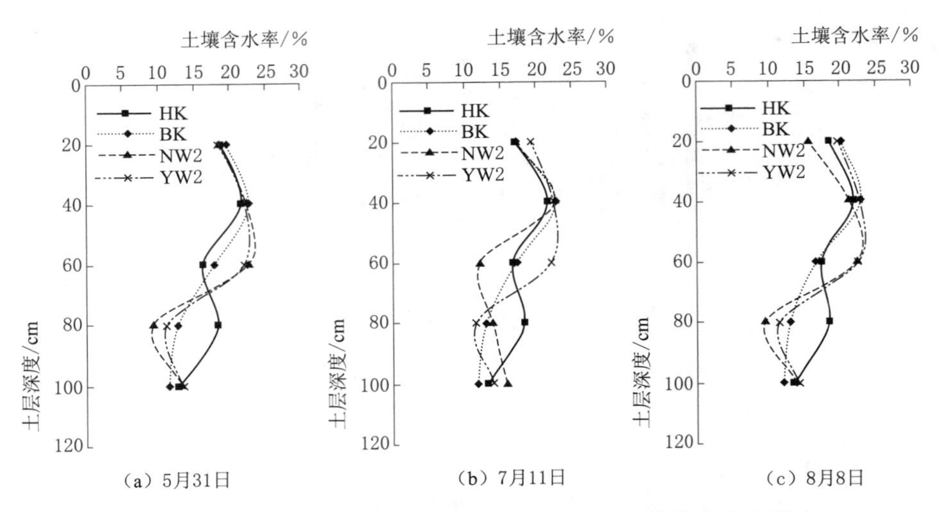

图4-49 不同可降解地膜覆盖对不同深度土层含水率变化的影响

3. 不同可降解地膜覆盖雨后含水率变化

图4-50～图4-52是2016年7月28日至8月7日滴灌带下、苗间及垄间的水分运移图。7月28日下午降雨23.6mm，7月31日降雨8mm，8月2日灌水11mm。7月28日降雨后，不覆膜处理由于没有遮盖物，含水率高于覆膜处理，但是第二天含水率急剧下降，覆膜处理的滴灌带下含水率平稳下降。7月31日降雨后，含水率上升，覆膜处理含水率增长曲线斜率小于不覆膜处理。8月2日灌水后，覆膜处理含水率增长曲线斜率略大于不覆膜处理。8月5日开始，含水率逐渐下降，不覆膜处理的含水率下降斜率大于覆膜处理。玉米苗间的含水率运移：7月28日和31日降雨后，由于苗间玉米初始含水率高于不覆膜处理，降雨后不覆膜含水率增长率大于覆膜处理，所以降雨后覆膜含水率略高于不覆膜含水率；8月2日灌水后，覆膜与不覆膜处理含水率均小幅增长，但是下降趋势仍是不覆膜处理的下降速度快。通过分析垄间含水率的运移可得，覆膜与不覆膜的整体趋势大致相同，但是不覆膜含水率略低于覆膜含水率。综上所述，覆膜影响降雨入渗，但保水能力强，不覆膜处理在降雨后含水率会提升，但是蒸发快。

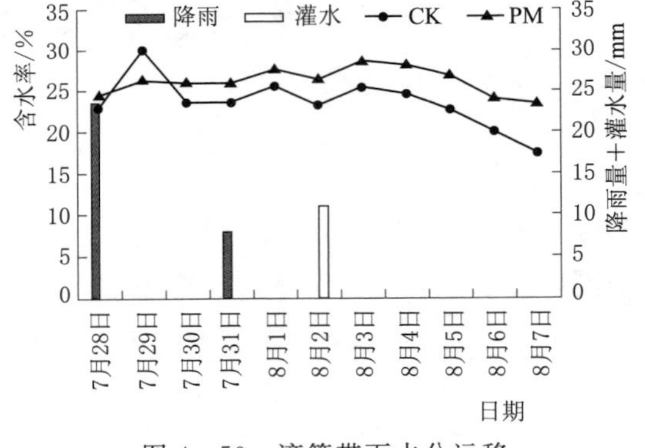

图4-50 滴管带下水分运移

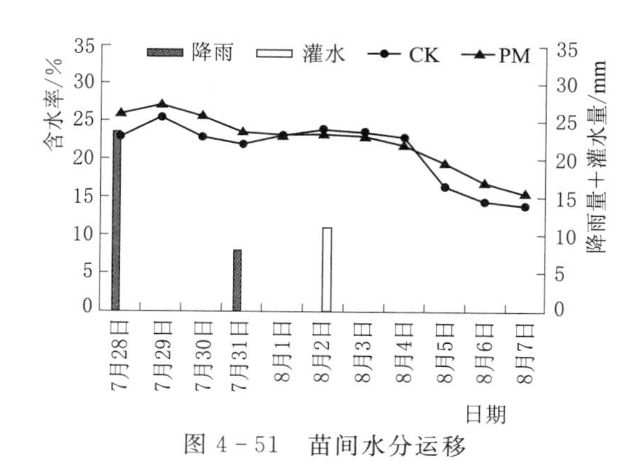

图 4-51 苗间水分运移

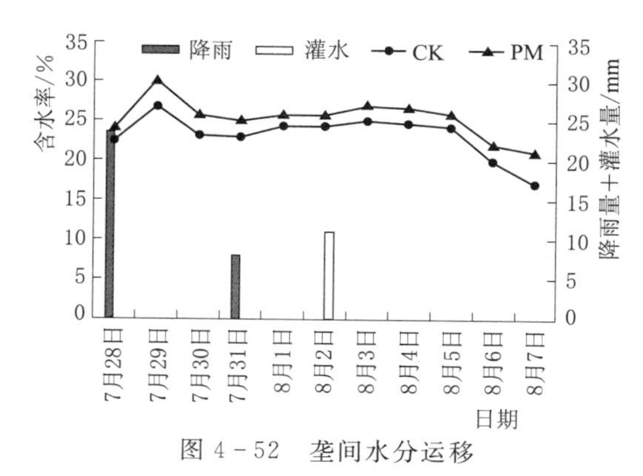

图 4-52 垄间水分运移

2017 年 7 月中旬灌水后和 8 月中旬降雨后膜下及垄间的含水率变化详见图 4-53～图 4-56。7 月 14 日灌水 20.65mm，8 月 15 日降雨 15.2mm。7 月中旬，窄垄间的降解膜已基本降解，纵向玉米苗间的地膜因覆盖有薄土，开始进入诱导期，但没有降解；8 月中旬，纵向玉米苗间的降解膜降解，降雨水分可直接垂直入渗。7 月 14 日灌水后，各处理 7 月 16 日的含水率急速上升，7 月 17 日含水率开始下降，普通地膜处理含水率下降速度小于降解膜处理，黑降解膜和白降解膜处理间的差异不明显；相对于玉米苗间，玉米宽垄间的含水率在灌水前下降速度慢，灌水后下降速度快，在灌水前，垄间含水率低，蒸发水分比例偏小，灌水后水分要水平运移到垄间，含水率要低于膜下，另外垄间没有地膜的覆盖遮挡，蒸发快。

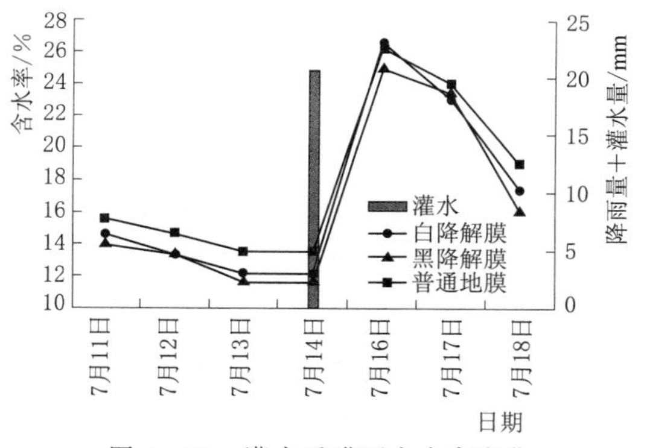

图 4-53 灌水后膜下含水率变化

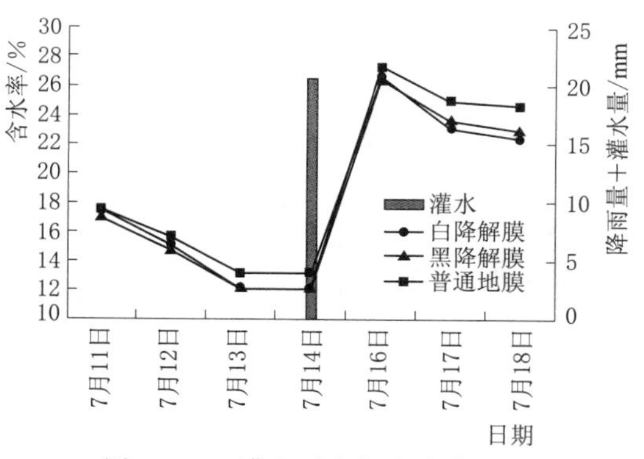

图 4-54 灌水后垄间含水率变化

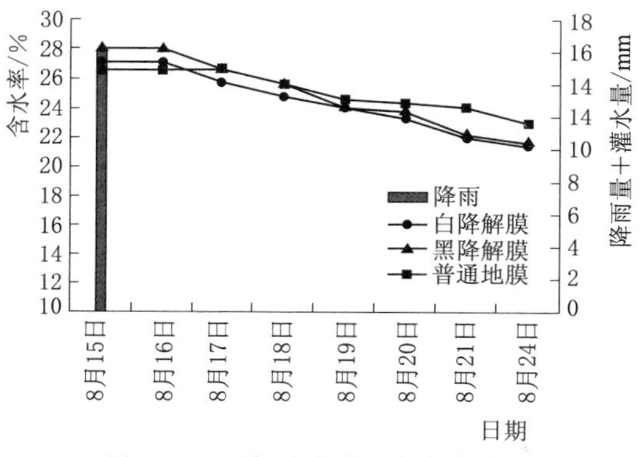

图 4-55 降雨后膜下含水率变化

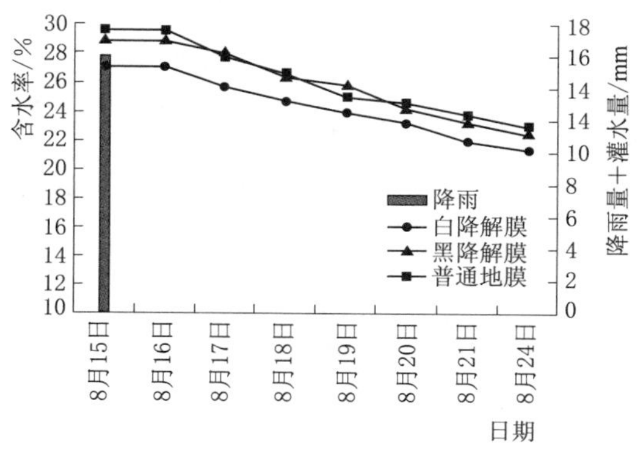

图 4-56 降雨后垄间含水率变化

8月15日降雨，8月16日玉米苗间含水率为普通地膜处理低于降解膜处理，这是因为地膜的阻隔作用，普通地膜处理玉米苗间的水分需要从宽垄间水平运移过去；8月17日各处理含水率大致相同；8月18—21日，降解膜处理含水率下降斜率大于普通地膜处理，随着含水率的逐渐减少，下降趋势也逐渐变缓。垄间含水率的运移，普通地膜处理和降解膜处理的整体趋势大致相同，8月17—18日，降解膜处理的含水率略低于覆膜含水率；19—24日，各处理含水率差异不明显。综上所述，玉米灌浆期普通地膜影响降雨入渗，但保水能力强，降解膜处理在降雨后含水率会提升，但因降解膜降解，所以蒸发较快。

4.6.2.4 不同可降解地膜覆盖对玉米产量的影响

1. 玉米果穗性状

玉米产量由籽粒数、百粒重及单位面积产量等要素构成，2015—2018年试验小区不同处理的玉米产量及其构成因子方差分析详见图4-57～图4-68。

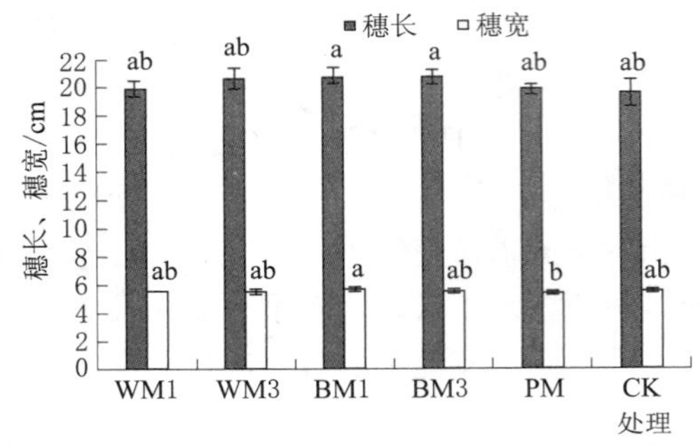

图4-57 2015年各处理对玉米穗长、穗宽的影响

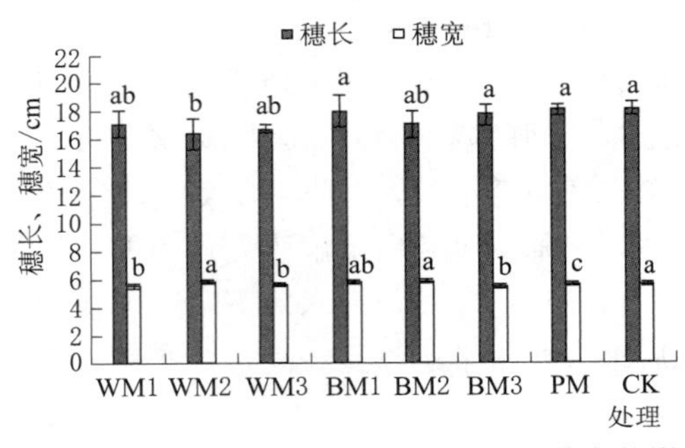

图4-58 2016年各处理对玉米穗长、穗宽的影响

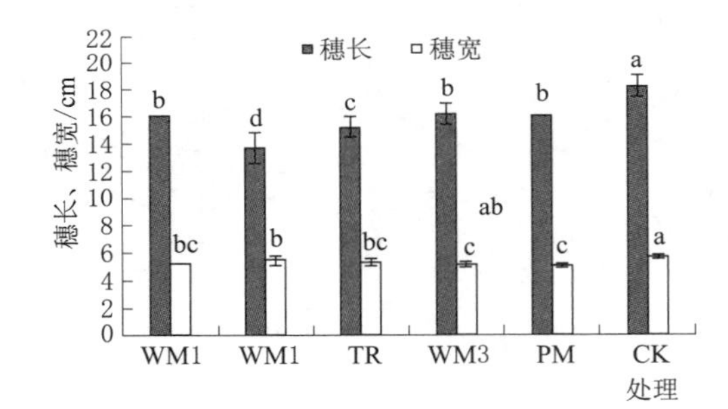

图4-59 2017年各处理对玉米穗长、穗宽的影响

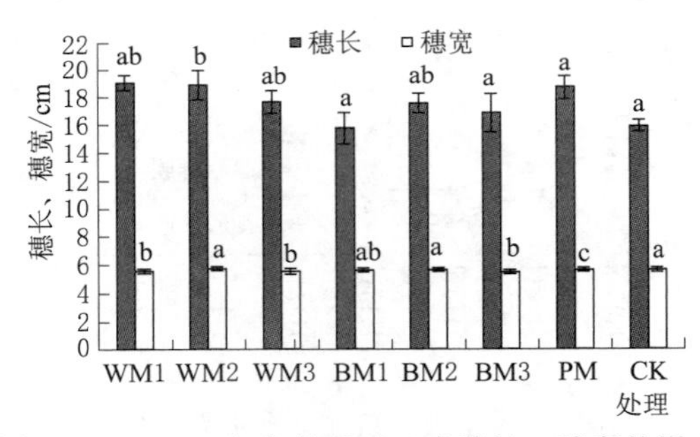

图4-60 2018年各处理对玉米穗长、穗宽的影响

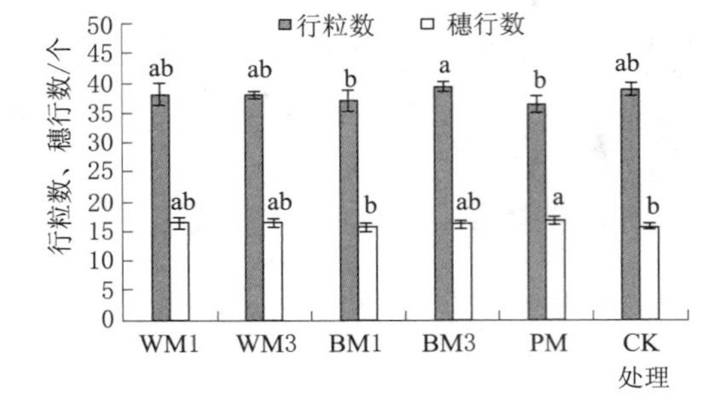

图4-61 2015年各处理对玉米行粒数、穗粒数的影响

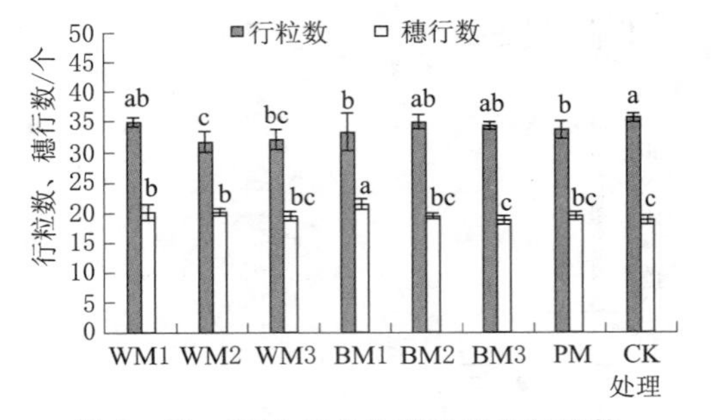

图4-62 2016年各处理对玉米行粒数、穗粒数的影响

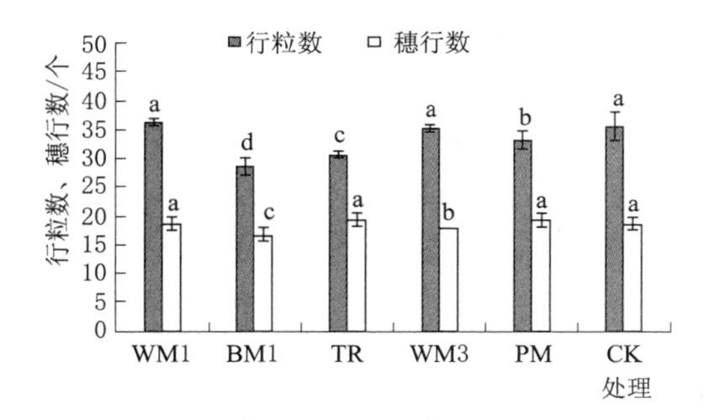

图 4-63　2017 年各处理对玉米行粒数、穗粒数的影响

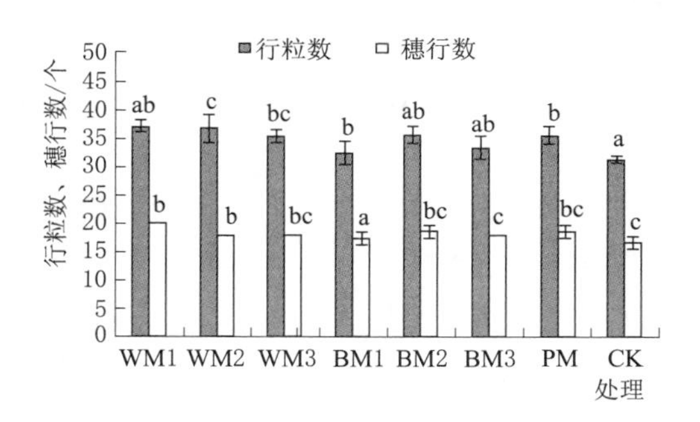

图 4-64　2018 年各处理对玉米行粒数、穗粒数的影响

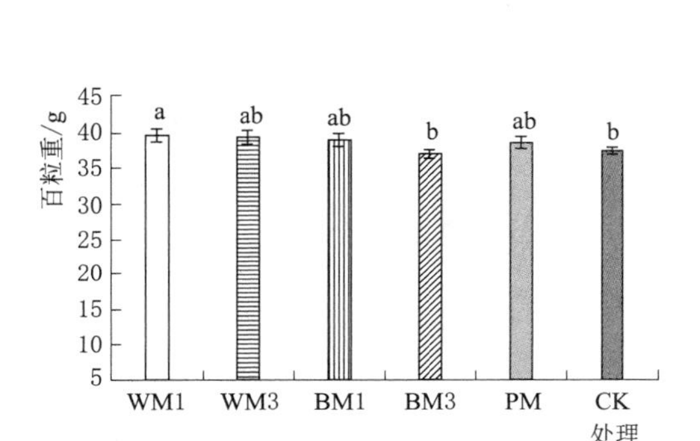

图 4-65　2015 年各处理对玉米百粒重的影响

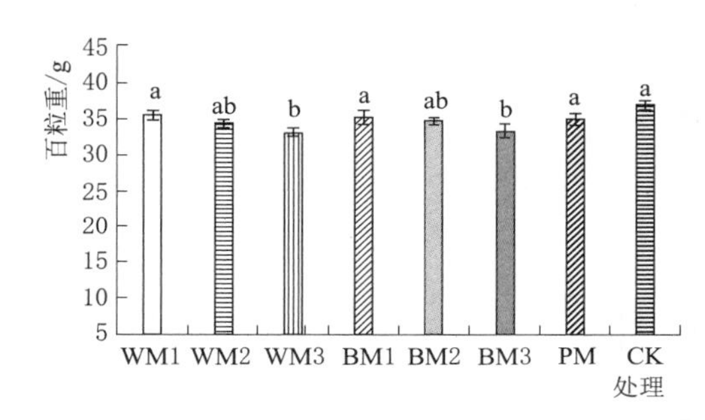

图 4-66　2016 年各处理对玉米百粒重的影响

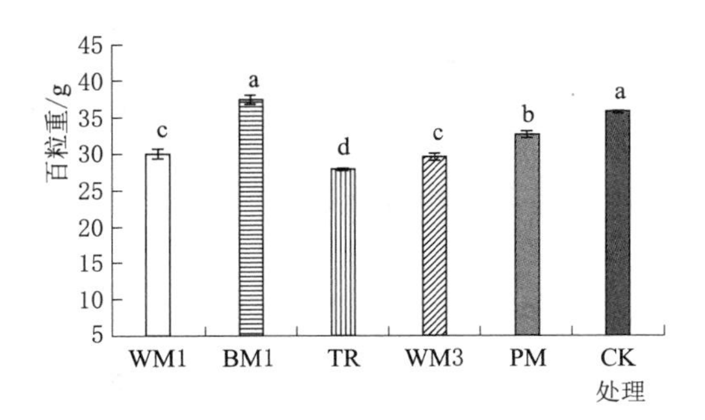

图 4-67　2017 年各处理对玉米百粒重的影响

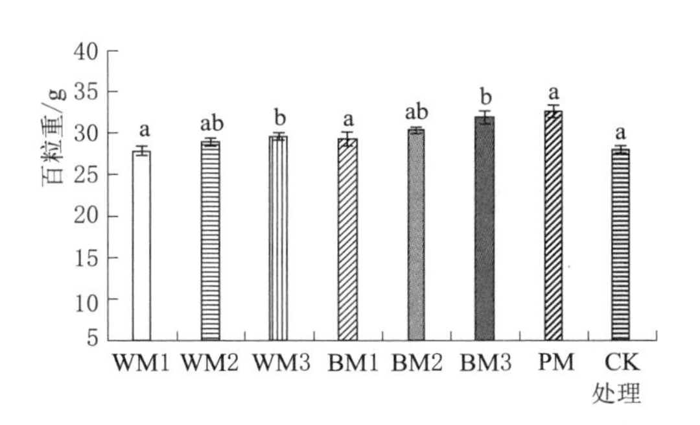

图 4-68　2018 年各处理对玉米百粒重的影响

方差分析结果显示，BM1 处理与 BM3 处理的穗长差异不显著，WM1 处理、WM3 处理、CK 处理与 PM 处理的穗长差异不显著，WM1 处理、WM3 处理、BM3 处理与 CK 处理的穗粗差异不显著，WM1 处理、WM3 处理与 BM3 处理的穗行数差异不显著，WM1 处理、BM1 处理与 CK 处理的行粒数差异不显著，WM1 处理与 BM1 处理的百粒重差异不显著，WM3 处理、WM3 处理与 PM 处理的百粒重差异不显著。

BM1 处理与 HM1 处理、NW2 处理的穗长和穗粗差异不显著，BM2 处理与 HM2 处理的穗长和穗粗差异不显著，BM3 处理与 HM3 处理、YW2 处理的穗长和穗粗差异性不显著。BM1处理与HM1处理、NW2处理、YW2处理的百粒重差异不显著，BM2处理与HM2处理的百粒重差异不显著，BM3处理与HM3处理的百粒重差异不显著。

WM1处理、WM2处理与PM处理的穗长差异不显著，WM1处理、BM1处理与TR处理的穗宽差异不显著，WM1处理、WM2处理与PM处理的穗宽差异不显著，WM1处理、TR处理、YW2处理与CK处理的穗行数差异不显著，WM1处理、WM2处理与CK处理的行粒数差异不显著，HK处理与CK处理的百粒重差异不显著，WM1处理与WM2处理百粒重差异不显著。

随着覆膜日期的减少，穗长和行粒数与覆膜日期的长短成正比，覆膜时间越短，穗长越短。穗宽与覆膜时间成反比，覆膜时间越长，穗宽越小。各处理的穗行数差异不明显，穗行数和玉米品种有关，后期生长环境对穗行数影响不大。覆盖白色地膜的处理随着覆膜时间增加，百粒重逐渐增大，黑色降解膜处理和裸地处理百粒重均大于覆盖白色地膜各处理。

2. 玉米产量

2015—2018年降解膜试验各处理产量详见图4-69～图4-72。2015年产量最高的处理为白降解膜大喇叭口期处理，依次是黑降解膜大喇叭口期处理，产量最低的是裸地处理。PM处理与WM3处理间差异不显著，PM处理与BM3处理间差异不显著，WM3处理与BM3处理差异显著。

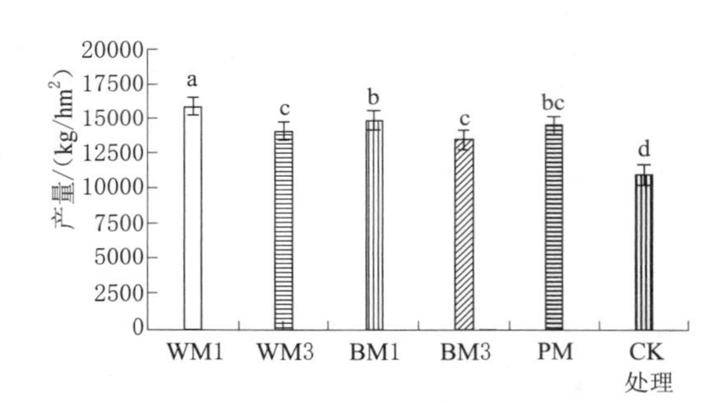

图4-69 2015年各处理对玉米产量的影响

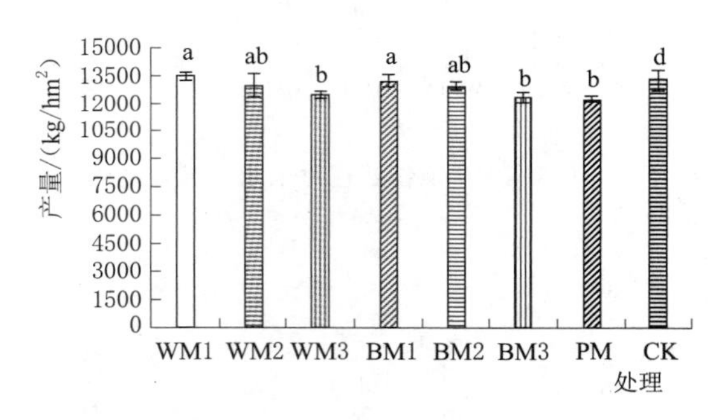

图4-70 2016年各处理对玉米产量的影响

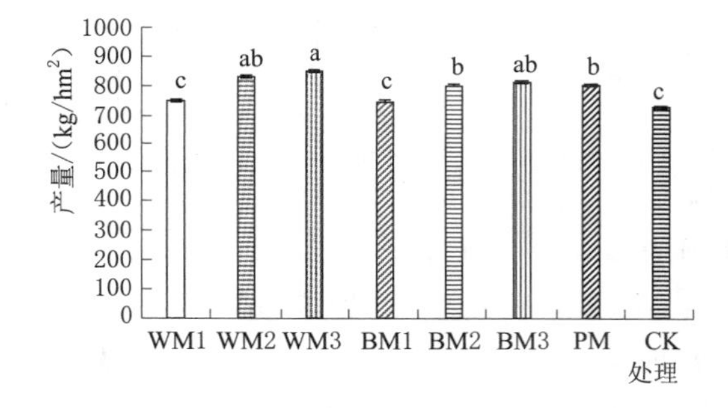

图4-71 2017年各处理对玉米产量的影响

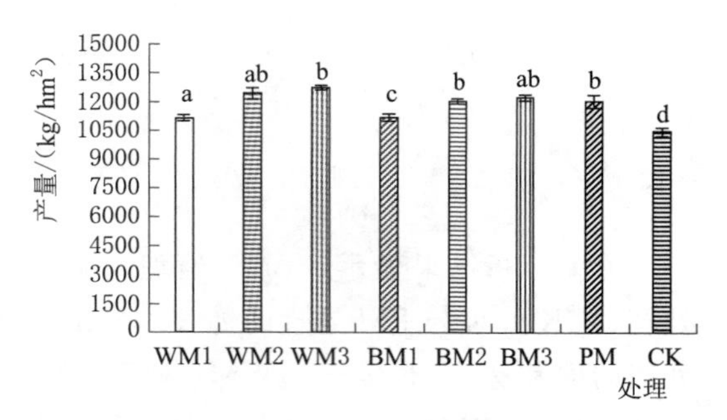

图4-72 2018年各处理对玉米产量的影响

2015年8月中下旬雨水丰富，此期间属于玉米灌浆期，是玉米籽粒形成的重要阶段，覆膜小区没有进行补灌灌水，造成普通地膜和成熟期降解膜处理局部缺水，造成了穗粒数减少，裸地处理和大喇叭口期降解膜处理雨水充沛，提高了百粒重和穗粒数。

由2016年不同覆膜处理产量的直观柱状图（图4-70）可知，NW2不覆膜处理的产量最高，产量最低的是YW2覆膜处理，降解膜处理随着覆膜时间的减少产量越好。降解膜覆膜时间相同的处理之间差异不显著，YW2处理与NW2处理差异显著，BM1处理与BM3处理差异显著，HM1处理与HM3处理差异显著。

2016年雨水主要集中在8月与9月上旬，各处理的含水率到下限就灌水，不覆膜处理和降解时间早的处理灌水量要大于覆膜处理。2016年播种后温度持续偏低，覆膜处理的出苗率和长势优势特别明显，但是6月初下了一场冰雹，不覆膜处理的植株较小，覆膜处理受灾严重，叶子破损严重，2016年覆膜处理在灌浆期前开始出现虫害现象比较严重，但不覆膜处理没有明显虫害。收获测产时，覆膜处理的有效株（有玉米棒）的百分数小于不覆膜处理。综上，2016年覆膜处理的产量很低。

由2017不同覆膜处理产量的数据统计学分析表可知，CK不覆膜处理的产量最高，产量最低的是TR覆膜处理，在5%范围内，白色地膜PM处理、WM1处理与WM2处理产量差异不显著。降解膜覆膜时间相同的处理WM1处理、BM1处理与TR处理差异显著，TR处理与WM2处理差异显著，PM处理与CK处理差异显著。

2017年雨水主要集中在7月下旬与8月上旬，玉米生育期前期干旱，各处理的含水率到下限就灌水，不覆膜处理和降解时间早的处理灌水量要大于覆膜处理。2017年播种后温度持续偏低，覆膜处理的出苗率和长势优势特别明显，在测产时，覆膜处理的有效株数也均大于裸地处理，但裸地处理的产量是最高的。产量越高，亩株树越少，这可能是因为品种（农华106）适合低密度栽培。低密度情况下，玉米通风光照好，单株玉米获得的水分相比高密度处理的玉米要高，从而获得较高的产量。

4.7 小结

4.7.1 玉米需水规律试验研究与水分生产率评价

（1）丰水年生育期总耗水量覆膜处理为390.00mm，浅埋处理为420.39mm；平水年生育期总耗水量覆膜处理为414.00mm，浅埋处理为456.79mm；枯水年生育期总耗水量覆膜处理为469.52mm，浅埋处理为519.81mm。

（2）降雨利用效率：浅埋滴灌处理平均为49%，膜下滴灌处理为18%，膜下滴灌处理降雨利用效率较浅埋滴灌处理低64%。

（3）膜下滴灌处理平均水分生产率为3.02kg/m^3，浅埋滴灌处理为2.72kg/m^3，管灌处理水分生产率为1.62kg/m^3，管灌处理低于浅埋滴灌处理40%，仅占膜下滴灌处理的53.64%，滴灌可以有效节水增产。

4.7.2 玉米灌溉制度试验研究

推荐灌溉制度：枯水年覆膜滴灌灌水8次，灌溉定额为180m^3/亩，浅埋滴灌灌水9次，灌溉定额为210m^3/亩；平水年覆膜滴灌灌水7次，灌溉定额为122m^3/亩，浅埋滴灌灌水7次，灌溉定额为148m^3/亩；丰水年覆膜滴灌灌水7次，灌溉定额为70m^3/亩，浅埋滴灌灌水7次，灌溉定额为90m^3/亩。

4.7.3 玉米水肥一体化试验研究

（1）水氮用量不同造成收获后1m深土壤有效氮残留量的不同主要是由40～100cm土层差异引起的。施氮192kg/hm^2时土壤有效氮残留量随着灌水量的增加而增大，施氮240kg/hm^2及288kg/hm^2时随着灌水量的增加先增大后减少。

（2）基于频数分析的水氮置信区间得出不同水文年型适宜的水氮耦合区域，通辽地区灌水量推荐区间为［1815，1989］m^3/hm^2，施氮量为［270，294］kg/hm^2。

4.7.4 玉米滴灌土壤棵间蒸发规律研究

2015—2018年膜下滴灌各生育期平均棵间土壤蒸发量为72.8mm，浅埋滴灌为150.6mm，管灌为248.8mm。浅埋滴灌平均棵间土壤蒸发量占总耗水量的31%，膜下滴灌占18%，管灌占42%。

4.7.5 可降解地膜降解效果响应研究

（1）氧化-生物双降解地膜裸露在地表部分均可按照预设降解时间降解，且在收获时充分降解。埋土部分可在翻耕后继续降解，黑色可降解地膜降解性能优于白色可降解地膜。

（2）综合4年试验结果，2015年和2016年覆膜处理的最高产量均为WM1（白色大喇叭期降解）处理；2017年WM1处理略低于PM（普通地膜）处理，差异不显著；2018年降雨量少，降解膜处理随覆膜时间增加产量逐渐增加，BM3（黑色成熟期降解）产量最高，在平水年优选出的方案是白色氧化-生物双降解地膜（大喇叭口期降解），枯水年推荐全生育期覆膜的黑色氧化-生物双降解膜（成熟期降解）。

第5章 喷、滴灌条件下农艺、农机配套技术集成与示范

5.1 玉米适宜品种的引进示范

5.1.1 研究内容

在同等水肥、农艺措施条件下，开展适宜膜下滴灌的玉米品种筛选。

5.1.2 研究方案与方法

2013—2015年品种筛选试验处理均为大小垄（35cm、85cm）种植。田间管理一致，成熟期适时收获，进行品种对比、筛选和示范，试验处理设计见表5-1。土壤含水率控制下限为苗期—拔节期60%（占田间持水率的百分数）、拔节期—灌浆期70%，上限为85%。玉米在4月底播种，底肥用量为复合肥（隆源高磷高浓度复合肥料）30kg/亩、磷酸二铵5kg/亩；在拔节期、大喇叭口期及灌浆成熟期随水追肥，追肥尿素20～25kg/亩。到9月底收获时对各处理玉米品种进行考种，每小区取中间4行（2膜）5m进行测产，测定株数、果穗鲜重、干重和籽实重，计算小区产量。

表5-1 品种筛选试验处理设计

年份	2013	2014	2015
玉米品种	伟科702	伟科702	伟科702
	京科968	京科968	京科968
	吉单109	吉单119	先玉335
	金山28	郝育2014-1	华农887
	雷奥5号	郝育723	登海618
	厚德198	郝育98	德育977
	田缘581	内单314	农华106
	农华101	农华106	郑单958
	郑单958	郑单958	

5.1.3 研究结果

在采用水肥一体化技术基础上，分别在苗期、大喇叭口期、抽雄吐丝期、灌浆成熟期4个时期灌7～8次水，灌水定额为每次10～25m³/亩，对当地生产上主推的品种进行比较试验，试验测产结果见表5-2。

表5-2 2013—2015年不同品种比较试验的测产结果分析

2013年			2014年			2015年		
品种	产量/(kg/亩)	百粒重/g	品种	产量/(kg/亩)	百粒重/g	品种	产量/(kg/亩)	百粒重/g
伟科702	613.93	38.84	伟科702	652.21	31.18	伟科702	723.80	37.41
京科968	588.50	34.85	京科968	618.05	26.94	京科968	717.58	37.03
吉单109	501.17	38.15	吉单119	473.39	25.83	先玉335	707.65	36.43
金山28	533.45	40.60	郝育2014-1	595.15	36.42	华农887	672.45	35.38
雷奥5号	551.58	37.17	郝育723	578.97	34.22	登海618	713.77	37.02
厚德198	408.47	35.63	郝育98	560.11	27.10	德育977	653.52	32.96
田缘581	479.73	41.78	内单314	611.51	28.64	农华106	732.61	37.88
农华101	438.05	36.85	农华106	669.77	30.50	郑单958	670.58	30.50
郑单958	444.95	37.23	郑单958	559.29	36.42			

试验结果显示，2013年表现最好的品种为伟科702，亩产613.93kg/亩，比对照郑单958亩增产168.98kg；第二是京科968，亩产588.50kg/亩，比对照亩增产143.55kg；第三是雷奥5号，亩产551.58kg/亩，比对照亩增产106.63kg。2014年表现最好的品种为农华106，亩产669.77kg/亩，比对照郑单958亩增产110.48kg；其次为伟科702，亩产652.21kg/亩，比对照郑单958亩增产92.23kg；第三是京科968，亩产618.05kg/亩，比对照亩增产58.76kg。2015年表现较好的品种依次为农华106、伟科702、京科968，亩产分别为732.61kg、723.80kg、717.58kg，分别比对照郑单958亩均增产62.03kg、53.22kg、47kg；2013—2015年农华106、京科968和伟科702增产幅度明显，在该地区具有推广价值。因此，配套水肥一体化施肥方式的主栽品种应选用农华106、伟科702、京科968，同时可搭配的还有雷奥5号、内单314及登海618。随着农业玉米品种的更新替代，还应参考每年农业部门推荐的玉米品种进行搭配。

农华106株型紧凑，株高288cm，穗位高108cm，成株叶片数21片。穗行数16～20行，穗轴粉色，籽粒黄色、马齿形。接种鉴定，高抗镰孢茎腐病，抗穗腐病，感大斑病、灰斑病和丝黑穗病。

伟科702，株型紧凑，保绿性好，株高252～272cm，穗位高107～125cm，成株叶片数20片。花丝浅紫色，果穗筒型，穗长17.8～19.5cm，穗行数14～18行，穗轴白色，籽粒黄色、半马齿型。抗玉米螟，中抗大斑病、弯孢叶斑病、茎腐病和丝黑穗病。

京科968，株型为半紧凑，株高296cm，穗位高120cm，成株叶片数19片。花丝红色，果穗筒型，穗长18.6cm，穗行数16～18行，穗轴白色，籽粒黄色、半马齿型。适用于通辽市、赤峰市等地区种植。

5.2 合理增加密度与大小垄种植技术研究示范

5.2.1 研究内容

结合膜下滴灌及引进的耐密型玉米品种特性，适当增加种植密度，同时开展不同规格的大小垄种植技术试验，探讨膜下滴灌高效水肥条件下合理的种植密度和宽窄行距。

5.2.2 研究方案与方法

5.2.2.1 种植密度试验设计

2013年选用郑单958和利民33两个品种开展不同密度试验，试验设计见表5-3。2014年和2015年选用伟科702玉米品种，株距和密度设置5个梯度水平对比，统一采用大小垄种植模式，大垄85cm，小垄 cm。

表5-3 不同密度处理试验设计表

年　份	品　种	试验编号	株距/cm	密度/(株/亩)
2013	郑单958 利民33	1	14.5	7666
		2	18.2	6108
		3	21.8	5099
		4	25.7	4325
		5	28.7	3873
2014—2015	伟科702	1	18.5	6000
		2	20.2	5500
		3	22.2	5000
		4	24.7	4500
		5	27	4100

5.2.2.2 大小垄试验设计

在同一密度条件下，设置4种不同行距的对比试验：①大垄90cm，小垄30cm；②大垄85cm，小垄35cm；③大垄80cm，小垄40cm；④大垄75cm，小垄45cm。试验采用大区设计，进行3次重复。2013年玉米品种选用郑单958和利民33，2014年和2015年选用高产耐密品种伟科702。

在密度与大小垄试验设计中土壤含水率控制下限为苗期—拔节期60%（占田间持水率的百分数）、拔节期—灌浆期70%，上限为85%。玉米在4月底播种，底肥用玉米复合肥（隆源高磷高浓度复合肥料）30kg/亩、磷酸二铵5kg/亩；在拔节期、大喇叭口期及灌浆成熟期等生育关键期随水追肥，追肥尿素20～25kg/亩，在试验过程中，对每个处理玉米的生育指标株高、干物质、叶面积变化等进行取样监测，每个小区取样3株进行测定。同时对各处理进行考种，每小区取中间4行（2膜）5m进行测产，测定株数、果穗鲜重、干重和籽实重，最终折算成标准水分下的亩产量。

5.2.3 研究结果

5.2.3.1 不同密度试验结果分析

总体趋势表现为随着密度的增加产量增加，但亩均增产幅度减小，产量结果见表5-4。2014—2015年在密度从4500株/亩增加到5000株/亩时玉米增产幅度最大。在密度为6000株/亩及以上时，由于株距过小，通风采光条件较差，抑制玉米光合作用，使得作物生长明显受到了抑制，从而造成植物发育迟缓，对植物组织和器官的生长和分化形成抑制作用，最终影响作物的生长速率，作物叶面积的扩展率也随之减小，干物质的合成和累积主要是叶片光合作用的结果，进而影响作物的生长和最终产量的形成。因此建议合理的株距范围为22.2～24.7cm，种植密度范围为4500～5000株/亩。

表5-4 不同密度对比试验的测产结果分析

年 份	品 种	密度/(株/亩)	亩产/(kg/亩)	百粒重/g
2013	郑单958	7666	474.27	33.90
		6108	558.22	34.60
		5099	540.00	36.37
		4325	513.70	35.48
		3873	502.30	36.48
	利民33	7666	434.41	30.51
		6108	549.39	32.14
		5099	519.71	32.42
		4325	464.15	32.92
		3873	426.44	35.10
2014	伟科702	6000	695.28	36.10
		5500	689.69	37.05
		5000	683.73	36.45
		4500	662.74	36.20
		4100	636.92	35.80
2015	伟科702	6000	793.82	38.82
		5500	789.67	38.13
		5000	775.88	37.09
		4500	742.47	37.43
		4100	723.08	36.82

5.2.3.2 不同大小垄种植试验结果分析

表5-5所列的不同大小垄对比试验的测产结果显示，在采用不同玉米品种条件下，2013—2015年大垄85cm、小垄35cm处理的产量分别为2013年444.95kg/亩（郑单

958)、534.04kg/亩（利民 33），2014 年 703.85kg/亩（伟科 702），2015 年 801.19kg/亩（伟科 702），均高于其他三种处理（2013 年受工程建设延误的影响，播种时间拖后，灌水不及时，造成玉米整体产量偏低）。

表 5-5　　不同大小垄对比试验的测产结果分析

年　份	品　种	处理(大垄、小垄)/cm	产量/(kg/亩)	百粒重/g
2013	郑单 958	90、30	419.76	36.89
		85、35	444.95	37.23
		80、40	428.01	36.44
		75、45	418.50	35.32
	利民 33	90、30	497.15	32.45
		85、35	534.04	34.74
		80、40	510.18	33.42
		75、45	483.43	33.21
2014	伟科 702	90、30	549.48	31.64
		85、35	703.85	31.02
		80、40	613.49	30.80
		75、45	702.01	32.61
2015	伟科 702	90、30	730.03	36.50
		85、35	801.19	37.36
		80、40	687.18	36.92
		75、45	787.75	35.52

根据株高、叶面积、干物质重和产量的试验结果，建议在通辽地区开展滴灌种植时可优先选用 85cm 与 35cm 大小垄的行距配置。

5.3　玉米肥料高效利用试验研究示范

5.3.1　研究内容

研究滴灌条件下玉米氮、磷、钾施肥技术，探讨在滴灌条件下随灌水进行施肥的技术，分析不同施肥方式下玉米的增产效果，提出最佳施肥方式，为集成水利、农艺、农机配套、管理于一体的集成体系提供技术支撑。

5.3.2　研究方案与方法

试验设计 8 个处理（表 5-6）。土壤含水率控制下限为苗期—拔节期 60%（占田间持水率百分数）、拔节期—灌浆期 70%，上限为 85%。在 4 月下旬播种，9 月底收获。2013 年施肥量 N 为 20.6kg/亩，P_2O_5 为 8.6kg/亩，K_2O 为 5.4kg/亩，2014—2015 年施肥量见表 5-6，施肥方式一致。

表5-6 2014—2015年膜下滴灌玉米施肥方案

处理	施肥量/(kg/亩)			施 肥 方 式
	N	P_2O_5	K_2O	
OPT-0	14	8	8	氮磷钾肥一次基肥施用
OPT-1	14	8	8	磷肥、钾肥全部作为基肥施用，氮肥30%基肥，70%追肥
OPT-2	14	8	8	磷肥、钾肥全部作为基肥施用，氮肥30%基肥，其余分30%、40%追肥
OPT-3	14	8	8	磷肥、钾肥全部作为基肥施用，氮肥30%基肥，其余分20%、35%、15%追肥
OPT-N	0	8	8	磷肥、钾肥全部作为基肥施用，磷肥用重过磷酸钙
OPT-P	14	0	8	钾肥全部作为基肥施用，氮肥30%基肥，其余分20%、35%、15%追肥
OPT-K	14	8	0	磷肥全部作为基肥施用，氮肥30%基肥，其余分20%、35%、15%追肥
CK	0	0	0	空白对照

同时在2014—2015年开展了“3414试验”，对肥料利用进行试验研究与示范，膜下滴灌“3414试验”玉米施肥方案见表5-7。品种选择当地主栽品种，到9月底每小区取中间4行（2膜）5m进行测产，测定株数、果穗鲜重、干重和籽实重，计算小区产量。

表5-7 膜下滴灌“3414试验”玉米施肥方案 单位：kg/亩

编号	处 理	养 分 用 量			肥 料 用 量		
		N	P_2O_5	K_2O	尿素	磷酸二铵	硫酸钾
1	空白对照	0	0	0	0.00	0.00	0.00
2	无氮中磷中钾	0	8	8	0.00	17.39	16.00
3	低氮中磷中钾	7	8	8	15.22	17.39	16.00
4	中氮无磷中钾	14	0	8	30.43	0.00	16.00
5	中氮低磷中钾	14	4	8	30.43	8.70	16.00
6	中氮中磷中钾	14	8	8	30.43	17.39	16.00
7	中氮高磷中钾	14	12	8	30.43	26.09	16.00
8	中氮中磷无钾	14	8	0	30.43	17.39	0.00
9	中氮无磷低钾	14	8	4	30.43	17.39	8.00
10	中氮无磷高钾	14	8	12	30.43	17.39	24.00
11	高氮中磷中钾	21	8	8	45.65	17.39	16.00
12	低氮低磷中钾	7	4	8	15.22	8.70	16.00
13	低氮中磷低钾	7	8	4	15.22	17.39	8.00
14	中氮低磷低钾	14	4	4	30.43	8.70	8.00

5.3.3 研究结果

5.3.3.1 不同试验处理对玉米生育、生理指标影响

(1) 不同处理玉米的株高和叶面积均有显著差异，同时也有相同的变化趋势（图5-1）。OPT-3处理基肥全施，且分别在拔节期、抽雄吐丝期、灌浆期追肥3次，满足了作物在

生长过程中所需的养分，因此 OPT－3 处理的生育指标表现最好。CK 处理为空白对照，可以看出其株高和叶面积明显最小，对比效果较为明显。不施氮肥、不施磷肥和不施钾肥之间也有明显的差异。

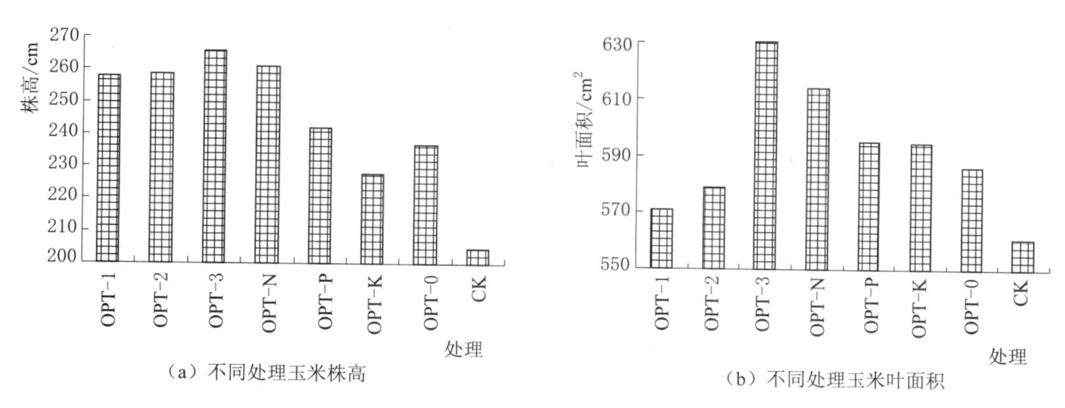

(a) 不同处理玉米株高　　(b) 不同处理玉米叶面积

图 5－1　成熟期不同处理玉米生育指标对比

(2) 光合作用速率是指光合作用的量，包括植物积累和自身呼吸作用所消耗两部分。净光合速率是指除去作物自身呼吸作用消耗的那一部分，体现了作物有机物的积累。一般情况下，作物的净光合速率越大，说明单位时间内积累的产物越多。以灌浆期玉米净光合速率为例，不同肥料处理之间的净光合速率变化差异较大（图 5－2）。不施钾肥处理的净光合速率最小，为 11.50，这是因为当地地力本身就缺钾，不施钾肥严重影响了作物对钾的吸收，影响了作物的生长，作物植株较矮，叶片发黄，光合速率从而受到影响。3 次追肥的 OPT－3 处理净光合速率最高，为 12.46；其次是 2 次追肥的 OPT－2 处理，为 12.35，分别比一次性施肥高 6.87％和 6％，这是由于养分给予充足，根系发达，叶片长势较好，有机物积累较快。

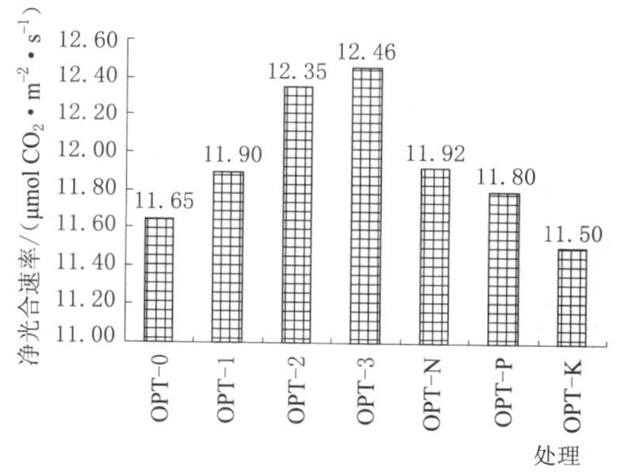

图 5－2　灌浆期玉米净光合速率变化

5.3.3.2　不同试验处理对玉米产量影响

在玉米整个生育期施 3～4 次肥，百粒重和平均亩产量较高（图 5－3）。这是因为在作物生长过程中，氮、磷、钾肥都比较充足，且在不同的时期追施一定量的氮肥，保证了作物生长的营养。如果不施钾肥或者氮肥、磷肥则会造成根系发育缓慢，植株茎秆较细，最终影响作物产量。

在玉米整个生育期中随施肥次数的增加增产效果进一步提高，以随灌水进行 2～3 次追肥处理的效果为好。与不施肥空白对照相比增产率达 72.42％；与一次性施肥在相同施肥量条件下比较，2013—2015 年分别增产 16％、11.47％、10.23％。肥料农学效率（*AE*）是指特定施肥条件下，单位施肥量所增加的作物经济产量。它是施肥增产效应的

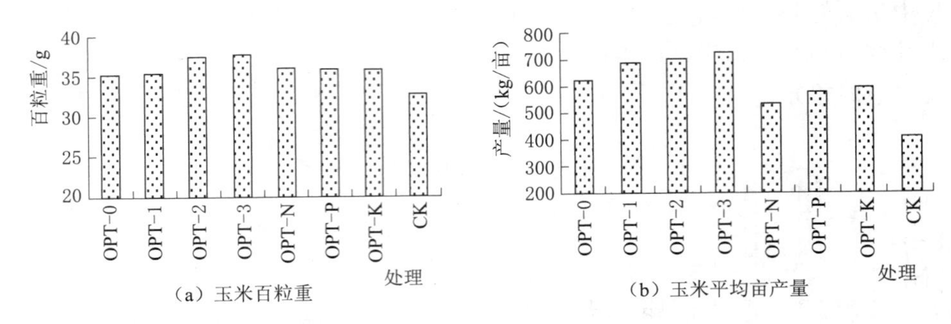

(a) 玉米百粒重　(b) 玉米平均亩产量

图5-3　玉米百粒重和平均亩产量

综合体现，施肥量、作物种类和管理措施都会影响肥料的农学效率。同时还提高氮磷钾农学效率9.06kg/kg以上，玉米产量及农学效率计算结果见表5-8。

表5-8　膜下滴灌氮磷钾多次施用对玉米产量及农学效率的影响

试验处理	2013年			2014年			2015年		
	亩产量/kg	增产率/%	氮磷钾肥料农学效率/(kg/kg)	亩产量/kg	增产率/%	氮磷钾肥料农学效率/(kg/kg)	亩产量/kg	增产率/%	氮磷钾肥料农学效率/(kg/kg)
OPT-0	623.77	52.00	6.17	673.93	54.68	7.94	692.34	62.38	8.87
OPT-1	686.01	67.16	7.97	702.70	61.29	8.90	723.56	69.71	9.91
OPT-2	700.00	70.57	8.37	723.19	65.99	9.58	752.35	76.46	10.87
OPT-3	723.70	76.35	9.06	751.20	72.42	10.52	763.20	79.00	11.23
OPT-N	532.07	29.65	8.69	542.72	24.57	6.69	559.65	31.26	8.33
OPT-P	574.53	40.00	6.31	573.90	31.73	6.28	605.59	42.04	8.15
OPT-K	596.26	45.29	6.37	577.54	32.56	6.45	627.54	47.19	9.14
CK	410.38	—	—	435.68	—	—	426.36	—	—

5.3.3.3 “3414试验”不同试验处理对玉米产量影响

在追施3次肥效果最好的前提下，对氮、磷、钾肥量进行不同配比，与空白对照相比增产效果比较明显。通过试验得出，氮肥采用水肥结合施用技术的效果表明，按照测土推荐施肥量进行的氮肥随灌水分次施肥的增产效果明显，缺氮、磷、钾肥处理的产量比较低。在作物生长过程中，氮、磷、钾肥都比较充足，且在不同的时期追施一定量的氮肥，保证了作物生长的营养。2014年增产率为23.78%～42.41%，2015年增产率为22.54%～42.46%（表5-9）。根据“3414试验”，施入氮肥、磷肥、钾肥不同配比用量，得出氮磷钾肥料农学效率范围。2014年肥料农学效率为5.30～9.92，2015年肥料农学效率为5.01～10.36。从试验结果分析得出中氮高磷中钾处理产量最高，增产率达40%以上；农学效率最高，为9.92和10.2；其次为中氮中磷中钾处理。因此推荐的施肥配比与当地水平一致。

表 5-9　2014—2015 年施肥效果对玉米产量及氮磷钾肥料农学效率影响

编号	处理	2014 年			2015 年		
		亩产量/kg	亩增产率/%	氮磷钾肥料农学效率/(kg/kg)	亩产量/kg	亩增产率/%	氮磷钾肥料农学效率/(kg/kg)
1	空白对照	457.86	—	—	470.07	—	—
2	无氮中磷中钾	600.71	23.78	8.93	623.13	24.56	9.57
3	低氮中磷中钾	680.30	32.70	9.67	696.10	32.47	9.83
4	中氮无磷中钾	657.23	30.34	9.06	606.87	22.54	6.22
5	中氮低磷中钾	670.72	31.74	8.19	696.42	32.50	8.71
6	中氮中磷中钾	750.23	38.97	9.75	780.83	39.80	10.36
7	中氮高磷中钾	795.07	42.41	9.92	817.00	42.46	10.20
8	中氮中磷无钾	650.61	29.63	8.76	653.79	28.10	8.35
9	中氮无磷低钾	704.10	34.97	9.47	723.59	35.04	9.75
10	中氮无磷高钾	638.09	28.25	5.30	640.36	26.59	5.01
11	高氮中磷中钾	794.31	42.36	9.09	753.67	37.63	7.66
12	低氮低磷中钾	634.01	27.78	9.27	639.08	26.45	8.90
13	低氮中磷低钾	637.34	28.16	9.45	652.98	28.01	9.63
14	中氮低磷低钾	653.93	29.98	8.91	681.93	31.07	9.63

5.4 病虫草害防治技术试验示范

5.4.1 研究内容

玉米病虫草害贯穿于整个生长期，尤其在玉米播种期、苗期、喇叭口期和穗期尤为突出，直接影响玉米生长和产量。针对当地玉米螟等发生较重情况，在喷、滴灌条件下，进行不同形式的玉米螟、玉米蚜、玉米黏等玉米病虫草害的防治，完善主要病虫草害防控技术指标，提出病虫草害的综合防治技术及规范化措施。

5.4.2 研究结果

5.4.2.1 草害防治

针对膜下滴灌，可采取土壤封闭措施。一般在播种后至盖膜前采用播种一体机在床面均匀喷洒除草剂，有效控制田间杂草。根据气候、土壤和轮作条件选用合适的除草剂和施用剂量。除过土壤封闭措施以外，还应在玉米 3～5 叶期采用直供式压力喷药机进行草害防治。喷施除草剂一段时间后进行中耕，彻底消灭大垄杂草。

针对浅埋滴灌，播种时无法对小垄进行封闭除草，同时中耕除草只能针对大垄进行作业，因此在玉米 3～5 叶期应采用直供式压力喷药机进行草害防治，使小垄草害得到有效防治。在玉米 6～7 叶期需再进行一次草害防治，避免草害影响玉米生长。

对于杂草防除，要根据田地里杂草的类型，有针对性地选择不同成分的除草剂，在没有特殊杂草情况下一般采用2.5%烟嘧磺隆100～120ml/亩，22.5%莠去津100～120ml/亩，硝磺草酮50～65ml/亩混合稀释后喷施防治即可。

5.4.2.2 病虫害防治

对于病虫害预防，主要是黑穗病、大小斑病与玉米螟、玉米黏、玉米蚜以及双斑萤叶甲等病虫害的防治。其中黑穗病，在播种期用高于17%的“福·克”合剂进行种子包衣，可以预防并同时防治地老虎、蝼蛄、蛴螬、金针虫等地下害虫；大小斑病在发病期采用50%多菌灵WS、75%百菌清WS、80%代森锰锌WS等药剂稀释500～700倍进行喷洒；玉米螟危害较重区域，可采用频振杀虫灯、赤眼蜂进行统防统治；当双斑莹叶甲发生较重时可选用20%氰戊菊酯乳油喷施。

内蒙古东部玉米病虫害防治主要在6月下旬和7月下旬两个阶段。6月下旬注意防控玉米易发生的玉米螟、黏虫、玉米蚜等病害，一般使用直供式压力喷药机进行打药。7月下旬防治玉米易发生的红蜘蛛、双斑萤叶甲等病虫害。在适宜温度、少风天气，一般采用高悬臂式打药机进行作业。随着科技的发展，近两年采用无人机打药的方式非常普遍，受到农民的欢迎和认可。其他病虫草害防控可参照表5-10的技术指标进行预防。

表5-10　　玉米病虫草害防治技术及指标

防治时期	防治对象	药　剂	用量及用法	喷施方法
播种期	地下害虫	20%福·克、15%克·戊、23%福·唑、毒死蜱等悬浮剂种衣剂	按种子量的2%～3%	包衣
		3%辛硫磷G或用20%辛硫磷EC	随种撒施5kg/亩、用乳油喷施在厩肥上250mL/亩	撒施、喷施
	玉米丝黑穗病	15%克·戊、23%福·唑、毒死蜱等含戊唑醇的种衣剂	按种子量的2%～3%	包衣
	茎基腐病	20%福·克、20%多克福种衣剂	按种子量的2%	包衣
	一年生禾本科和阔叶杂草	40%乙草胺·莠悬浮剂	300～350mL/亩	土壤播种沟喷药
		40%异丙草·莠悬浮剂	300～400mL/亩	土壤播种沟喷药
		42%丁·莠悬浮剂	350～400mL/亩	土壤播种沟喷药
		42%甲草胺·异丙草·莠去津悬浮剂	200～300mL/m^2	土壤播种沟喷药
		60%滴丁·嗪·乙EC	200～250mL/m^2	土壤播种沟喷药
		90%乙草胺水乳剂	100～140mL/m^2	土壤播种沟喷药
苗期	地下害虫	2.5%敌杀死EC、20%氰戊菊酯EC、2.5%高效氯氟氰菊酯EC	稀释1500～2000倍	喷施
		48%毒死蜱EC	用毒土4～5kg/亩；1:50的毒土	撒施
		50%辛硫磷EC	50g与炒香的5kg麦麸拌匀	撒施在玉米行间

续表

防治时期	防治对象	药　　剂	用量及用法	喷施方法
苗期	一年生禾本科杂草和阔叶杂草	4%玉农乐悬浮剂	100～120mL/亩	喷施
		48%百草敌水剂	33～40mL/亩	喷施
		22.5%溴苯腈 EC	80～130mL/亩	喷施
		55%耕杰 SC	100～150mL/亩	喷施
		20%玉田草克星	100～120mL/亩	喷施
大喇叭口期	玉米螟	毒死蜱·氯菊 G	350～500g/亩	喷施
		BT 颗粒剂	150mL/亩 BT 乳剂；兑适量水，与 1.5～2kg 细河沙混拌均匀	撒入心叶内
		毒死蜱 EC	0.5kg 药液兑 25kg 细沙拌匀；1kg/亩	灌心叶
		白僵菌粉（含孢子量 300 亿/g）	7g 兑滑石粉 0.25kg 均匀混合	撒施
	玉米黏	50%辛硫磷 EC、4.5%高效氯氰菊酯 EC	稀释 800～1000 倍	喷施
		2.5%功夫 EC、3%定虫脒 EC	稀释 1500～2000 倍	喷施
	玉米蚜	50%抗蚜威 WS	稀释 2000 倍	喷施
		10%吡虫啉 WS、3%定虫脒 WS	稀释 1500 倍	喷施
		80%晶体敌百虫	稀释 1000 倍	喷施
穗期	玉米红蜘蛛	2%混灭威粉剂或 20%灭扫利	稀释 3000 倍	喷施
		40%三氯杀螨醇	稀释 1000 倍	喷施
		1.8%集琦虫螨克	稀释 2500 倍	喷施
		15%哒螨灵 EC	稀释 2000～3000 倍	喷施
		20%绿保素乳油	稀释 3000～4000 倍	喷施
		240g/L 螨危悬浮剂	稀释 1000 倍，药液 50～75L/亩	7～10 天喷药一次
	玉米大小斑病	50%多菌灵 WS、75%百菌清 WS、80%代森锰锌 WS	稀释 500～700 倍	喷施
	双斑莹叶甲	10%吡虫啉 WS、4.5%高效氯氰菊酯 EC		喷施

通过对示范区玉米草害和病虫害防治的加强，提高了示范区农户对玉米病虫草害防治的意识，并做到预防为主，防控结合，病虫害防治率达到 95%。

5.5 农艺、农机配套技术综合集成与示范

5.5.1 研究内容

针对膜下滴灌、浅埋滴灌、喷灌三种不同灌溉形式，在适宜品种、密度、大小垄等农

艺措施种植条件下，引进、研制配套农机具，进行全程机械化综合配套集成研究，提出示范区节水措施条件下玉米农艺、农机配套综合节水技术集成模式。

5.5.2 研究过程

在2013—2018年期间，内蒙古水利科学研究院多次对科左中旗花吐古拉镇、腰林毛都镇滴灌示范区南塔林艾勒等嘎查、西塔林艾勒等嘎查等进行了实地考察和调研。采取入户走访、听取汇报、座谈讨论等形式，了解了当地农机的基本情况和配套使用情况。同时在巴彦淖尔市前旗以及兴安盟突泉县等膜下滴灌工程项目区进行调研，深入工程实地，采取与膜下滴灌工程使用单位负责人、滴灌系统管理人员和基层设备使用人员进行面对面座谈、交流等方式，对膜下滴灌工程机具设备的使用现状、管理方式、经济效益、发展中存在的问题等进行详尽了解。在此基础上重点分析每个环节中存在的问题，并提出相应的解决措施，具体农艺、农机配套技术集成模式见图5-4。

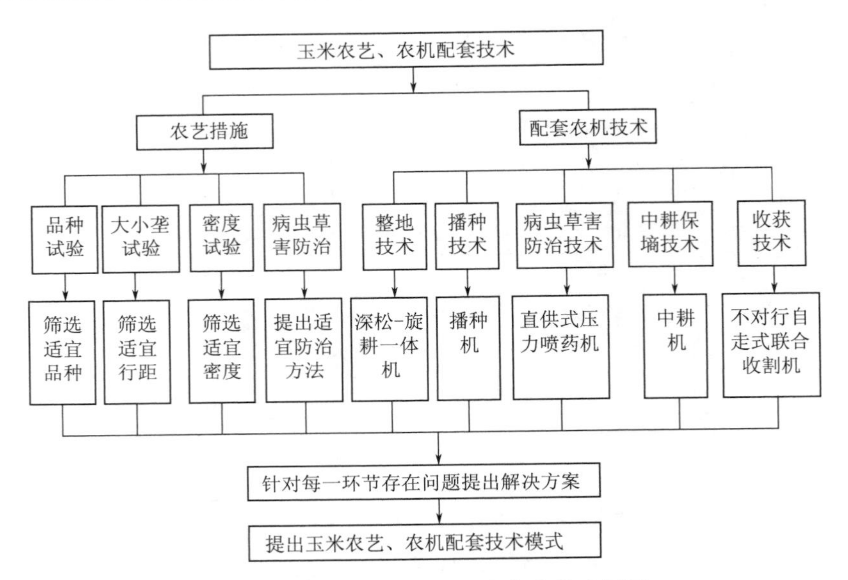

图5-4　农艺农机配套技术集成模式框图

5.5.3 研究结果

5.5.3.1 配套农机的引进、研制

在示范区示范和推广过程中，针对膜下滴灌、浅埋滴灌大小垄种植和喷灌匀垄种植条件下的病虫草害防治技术等进行配套农机具，对小型两行精量播种机及气吸式、勺轮式播种机进行对比，中耕施肥轮距进行调整对比，联合收割机等的引进，进行全程机械化综合配套集成，提出示范区喷、滴灌条件下玉米农艺、农机配套综合节水栽培技术集成模式。

1. 引进深松-旋耕一体机

项目区原有旋耕机。原有旋耕机一般旋耕深度15～20cm［图5-5（a）］，由于长期破土深度在20cm以内，在20cm以下形成了坚硬的犁底层，阻碍了玉米根系下扎及灌溉水分的扩散和储存。

后引进深松-旋耕一体机。采用深松-旋耕一体机作业，旋耕工作进行的好坏直接影响到播种出苗的效果［图5-5（b）］。该机器的作业原理是，先由最前方的铧式犁进行深松作业，深松深度25～30cm，每2～4年深松1次即可；再由中部的旋转刀齿进行灭茬、碎土作业，旋耕深度10～15cm；最后由尾部的镇压器对土地进行镇压整平，能够一次完成深松、旋耕、镇压三道工序。在碱性土壤中，若有大土块影响播种，则再旋耕1次。深松后有利于玉米根系向下深扎，提高玉米的抗旱能力，打破犁底层，保证了玉米根系下扎以及灌溉水分的扩散和储存。

（a）项目区现有旋耕机

（b）引进购置深松-旋耕一体机

图5-5　旋耕机对比图

2. 引进2BMJ-2气吸式一膜双行一体播种机

项目区原有传统铺带覆膜一体播种机。膜下滴灌示范区已经实施多年，实施过程中在播种方面仍存在问题：①鸭嘴出种不均匀，导致一个苗眼出苗偏多或无苗；②前期采用的播种机工作顺序为铺带、覆膜、打孔、落种、覆土，由于在拖拉机前行过程中对薄膜有拉扯作用，经常导致打孔落种后薄膜仍向前移动，这样导致苗眼与种子错位，需要人工引苗，产生额外的人工费用，同时影响了出苗率。

后引进2BMJ-2气吸式一膜双行一体播种机，针对上述存在的问题，项目组经过对多地玉米膜下滴灌种植区进行调研走访，对比不同播种机的播种效果，在当地开展膜下滴灌万亩示范区建设，适时引进配套农机，引进了10台瓦房店明运农机2BMJ-2一膜双行一体播种机［图5-6（a）］。该播种机调整了原有工作顺序，调整为铺带、覆膜、覆土、打孔、落种的顺序，实现了精量播种和苗孔与种子相对应，出籽均匀，出苗率和保苗率明显提高。

3. 引进、研制玉米浅埋滴灌铺带播种一体机

针对浅埋滴灌的特点，适时引进、研制了玉米浅埋滴灌铺带播种一体机［图5-6（b）］，并进行试验、中试和示范，解决了滴灌带滴埋设深度的问题，滴灌带适宜埋设深度为1～3cm。滴灌带地埋首先是为了避免滴灌带铺设后受大风影响飘飞；其次是为了减少灌溉后水分蒸发强度。但是没有必要将滴灌带埋设过深，埋设过深后初次灌水时，如果灌

水水头压力不足，会导致滴灌带不通水，降低灌溉均匀度。同时根据土壤质地适时调整滴灌带开沟犁深浅，根据购买种子的大小，调换相应型号的种盘。在采购玉米籽种时要详细阅读籽种的品质说明，尽量采购发芽率较高籽种。

（a）气吸式一膜双行一体播种机

（b）玉米浅埋滴灌铺带播种一体机

图5-6 引进、研制播种机

经引进、研制和示范，内蒙古水利科学研究院与内蒙古自治区农牧业科学院联合申请专利，获得专利名称为“玉米浅埋滴灌铺带播种一体机”的实用新型专利（ZL 2016 2 1320758.4），并于2017年6月16日授权公告。

4. 中耕农机具改进前后对比

（1）原有单铧犁中耕机。在种植模式从匀垄调整为大小垄种植以后，原有单铧犁中耕机需来回两趟完成两个宽行的中耕工作，工作效率偏低［图5-7（a）］。

（2）改进双铧犁中耕机。在对铧犁尺寸和宽行间距进行数据分析后，科研人员选用小铧犁试制了适合滴灌宽行距中耕的双铧犁，即在85cm大垄内同时有2个小铧犁工作［图5-7（b）］。对试制农具在核心试验区进行测试，效果良好，改进的双铧中耕机工作效率提高50%，一趟即可完成两个宽行的中耕工作。

（a）项目区现有单铧犁中耕机

（b）改造后的双铧犁中耕机

图5-7 中耕机对比图

5. 联合收割机引进前后对比

（1）项目区原有收割机。项目区周边多为匀垄种植，目前收割机全部为大齿对行收割机［图 5－8（a）］，在收获大小垄种植的滴灌种植区时，经常会发生割台顶倒整垄玉米的现象；膜下滴灌区玉米种植密度明显高于管灌区，现有收割机收获效率和质量明显下降，每天作业面积减少、玉米掉棒率明显升高。

（2）引进购置自走式联合收割机。引进新型收获机：新疆牧神 4YZB－7 收割机为新疆机械研究院股份有限公司自主研发的不对行型玉米收割机，对种植间距有较好的适应性［图 5－8（b）］。该机型具有以下特点：①可配置行走四驱系统，不受玉米种植行距限制，适合跨区域作业；②主机可与牧神 4QX－2200 青（黄）贮饲料割台挂接，成为一台自走式青（黄）贮饲料收获机，模块化挂接设计，挂接简单快捷，实现一机两用，提高经济效益；③配置 5 组平置剥皮机，剥皮效率高、效果好；④收割玉米的同时，可完成秸秆玉米粉碎还田、秸秆回收装车或秸秆铺条晾晒；⑤升运器出草处设计由浮动拉草装置，减少含杂量，降低设备故障；⑥割台、剥皮机等处传动部分配有安全离合器，有效保护工作部件，降低设备故障；⑦采用高可靠性的 100 系列底盘，通过能力强，故障率低；⑧主机上配置作业监控系统，提高机具操作安全性、可靠性。

（a）项目区原有收割机

（b）引进收割机

图 5－8　收割机对比图

5.5.3.2　喷、滴灌条件下农艺农机配套技术综合集成

内蒙古东部节水增粮高效灌溉技术集成研究与规模化示范项目在通辽市科左中旗腰林毛都镇和保康镇开展了 10000 亩滴灌示范区和 3000 亩喷灌示范区。在试验研究和示范推广基础上，针对喷、滴灌示范区在农艺、农机配套过程中存在的问题对配套农机进行引进、研制、购置，按时间节点对喷、滴灌条件下玉米全生育期耕作流程进行农艺、农机配套技术研究，并最终形成喷灌、膜下滴灌、浅埋滴灌农艺、农机配套技术集成模式，模式内容详见表 5－11～表 5－13。通过近几年发展，已经基本实现农业生产重要环节的全程机械化。到 2018 年，示范区农机具种类及数量都较前有所提高。尤其在 2018 年，在病虫害防治方面，无人机的应用更加广泛，全程机械化水平相对较高，从农户的反馈信息也了解到农户对农机具应用的重视程度日益加深，用一句当地农户的话来说“从种到收都得用到机器”。对农户的调查得知，当地农户普遍都使用农机具，农机具推广率较高，农业机械化推广率达到 100%，实现了“从耕到收”全程机械化作业。

表5-11　　喷灌农艺、农机配套技术应用要点

时间	项目	农艺、农机配套关键技术指标
4月上中旬	整地	农艺措施：每2～4年深松1次，每年旋耕1次。旋耕深度15～20cm，深松深度25～30cm。 配套农机：深松-旋耕一体机、旋耕机。 注意事项：碎土整地，使土地平整，达到播种机播种要求
5月中旬	播种	农艺措施：60cm匀垄种植，密度4000～5000亩/株，选择当地农业部门推荐品种，适宜品种包括京科968、韦科958、鑫天农31及嘉和212等系列品种。底肥选择复合肥。 配套农机：播种机。 注意事项：精准播种，一次完成开沟、起垄、播种、施肥、覆土、镇压等作业，播深3～5cm。种、肥同施，注意种子与底肥横向间保持一定距离，否则易出现烧苗现象；纵向施肥不宜过深，造成肥料利用不充分出现浪费现象。播种时间不宜过早，防止春季风灾，导致重复播种
3～5叶期	草害防治	农艺措施：除草剂要根据田地里杂草的类型，有针对性地选择不同成分的除草剂，在没有特殊杂草情况下采用2.5%烟嘧磺隆100～120mL/亩，22.5%莠去津100～120mL/15%，硝磺草酮50～65mL/亩混合稀释后喷施。 配套农机：直供式压力式喷药机。 注意事项：喷洒除草剂时要严格按照操作说明进行，在大风或预计1h内有降雨情况下，不要喷施。除草剂宜选择温度时作业，否则蒸发快，药效差。打完药不能有连阴雨，以晴天为佳，防止药效被削弱。 选择适宜温度晴天、少风天气作业，温度过高蒸发快，有降雨时药被淋洗，药效削弱
6月上旬	中耕培土	农艺措施：一般中耕两次，第一次中耕以防治草害为主，中耕深度5～10cm，可清除杂草，有利于玉米的生长发育；第二次需结合中耕进行追肥，中耕深度10～15cm，可促进根系多发和深扎，提高根系的生长机能。 配套农机：单铧犁中耕机。 注意事项：铧子间距离苗近易伤苗，离得远的覆土效果差，应根据陇距调整铧子间距。疏松深层土壤，增大土壤孔隙度，可促进作物根系向横向和纵深生长，又防止地面径流，最大限度将天然降水蓄存到表土层中，补充作物生长发育所需的水分
6月中下旬、7月下旬	病虫害防治	农艺措施：6月中下旬防控玉米易发生的玉米螟、黏虫、玉米蚜等病害，同时补充营养液，促使玉米快速恢复，催促生长。7月下旬防治玉米易发生的红蜘蛛、双斑萤叶甲等病虫害。 配套农机：直供式压力式喷药机、高架喷药机或无人机。 注意事项：要根据气候特点和害虫的昼夜活动规律，选择在有利的时间施药。施用农药时间以上午9～10时和下午4时以后为宜。杀虫剂应按说明喷施，并补充营养液，促使玉米快速恢复，催促生长，喷施农药时做好安全防护工作，防止人员意外出现
9月下旬	适时收获	农艺措施：当玉米果穗苞叶变白、松散，果穗下部籽粒乳线消失，籽粒基部（胚下端）出现黑帽层时适时收获。 配套农机：不对行自走式联合收割机。对种植间距有较好的适应性，工作效率提高，掉棒现象减少。 注意事项：在收割过程中，以机械收割为主，对于地边界等机械不能照顾到的地方，应辅以人工收割，做到颗粒归仓

表 5-12　　玉米膜下滴灌农艺、农机配套技术应用要点

时间	项目	农艺、农机配套关键技术指标
4月上中旬	整地、灭鼠	农艺措施：每2～4年深松1次，每年旋耕2次。旋耕机旋耕深度一般以15～20cm为宜，深松机深松深度一般以25～30cm为宜。在鼠害严重的坨沼地，因田鼠破坏后的滴灌带，严重影响正常灌水，需进行灭鼠工作。 配套农机：旋耕机、深松-旋耕一体机。 注意事项：碎土整地，使土地平整，达到播种机播种要求
4月下旬	播种、田间管网铺设	农艺措施：采取大垄85、小垄35cm种植模式，密度4500～5000亩/株，在当地农业部门指导下宜选择包衣原种。 配套农机：玉米一膜双行一体播种机。 注意事项：播种后进行田间管网系统的铺设与连接。安装时按灌水小区须截断支管、毛管，以保证灌水均匀度。毛管铺设时注意不宜过紧，灌水时热胀冷缩现象会拽坏三通。为了避免三通漏水，滴灌带连接三通时需用力抻拉滴灌带两端，确保按扣三通卡扣锁紧
3～5叶期	草害防治	农艺措施：主要针对禾本科及阔叶杂草进行草害防治。在没有特殊杂草情况下建议采用2.5%烟嘧磺隆100～120mL/亩，22.5%莠去津100～120mL/15%，硝磺草酮50～65mL/亩混合稀释后喷施。 配套农机：直供式压力式喷药机。 注意事项：喷洒除草剂时要严格按照操作说明进行，在大风或预计1h内有降雨情况下，不要喷施。同时要注意喷药时的温度，温度过低或过高均会影响药效发挥，导致喷药后除草效果不佳
6月初、6月下旬	中耕培土	农艺措施：第一次中耕深度5～10cm，可清除杂草，有利于玉米的生长发育；第二次中耕深度10～15cm，可促进根系多发和深扎，提高根系的生长机能。 配套农机：双铧犁中耕机。 注意事项：调试中耕机铧子间距，以既不伤苗又能覆土为宜。中耕可疏松深层土壤，增大土壤孔隙度，可促进作物根系向横向和纵深生长，又防止地面径流，最大限度将天然降水蓄存到表土层中，补充作物生长发育所需的水分
6月下旬、7月下旬	病虫害防治	农艺措施：6月下旬防控玉米易发生的玉米螟、黏虫、玉米蚜等病害，同时补充营养液，促使玉米快速恢复，催促生长。7月下旬防治玉米易发生的红蜘蛛、双斑萤叶甲等病虫害。 配套农机：直供式压力式喷药机、高架喷药机或无人机。 注意事项：喷洒除草剂时要严格按照操作说明进行，在大风或预计1h内有降雨情况下，不要喷施。同时注意喷药时的温度，温度过低或过高均会影响药效发挥，导致喷药后除草效果不佳。做好人员安全防护工作
9月下旬至10月初	适时收获	农艺措施：当玉米果穗苞叶变白、松散，果穗下部籽粒乳线消失，籽粒基部(胚下端)出现黑帽层时适时收获。 配套农机：不对行自走式联合收割机。 注意事项：对宽窄行的种植间距有较好的适应性，工作效率高，掉棒现象较少，可一次完成割幅范围内任意种植行距的玉米摘穗及茎秆处理作业

表 5-13 露地玉米浅埋滴灌农艺、农机配套技术应用要点

时间	项目	农艺、农机配套关键技术指标
4月上中旬	整地、灭鼠	农艺措施：每2～4年深松1次，每年旋耕1次。旋耕机旋耕深度15～20cm，深松机深松深度25～30cm。在鼠害严重的坨沼地，因田鼠破坏后的滴灌带，严重影响正常灌水，需进行灭鼠工作。 配套农机：旋耕机、深松-旋耕一体机。 注意事项：碎土整地，使土地平整，达到播种机播种要求
4月下旬	播种-田间管网铺设	农艺措施：大垄85cm、小垄35cm种植，密度4000～4500亩/株，在当地农业部门指导下宜选择包衣原种。 配套农机：玉米浅埋滴灌铺带播种一体机。 注意事项：播种后进行田间管网系统的铺设与连接。安装时按灌水小区须截断支管、毛管，以保证灌水均匀度。毛管铺设时注意不宜过紧，灌水时热胀冷缩现象会拽坏三通。为了避免三通漏水，滴灌带连接三通时需用力抻拉滴灌带两端，确保按扣三通卡扣锁紧。玉米播种深度3～5cm，滴灌带适宜浅埋深度1～3cm；滴灌带铺设不宜过紧，应防止拉紧或收缩；滴灌带用量根据玉米垄距确定
3～5叶期、6～7叶期	草害防治	农艺措施：主要针对禾本科及阔叶杂草进行草害防治。在没有特殊杂草情况下建议采用2.5%烟嘧磺隆100～120mL/亩，22.5%莠去津100～120mL/15%，硝磺草酮50～65mL/亩混合稀释后喷施。 配套农机：直供式压力式喷药机。 注意事项：喷洒除草剂时要严格按照操作说明进行，在大风或预计1h内有降雨情况下，不要喷施。同时要注意喷药时的温度，温度过低或过高均会影响药效发挥，导致喷药后除草效果不佳
6月初、下旬	中耕培土	农艺措施：第一次中耕深度5～10cm，可清除杂草，有利于玉米的生长发育；第二次中耕深度10～15cm，可促进根系多发和深扎，提高根系的生长机能。 配套农机：双铧犁中耕机。 注意事项：调试中耕机铧子间距，以既不伤苗又能覆土为宜。中耕可疏松深层土壤，增大土壤孔隙度，可促进作物根系向横向和纵深生长，又防止地面径流，最大限度将天然降水蓄存到表土层中，补充作物生长发育所需的水分
6月下旬、7月下旬	病虫害防治	农艺措施：6月下旬防控玉米易发生的玉米螟、黏虫、玉米蚜等病害，同时补充营养液，促使玉米快速恢复，催促生长。7月下旬防治玉米易发生的红蜘蛛、双斑萤叶甲等病虫害。 配套农机：直供式压力式喷药机、高架喷药机或无人机。 注意事项：喷洒除草剂时要严格按照操作说明进行，在大风或预计1h内有降雨情况下，不要喷施。注意喷药时的温度，温度过低或过高均会影响药效发挥，导致除草效果不佳。做好人员安全防护工作
9月下旬至10月初	适时收获	农艺措施：当玉米果穗苞叶变白、松散，果穗下部籽粒乳线消失，籽粒基部(胚下端)出现黑帽层时适时收获 配套农机：不对行自走式联合收割机。 注意事项：对宽窄行的种植间距有较好的适应性，工作效率高，掉棒现象较少，可一次完成割幅范围内任意种植行距的玉米摘穗及茎秆处理作业

5.6 小结

（1）试验结果显示，示范区及周边适宜膜下滴灌的玉米品种有农华 106、伟科 702、京科 968 等，同时随着农业玉米品种的更新替代，还应参考每年农业部门推荐的玉米品种进行搭配；建议适宜滴灌的株距范围为 22.2～24.7cm，密度为 4500～5000 株/亩，行距配置为 85cm 与 35cm。在玉米全生育期适宜以随灌水进行 2～3 次追肥处理。

（2）通过对示范区玉米草害和病虫害防治的加强，提高了示范区农户对玉米病虫草害防治的意识，并做到预防为主，防控结合，病虫害防治率达到 95%。针对膜下滴灌，在播种时采取土壤封闭措施，在玉米 3～5 叶期进行草害防治；针对浅埋滴灌，播种时无法对小垄进行封闭除草，建议在玉米 3～5 叶期、6～7 叶期需进行两次草害防治。玉米病虫害防治主要在 6 月下旬和 7 月下旬，6 月下旬注意防控玉米易发生的玉米螟、黏虫、玉米蚜等病害，7 月下旬防治玉米易发生的红蜘蛛、双斑萤叶甲等病虫害。

（3）引进了深松-旋耕一体机、气吸式一膜双行一体播种机、不对行自走式联合收割机，改进了双铧犁中耕机，研制了玉米浅埋滴灌铺带播种一体机，示范区玉米生育期实现了全程机械化作业，农业耕作机械化率达到 100%。

（4）提出喷、滴灌条件下玉米农艺、农机配套综合节水栽培技术集成模式。

第6章 规模化示范区农田水土环境与综合效益监测与评价

6.1 规模化喷灌示范区农田水土环境监测与评价

6.1.1 研究内容

以内蒙古通辽市科左中旗“节水增粮行动”规模化示范区为研究对象，研究分析喷灌条件下土壤环境和地下水环境变化规律。主要研究内容如下：

6.1.1.1 喷灌条件下土壤环境变化规律研究

(1) 喷灌条件下土壤水盐动态监测评估：①土壤EC值动态变化规律；②土壤pH动态变化规律。

(2) 喷灌条件下土壤养分动态监测评估：①土壤有机质动态变化规律及其养分等级；②土壤全氮、全磷、全钾动态变化规律及其养分等级；③土壤速效磷、速效钾动态变化规律及其养分等级。

6.1.1.2 喷灌条件下地下水环境监测评估

(1) 地下水埋深动态变化规律。

(2) 地下水水质动态变化规律及地下水质量评价。

6.1.2 研究方案与方法

6.1.2.1 土壤环境研究方法

1. 土壤环境变化规律分析方法

分析12个取样点的土壤含水率、盐分、pH、养分（全氮、碱解氮、全磷、速效磷、全钾、速效钾、有机质）变化规律。

2. 土壤养分分级标准的划分方法

采用SPSSA及EXCEL软件对示范区12个点的土壤盐分、EC、pH及土壤养分（有机质、全氮、全磷、全钾、速效磷、速效钾）进行分析，确定各土层各项指标的含量频数分布直方图及特征值表。根据《全国第二次土壤普查养分分级标准》，确定该区域土壤养分（全氮、碱解氮、全磷、速效磷、全钾、速效钾、有机质）级别。

3. 主成分分析法

采用主成分分析方法对土壤各参评因子进行分析，依次采用X1、X2、X3、X4、…、X7表示有机质、全氮、全磷、全钾、水解氮、速效磷、速效钾，并计算各主成分特征值及贡献率；采用聚类分析对土壤肥力质量综合指标进行聚类，并用Excel进行相关数据的处理。

采用最小养分律对示范区土壤养分进行评价。

6.1.2.2 地下水环境研究方法

1. 地下水埋深变化规律分析方法

选取1号、2号、3号地下水观测井2015—2017年5月初至10月末每10天1次地下水埋深观测数据，对作物生育期内地下水埋深变化规律进行研究。

2. 地下水水质变化规律分析方法

选取1号、2号、3号地下水观测井2015—2017年共24次观测数据，对作物生育期地下水水质（氨氮、氯化物、总硬度、硝酸盐、硫酸盐）变化规律进行研究。采用综合标识指数法对水质状况进行评价。

6.1.3 研究结果

6.1.3.1 土壤环境监测与评价结果

1. 土壤盐分变化规律

土壤中盐分变化是一个复杂的过程，降雨、灌溉、蒸发、地下水位埋深等的变化都对其有较大的影响。无论在高水区还是在低水区，土壤中盐分的整体变化趋势基本一致。在1号区，播种前的含盐量小于收获后的。这是由于生育初期5月的含盐量变化较小，在7月、8月灌水之后，含盐量达到最小值。之后随着土壤蒸发和作物消耗，土壤中水分逐渐减少，盐分逐渐增加，在生育期末期的10月，含盐量达到最大。在3号、9号区，在生育期初期的5月，含盐量变化较小；在7月、8月灌水之后，含盐量达到最小值。之后随着土壤蒸发和作物消耗，土壤中水分逐渐减少，盐分逐渐增加，在生育期末期的10月，含盐量逐渐增加，但是生育期末期含盐量仍然小于生育初期的含盐量。这一现象说明3号、9号区为低水区，经过一个生育区，出现了积盐趋势，而高水区并没有出现积盐趋势，EC变化详见图6-1～图6-10。

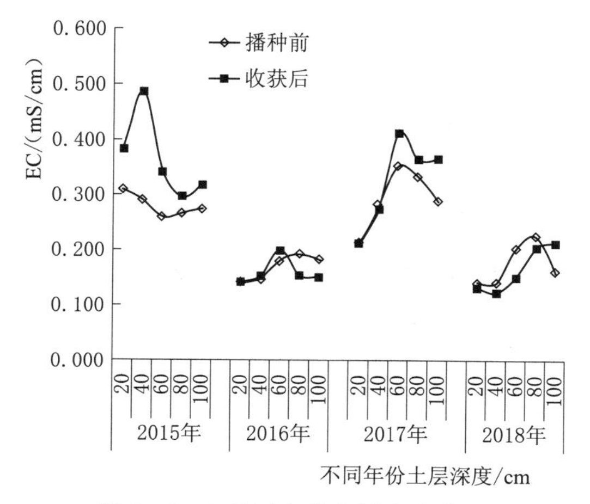

图6-1 1号区土壤电导率变化图

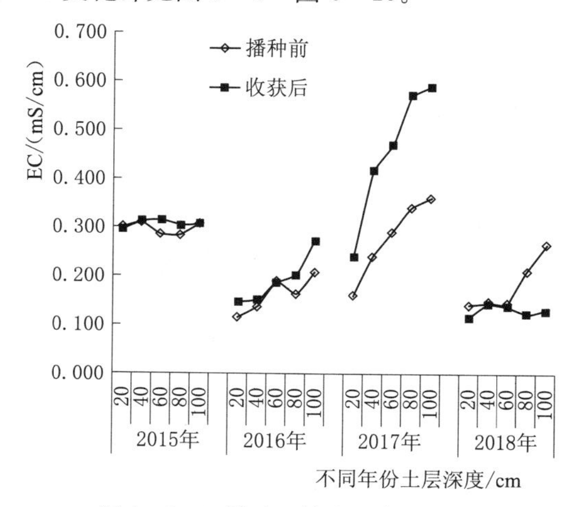

图6-2 7号区土壤电导率变化图

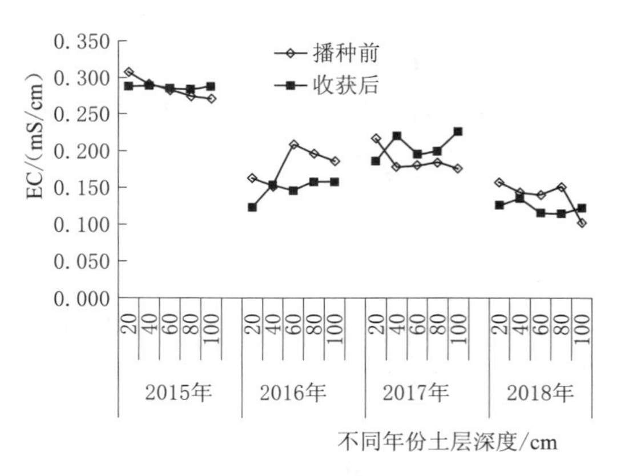

图 6-3　3 号区土壤电导率变化图

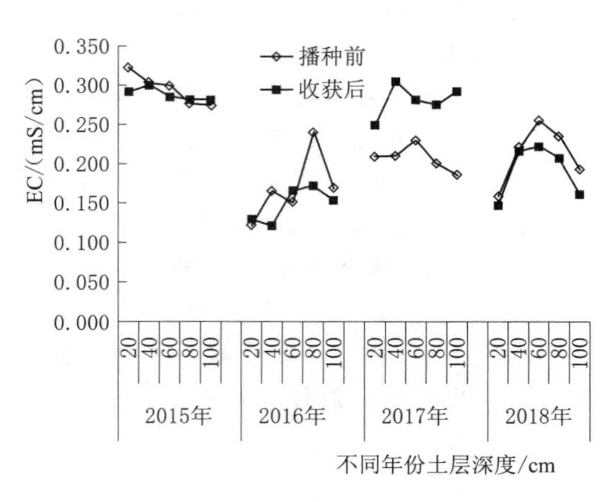

图 6-4　9 号区土壤电导率变化图

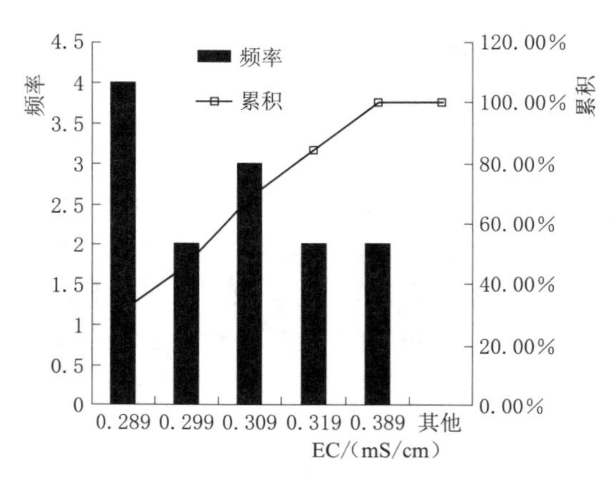

图 6-5　2015 年播种前土壤 EC

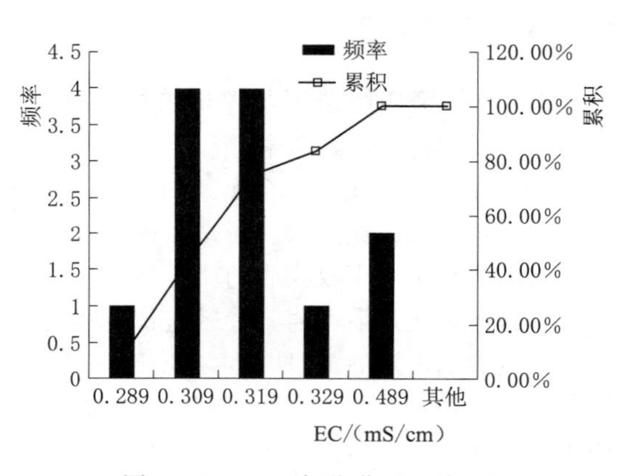

图 6-6　2015 年收获后土壤 EC

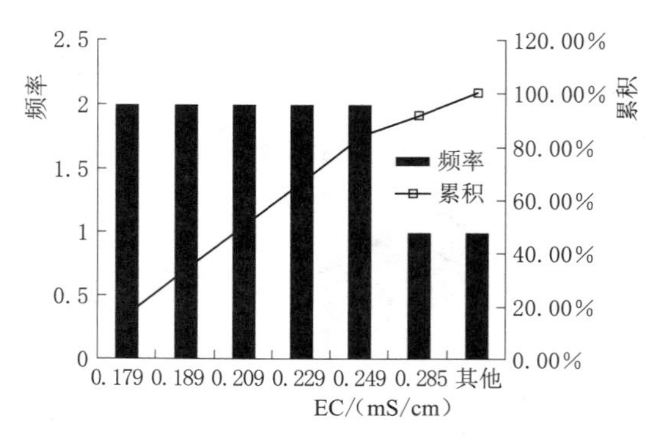

图 6-7　2017 年播种前土壤 EC

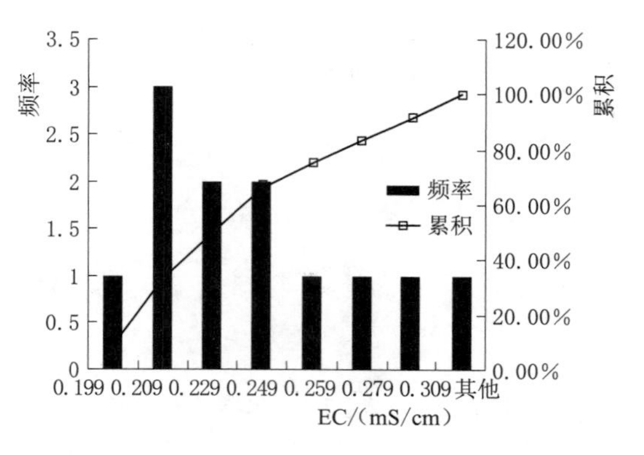

图 6-8　2017 年收获后土壤 EC

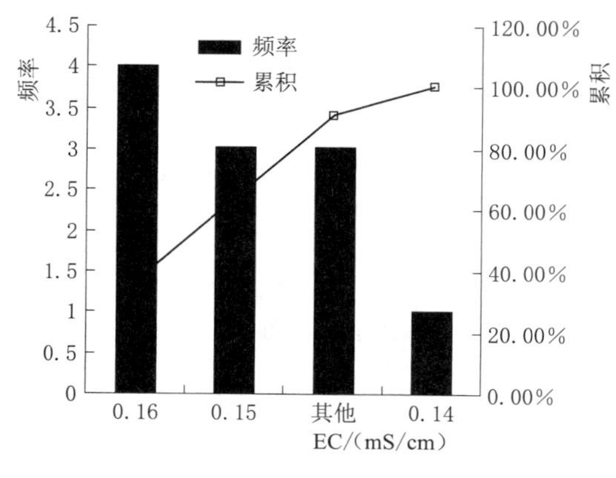

图 6-9 2018 年播种前土壤 EC

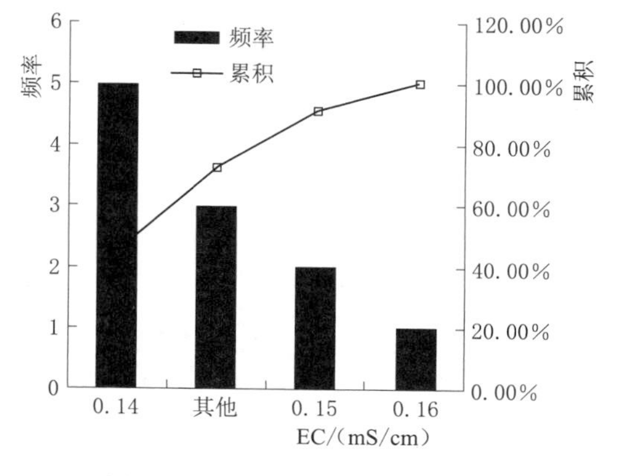

图 6-10 2018 年收获后土壤 EC

根据不同时间土壤 EC 频率分布直方图和统计特征值（表 6-1）可知，大部分区域盐分水平呈现下降趋势，示范区水肥实施对盐分控制水平较好。

表 6-1 示范区土壤 EC 统计特征值表 单位：mS/cm

时间	样本量	最大值	最小值	均值	全距
2015 年播种前	12	0.389	0.285	0.307	0.022
2015 年收获后	12	0.448	0.276	0.327	0.051
2017 年播种前	12	0.429	0.173	0.228	0.256
2017 年收获后	12	0.419	0.193	0.246	0.226
2018 年播种前	12	0.221	0.131	0.158	0.09
2018 年收获后	12	0.373	0.123	0.166	0.25

注 全距是用来表示统计资料中的变异量数，其最大值与最小值之间的差距；即最大值减最小值后所得数据。

2. 土壤 pH 变化规律

土壤酸碱性是土壤的基本性质之一，也是众多化学性质综合体现，pH 反映了土壤溶液中氢离子与氢氧根离子浓度的比例，土壤中几乎所有化学反应都会涉及氢离子的传递或者转换，从而直接影响到土壤中养分的存在形态、转化和有效性，进而影响植物的生长及整个生态环境。

每个取样点不同土壤深度的 pH 随着土层深度的增加而变化。1 号区收获后土壤 pH 相较于播种前明显增大，其变化规律多年一致，其原因是当地地下水为碱性。在玉米生育期内，作物吸收地下水，并利用地下水进行作物灌溉，因而导致作物耕作层内的土壤碱性增大。而 8 号区收获后土壤 pH 相较于播种前明显减小，其变化规律与 2015 年相悖，分析认为 8 号区在生育期内灌溉水少于 1 号区，因而导致作物耕作层内的土壤碱性减少。1 号区全生育期内 pH 变化范围在 7.76～8.10，8 号区全生育期内 pH 变化范围在 7.85～8.13，8 号区 pH 高于 1 号区，土壤 pH 变化见图6-11～图 6-13。

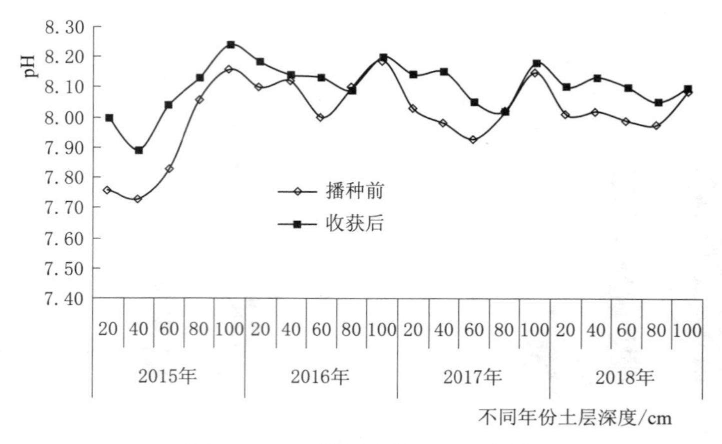

图 6-11　1 号区土壤 pH 变化图

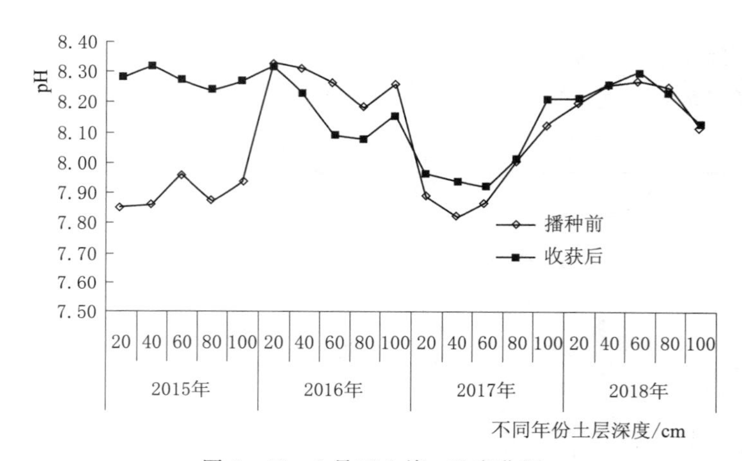

图 6-12　8 号区土壤 pH 变化图

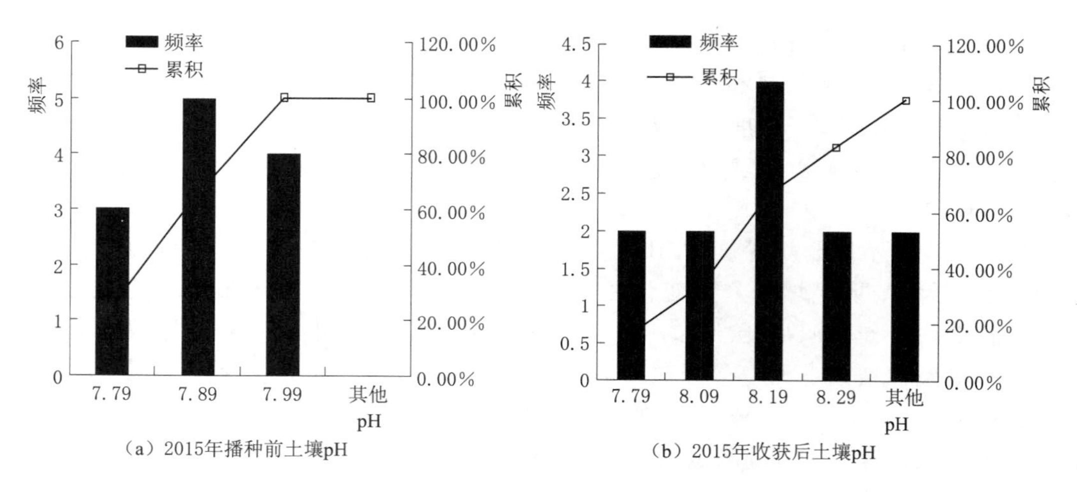

图 6-13（一）　土壤 pH 频率分布直方图

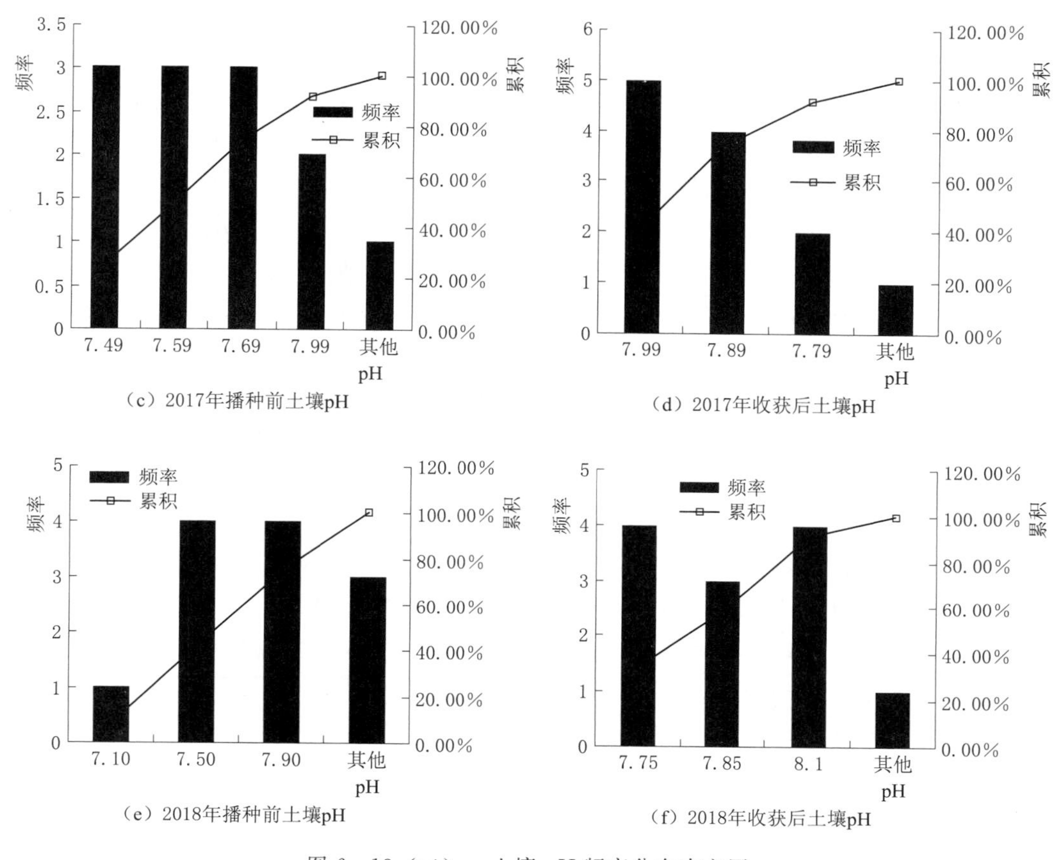

（c）2017年播种前土壤pH

（d）2017年收获后土壤pH

（e）2018年播种前土壤pH

（f）2018年收获后土壤pH

图 6-13（二） 土壤 pH 频率分布直方图

根据不同时间土壤 pH 频数分布直方图和统计特征值（表 6-2）可知，示范区内 pH 基本稳定。根据《中国土壤》pH 分级标准（表 6-3），示范区土壤属于碱性土。

表 6-2　　示范区土壤 pH 统计特征值表

时　间	样本量	最大值	最小值	均　值	全　距
2015 年播种前	12	7.95	7.73	7.85	0.22
2015 年收获后	12	8.28	7.85	8.13	0.43
2017 年播种前	12	8.31	7.32	7.66	0.99
2017 年收获后	12	8.15	7.62	7.89	0.53
2018 年播种前	12	7.94	7.04	7.65	0.90
2018 年收获后	12	8.14	7.72	7.86	0.42

表 6-3　　《中国土壤》pH 分级标准

pH	<5.0	5.0～6.5	6.5～7.5	7.5～8.5	>8.5
级别	强酸性	酸性	中性	碱性	强碱性

3. 土壤有机质变化规律

土壤有机质是土壤固相部分的重要组成部分，其含量在一定程度上可以代表土地的质量状况。土壤有机质含量是衡量土壤肥力高低的重要指标之一，它能促使土壤形成结构，改善土壤物理、化学及生物学过程的条件，提高土壤的吸收性能和缓冲性能，同时它本身又含有植物所需要的各种养分，如碳、氮、磷、硫等。

示范区内，土壤有机质含量 0～60cm 土层显著高于 60～100cm 土层。高肥区 1 号区、2 号区收获后土壤有机质含量高于播种前，说明该区肥力充沛，生育期所施肥料经过作物全生育期消耗后，仍有剩余肥力，使得收获后土壤有机质含量高于播种前。此变化趋势与 2015—2017 年一致。低肥区 7 号区、9 号区仅 0～60cm 收获后土壤有机质含量高于播种前期，60～100cm 土层收获后土壤有机质含量均低于播种前期。在作物生长发育后期，60～100cm 土层土壤肥力消耗较大，因此收获后土壤有机质含量低于播种前期。中肥区 5 号区、6 号区所有土层收获后土壤有机质含量高于播种前，对于中肥区 2016 年的结果与 2015 年正好相反。

土壤有机质高肥区含量：2015 年为 0.687～11.241g/kg，2016 年为1.487～10.691g/kg，2017 年为 3.469～14.448g/kg，土壤有机质含量呈波形变化趋势。土壤有机质中肥区含量：2015 年为 1.226～14.079g/kg，2016 年为 2.327～11.361g/kg，2017 年为 2.569～16.432g/kg，土壤有机质含量呈上升变化趋势。土壤有机质低肥区含量：2015 年为 1.677～9.432g/kg，2016 年为 2.063～14.283g/kg，2017 年为 3.313～15.812g/kg，土壤有机质含量呈上升变化趋势。相比较内蒙古河套地区及西辽河产量较高地区，示范区内土壤有机质含量 0～20cm 土层最高，其他地区 40～50cm 土层最高，土壤有机质变化见图 6-14～图 6-20。

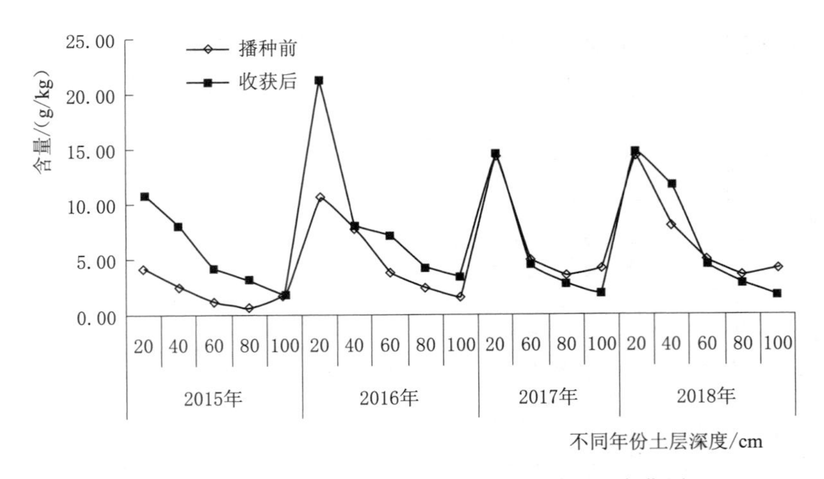

图 6-14 高水高肥区 1 号区土壤有机质含量变化图

根据不同时间土壤有机质含量频数分布直方图和统计特征值（表 6-4）可知，同一时间内，示范区土壤有机质含量最大值与最小值相差 4.822～12.013g/kg。根据《全国第二次

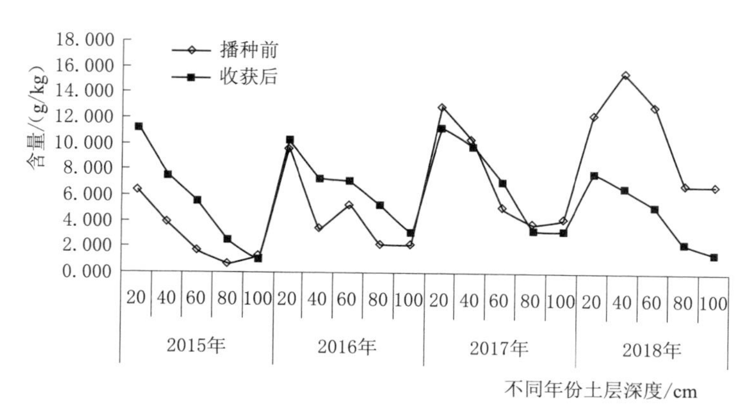

图 6-15　中水高肥区 2 号区土壤有机质含量变化图

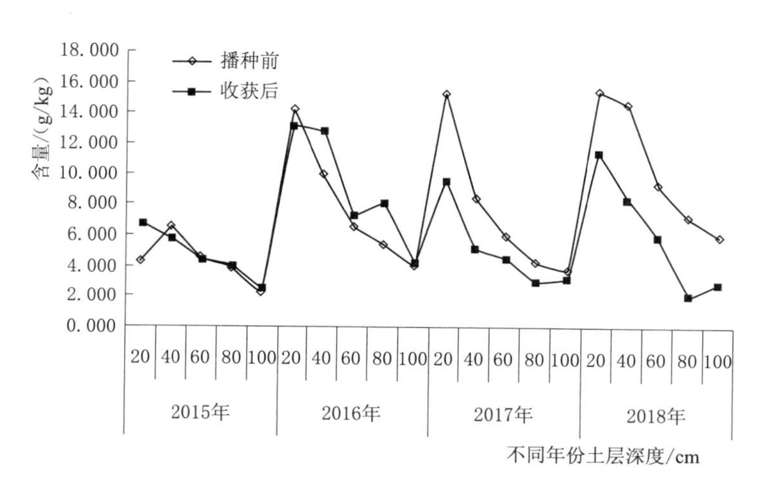

图 6-16　高水低肥区 7 号区土壤有机质含量变化图

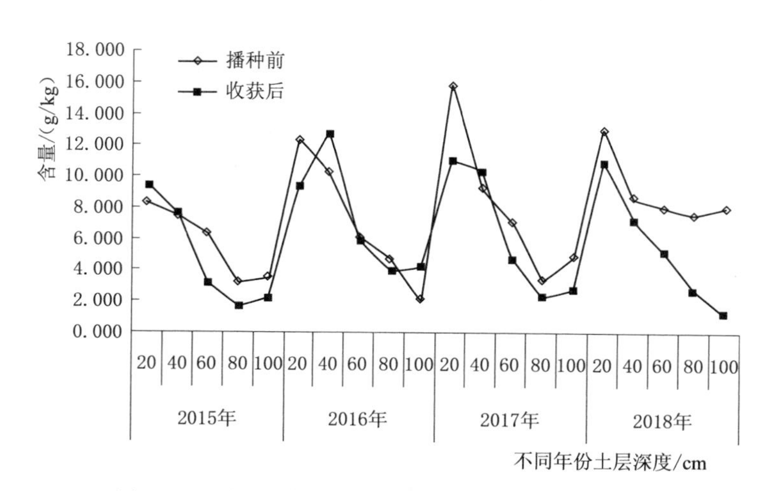

图 6-17　低水低肥区 9 号区土壤有机质含量变化图

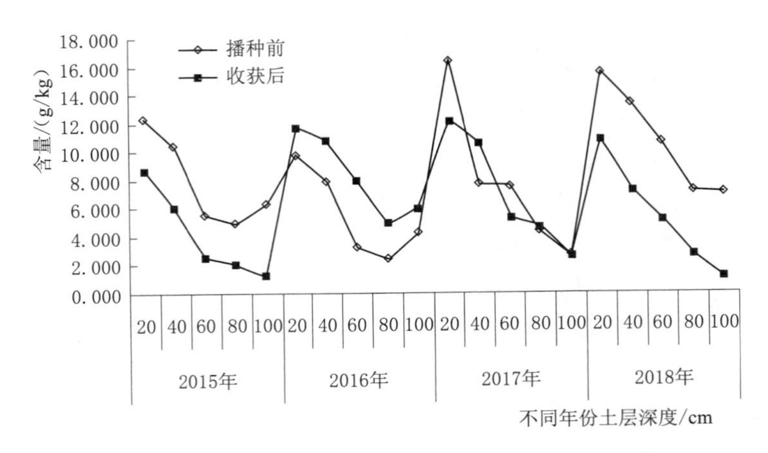

图 6-18 中水中肥区 5 号区土壤有机质含量变化图

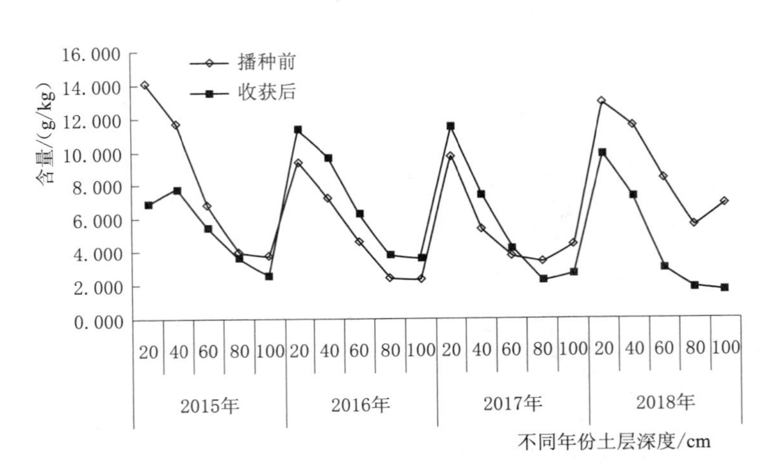

图 6-19 低水中肥区 6 号区土壤有机质含量变化图

土壤普查暂行技术规程》中全国第二次土壤普查养分（有机质）分级标准（表 6-5），示范区有机质含量属于四～六级，处于很缺乏～适宜水平。但是年季间，土壤有机质含量在逐年升高，从很缺乏水平向适宜水平发展。

表 6-4 **示范区土壤有机质含量统计特征值表** 单位：g/kg

时　间	样本量	最大值	最小值	均　值	全　距
2015 年播种前	12	11.644	2.492	6.271	9.152
2015 年收获后	12	8.748	3.926	6.745	4.822
2017 年播种前	12	11.222	5.431	8.237	5.791
2017 年收获后	12	13.55	5.179	8.977	8.371
2018 年播种前	12	15.672	8.642	12.49	7.029
2018 年收获后	12	16.242	4.229	8.14	12.013

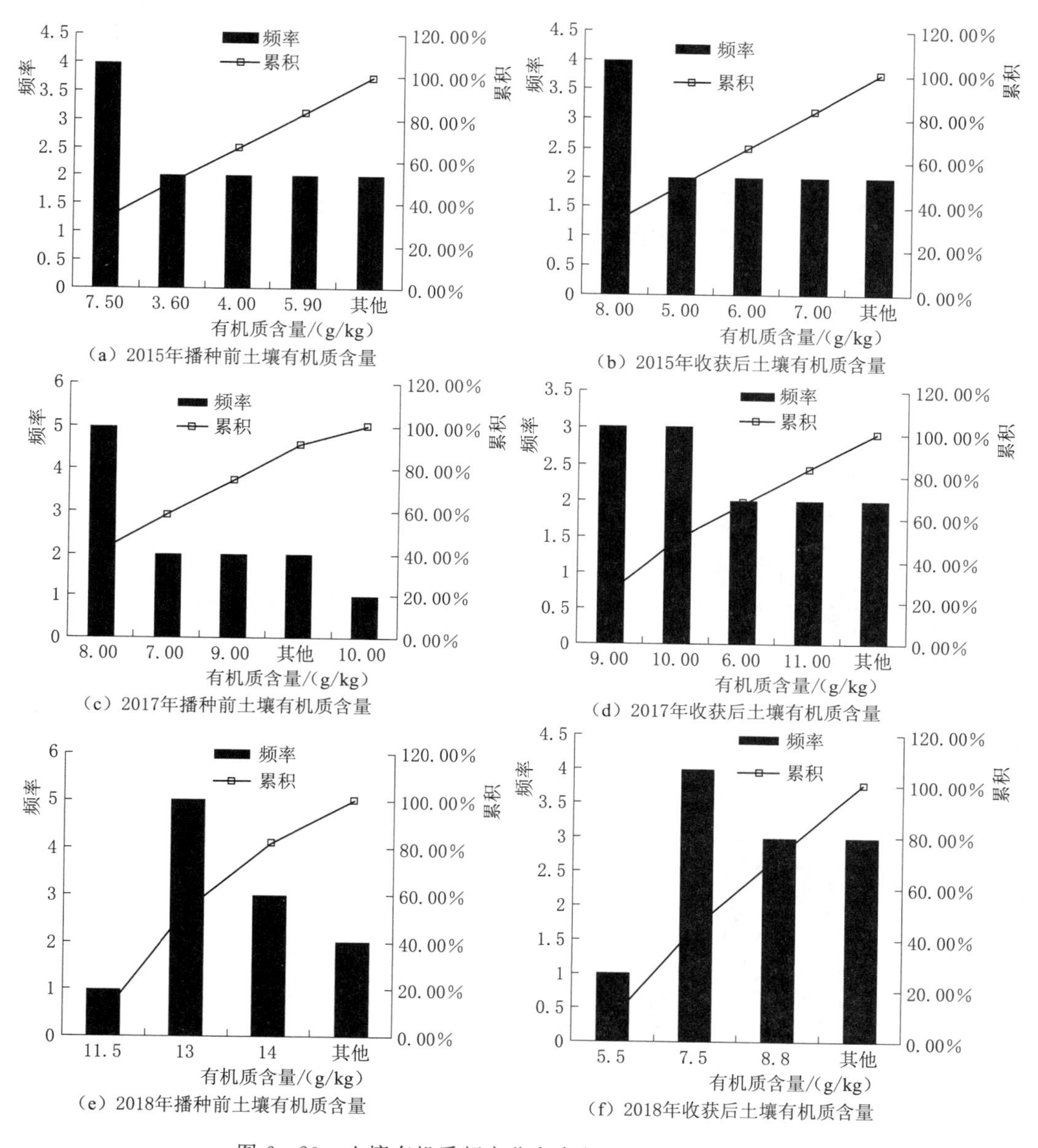

图 6-20　土壤有机质频率分布直方图（单位：g/kg）

表 6-5　全国第二次土壤普查养分（有机质）分级标准

有机质/(g/kg)	>40	30～40	20～30	10～20	10～6	<6
级别	一级	二级	三级	四级	五级	六级
水平	很丰富	丰富	最适宜	适宜	缺乏	很缺乏

4. 土壤中全氮、全磷、全钾的变化规律

氮素是蛋白质、遗传材料以及叶绿素和其他关键有机分子的基本组成元素，一切生物体都需要氮素来维持生活。氮也是农作物生长最主要的元素之一，缺氮会引起农作物的大幅减产，提高土壤氮素的含量和可利用性，可在短期内能提高生态系统生物产量。

土壤全氮是土壤中各种形态氮素含量之和，在一定程度上可代表土壤的供氮水平和土壤氮素的储蓄状况。

示范区各采样点土壤全氮含量以表层土（0～20cm）含量最高，主要集中在0～60cm土层，并随着土壤深度的增加而逐渐降低，说明全氮主要集中在上层土壤。全氮含量为0.082～0.801g/kg。

高水高肥区1号区全氮含量总体变化趋势为收获后大于播种前，表明高肥区全氮的施入量满足生育期作物的需求量，仍有剩余。中水高肥区2号区全氮含量总体变化趋势0～60cm土层为收获后大于播种前，60～100cm土层为收获后小于播种前，分析认为2015年、2016年氮肥的施入量没有满足作物生长的需求量，导致这种结果的产生。全氮含量：2015年为0.079～0.614g/kg，2016年为0.169～0.674g/kg，2017年为0.155～0.656g/kg，全氮含量呈波形变化趋势。土壤全氮变化见图6-21～图6-23。

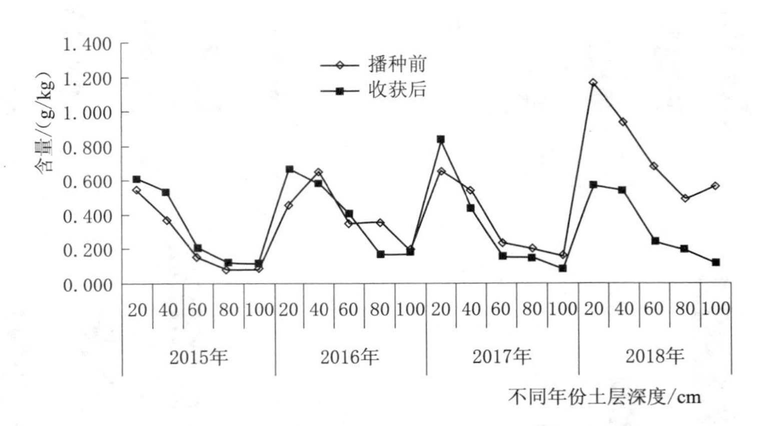

图6-21 高水高肥区1号区土壤全氮含量变化图

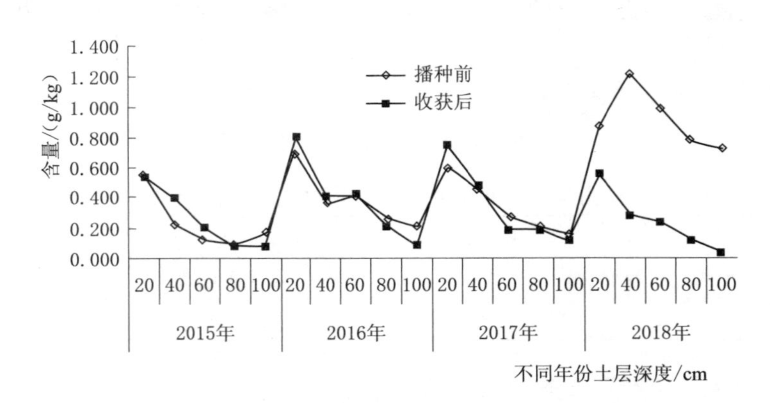

图6-22 中水高肥区2号区土壤全氮含量变化图

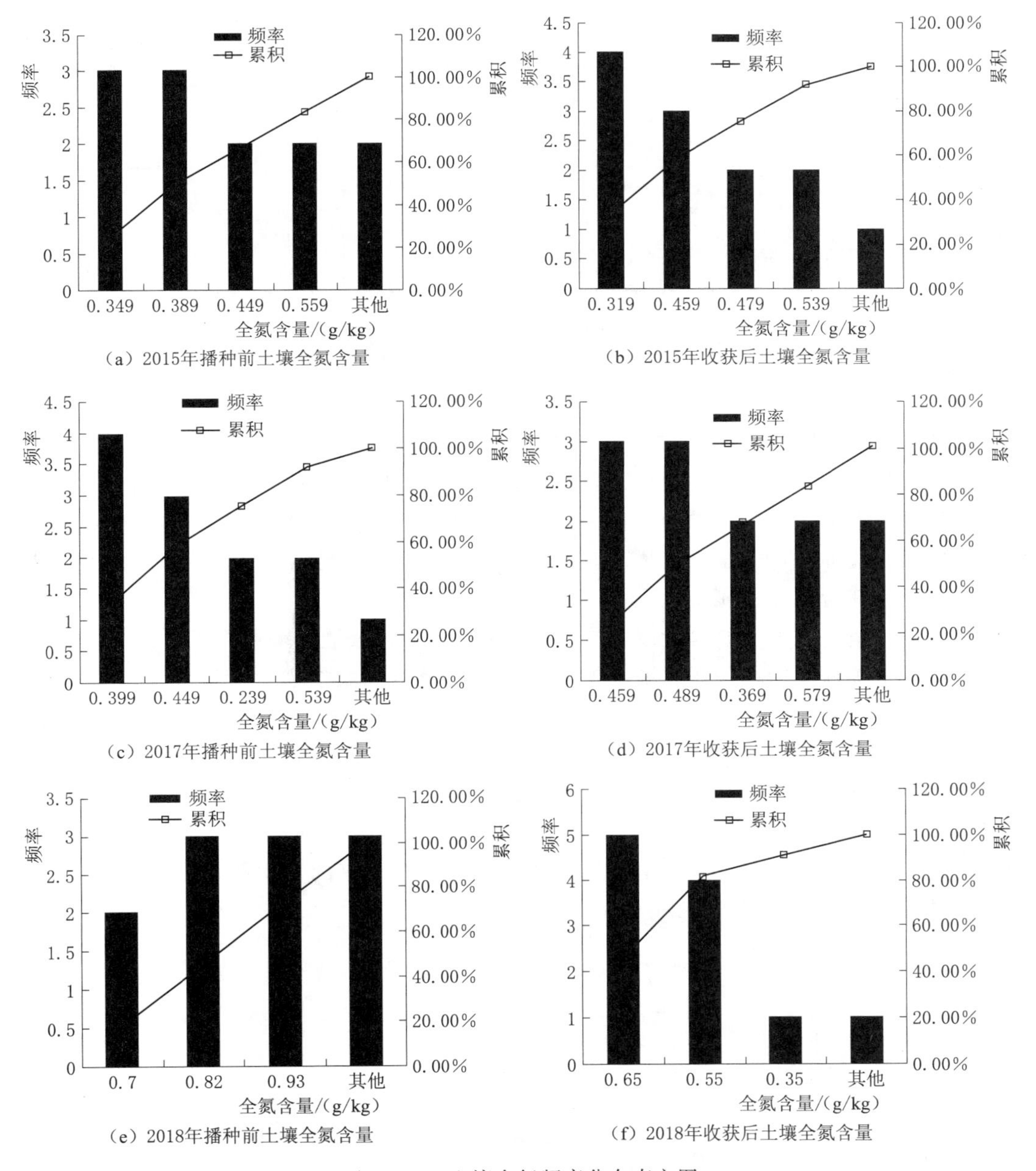

图 6-23　土壤全氮频率分布直方图

根据不同时间土壤全氮含量频数分布直方图和统计特征值（表 6-6）可知，同一时间内，示范区土壤全氮含量最大值与最小值相差 0.365～0.770g/kg。根据《全国第二次土壤普查暂行技术规程》中全国第二次土壤普查养分（全氮）分级标准（表 6-7），示范区全氮含量属于四～六级，处于中下水平。但是年季间，土壤全氮含量在逐年升高。

表 6-6　示范区土壤全氮含量统计特征值　单位：g/kg

时　　间	样本量	最大值	最小值	均　值	全　距
2015 年播种前	12	0.782	0.231	0.453	0.551
2015 年收获后	12	0.672	0.307	0.431	0.365
2017 年播种前	12	0.595	0.196	0.402	0.399
2017 年收获后	12	0.881	0.201	0.498	0.680
2018 年播种前	12	1.227	0.457	0.818	0.770
2018 年收获后	12	1.038	0.282	0.547	0.756

表 6-7　全国第二次土壤普查养分（全氮）分级标准

全氮/(g/kg)	>2	1.5～2	1～1.5	0.75～1.0	0.5～0.75	<0.5
级别	一级	二级	三级	四级	五级	六级

磷是农作物生长所需的大量元素之一，是核酸等的组成元素。磷的缺失将严重影响农作物的生长和发育。土壤中的磷大部分是以迟效性状态存在，因此土壤全磷含量并不能作为土壤磷素供应的指标。全磷含量高时不意味着磷素供应充足，而全磷含量低于某一水平时，则可能意味着磷素供应不足。

播种前示范区土壤全磷含量以表层土（0～20cm）含量最高，主要集中在 0～60cm 土层，并随着土壤深度的增加而逐渐降低。收获后示范区土壤全磷含量以 0～60cm 含量最高，并且主要集中在 0～60cm 土层，并随着土壤深度的增加而逐渐降低。在中肥区 5 号区和高肥区 3 号区土壤全磷年季变化趋势总体一致。中肥区 5 号区 2015 年全磷含量在 0～100cm土层均小于 0.3g/kg。全磷含量：2015 年为 0.077～0.175g/kg，2016 年为 0.114～0.329g/kg，2017 年为 0.055～0.169g/kg。全磷含量每年呈上升、下降的波形线趋势。2016 年仅有 20cm 土层含量超过了 0.3g/kg，2017 年的变化趋势同 2015 年。土壤全磷含量变化详见图 6-24～图 6-26。

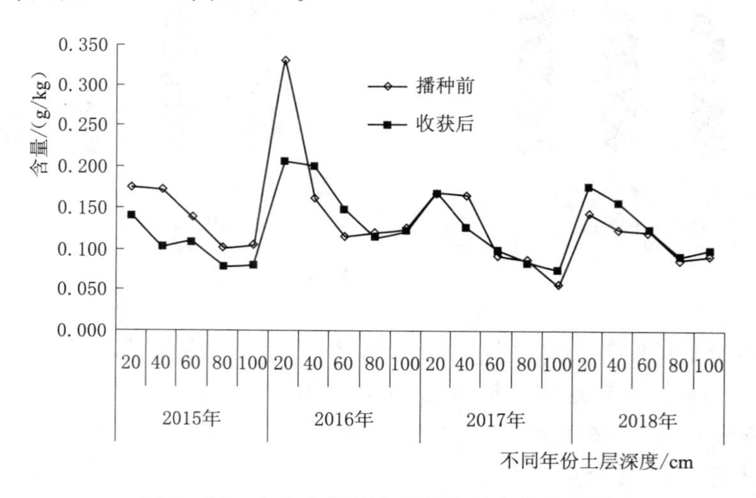

图 6-24　中水中肥区 5 号区土壤全磷变化图

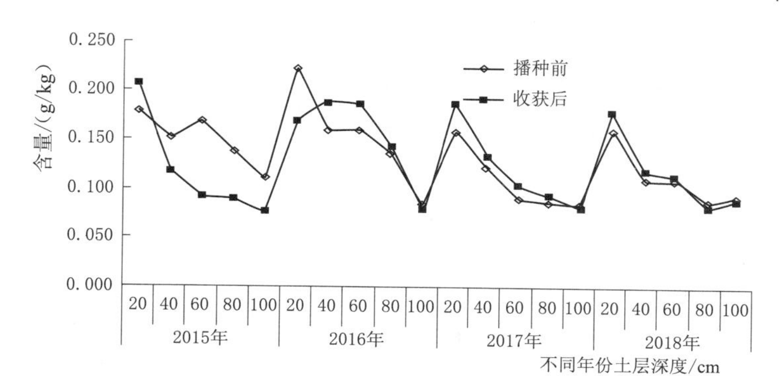

图 6-25 低水高肥区 3 号区土壤全磷变化图

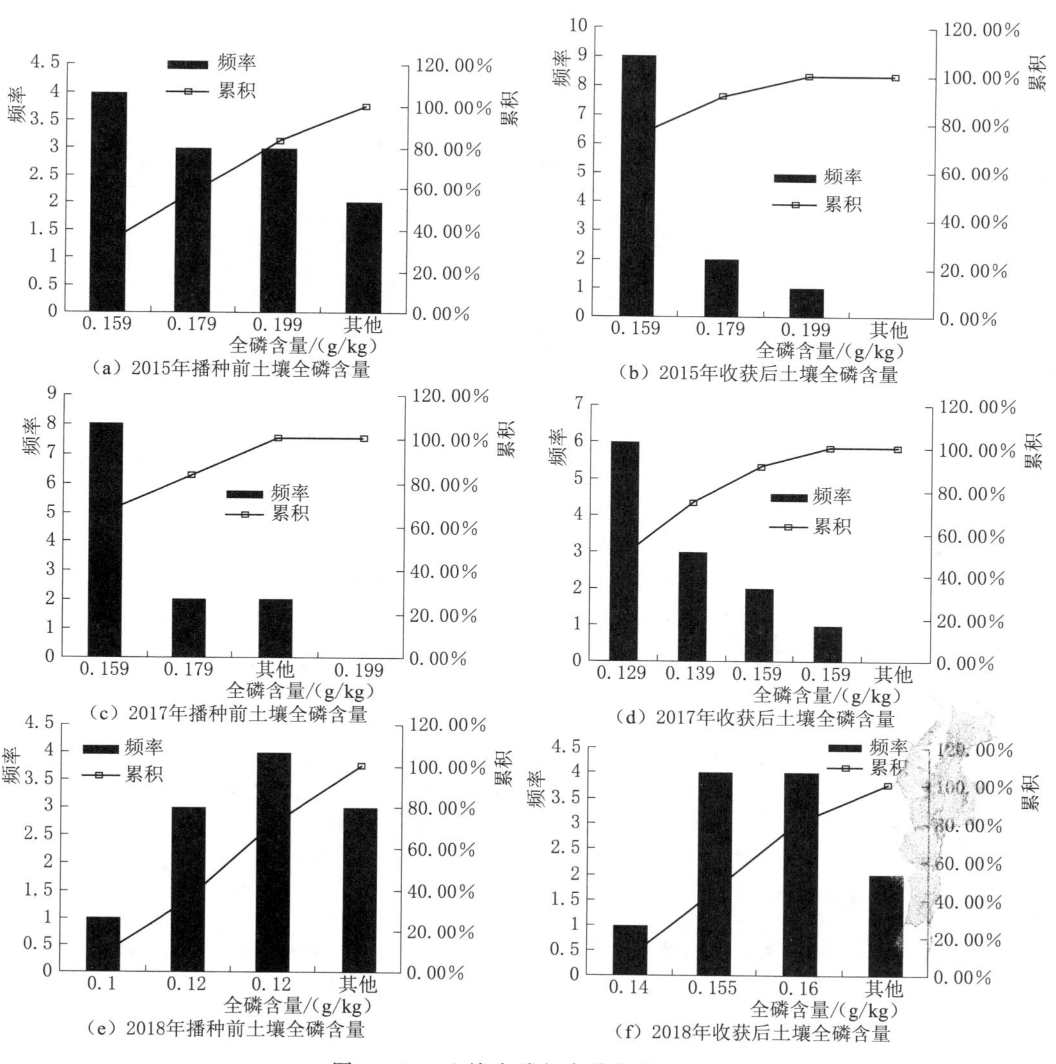

图 6-26 土壤全磷频率分布直方图

相比较内蒙古河套地区及西辽河流域产量较高地区，示范区内土壤全磷含量在时间上的变化趋势与其他地区呈现出相反的趋势，在空间上的变化趋势与其他地区一致，均为由土壤表层向下依次递减。但是土壤中的最大全磷含量（最大0.329g/kg）小于其他地区的含量（0.3～0.5g/kg）。

根据不同时间土壤全磷含量频数分布直方图和统计特征值（表6-8）可知，同一时间内，示范区土壤全磷含量最大值与最小值相差0.059～0.186g/kg。根据《全国第二次土壤普查暂行技术规程》中全国第二次土壤普查养分（全磷）分级标准（表6-9），示范区全磷含量属于五～六级，处于下等水平。土壤中全磷含量的大小主要依赖于土壤本身属性，受到人为培肥作用的影响相对较小，可以通过秸秆覆盖、施用农家肥等措施来增加全磷含量。

表6-8　示范区土壤全磷含量统计特征值表　单位：g/kg

时间	样本量	最大值	最小值	均值	全距
2015年播种前	12	0.308	0.122	0.186	0.186
2015年收获后	12	0.189	0.102	0.14	0.087
2017年播种前	12	0.25	0.114	0.154	0.136
2017年收获后	12	0.198	0.094	0.131	0.104
2018年播种前	12	0.146	0.087	0.119	0.059
2018年收获后	12	0.240	0.118	0.156	0.122

表6-9　全国第二次土壤普查养分（全磷）分级标准

全磷/(g/kg)	>1	0.8～1	0.6～0.8	0.4～0.6	0.2～0.4	<0.2
级别	一级	二级	三级	四级	五级	六级

钾可以促进植株茎秆健壮，改善果实品质，增强植株抗寒能力，提高果实的糖分和维生素C含量。作物缺钾时，会引起自身抗逆能力减弱，易受病害侵袭，易发生果实品质下降、着色不良等一系列反应。

高肥区土壤全钾含量以40～60cm土层含量较高，收获后含量显著高于播种前。全钾含量：2015年为15.97～25.37g/kg，2016年为16.95～21.32g/kg，2017年为22.68～27.47g/kg，全钾含量每年呈上升趋势。

中肥区土壤全钾含量以40～60cm土层含量最高，收获后含量显著高于播种前。全钾含量：2015年为16.56～21.42g/kg，2016年为17.04～24.30g/kg，2017年为19.18～23.36g/kg，全钾含量每年呈上升趋势。土壤全钾含量变化详见图6-27～图6-29。

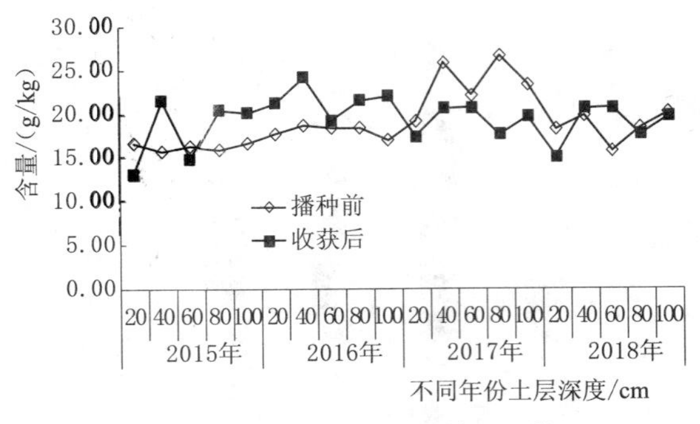

图6-27　中水中肥区5号区土壤全钾含量变化图

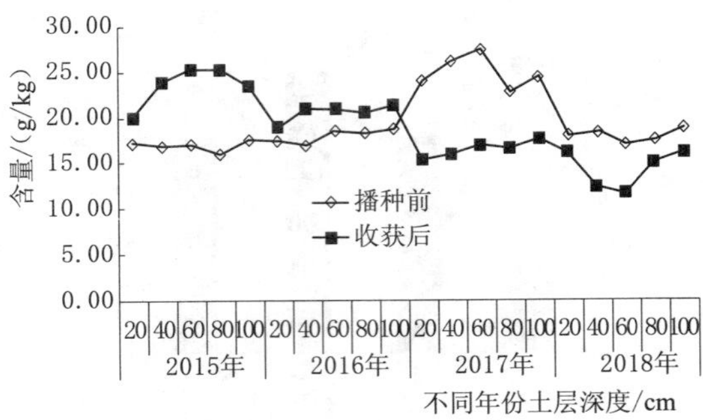

图6-28　低水高肥区3号区土壤全钾含量变化图

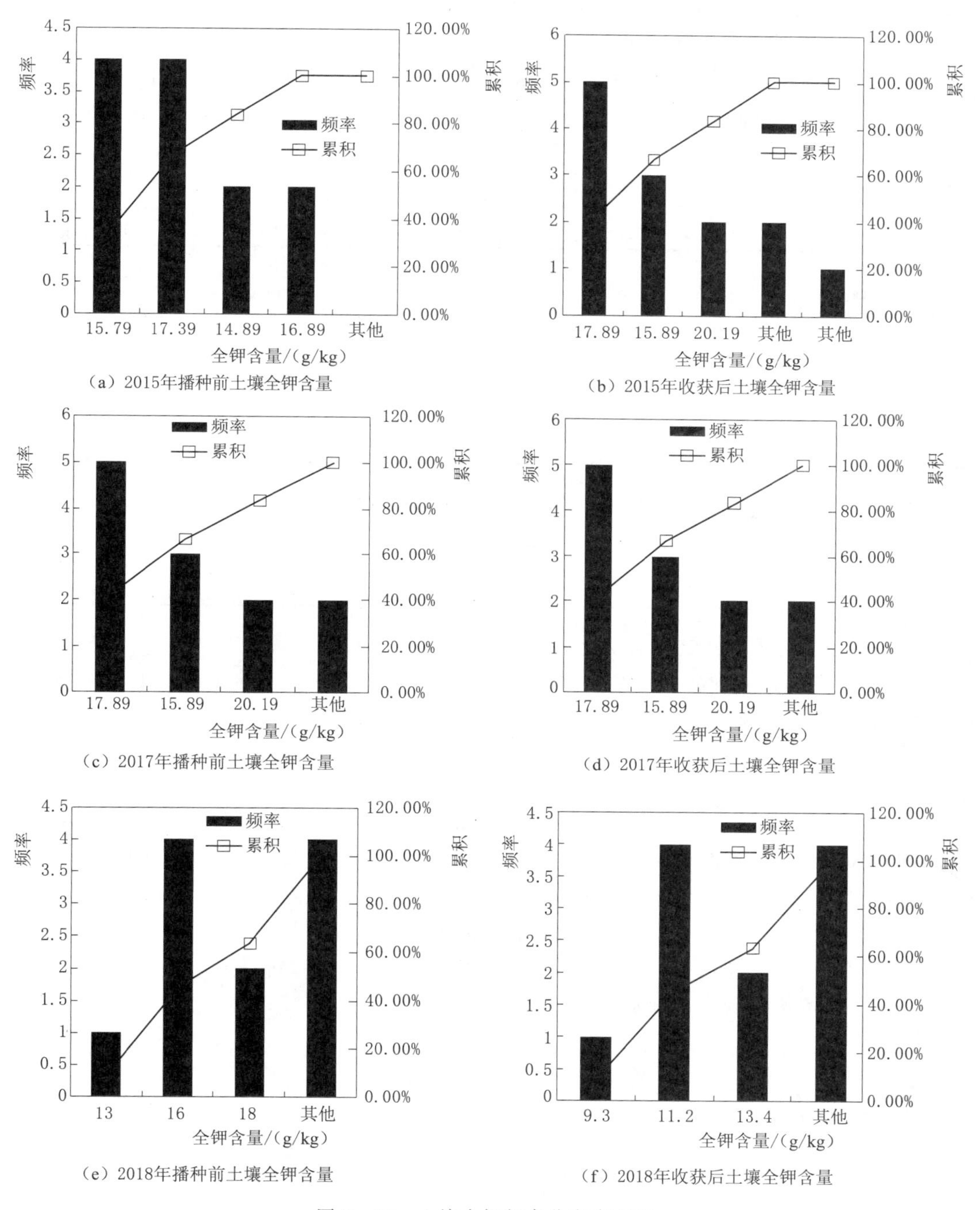

(a) 2015年播种前土壤全钾含量

(b) 2015年收获后土壤全钾含量

(c) 2017年播种前土壤全钾含量

(d) 2017年收获后土壤全钾含量

(e) 2018年播种前土壤全钾含量

(f) 2018年收获后土壤全钾含量

图 6-29　土壤全钾频率分布直方图

相比较内蒙古河套地区及西辽河流域产量较高地区，示范区内土壤全钾含量在时间上的变化趋势与其他地区相反，为收获后全钾含量比播种前大，说明施入土壤的钾肥在充分满足作物生育期需求的基础上，还有部分钾肥未被植物利用。在空间上的变化趋势与其他地区一致，均为在土层的垂直结构上没有明显的变化。土壤中的全钾含量（16～24g/kg）与其他地区基本一致（18～21g/kg）。

根据不同时间土壤全钾含量频数分布直方图和统计特征值（表 6-10）可知，同一时间内，示范区土壤全钾含量最大值与最小值相差 2.53～11.76g/kg。根据《全国第二次土壤普查暂行技术规程》中全国第二次土壤普查养分（全钾）分级标准（表 6-11），示范区全钾含量属于二～四级，处于中下～高水平状态。

表 6-10　示范区土壤全钾含量统计特征值表　单位：g/kg

时间	样本量	最大值	最小值	均值	全距
2015 年播种前	12	17.32	14.79	16.07	2.53
2015 年收获后	12	23.99	17.11	20.72	6.88
2017 年播种前	12	30.96	19.2	23.71	11.76
2017 年收获后	12	20.69	13.48	17.41	7.21
2018 年播种前	12	19.80	11.88	15.63	7.92
2018 年收获后	12	16.10	6.67	11.41	9.43

表 6-11　全国第二次土壤普查养分（全钾）分级标准

全钾/(g/kg)	>25	20～25	15～20	10～15	5～10	<5
级别	一级	二级	三级	四级	五级	六级
水平	很高	高	中上	中下	低	很低

5. 土壤中速效磷、速效钾的变化规律

土壤速效态的磷、钾的含量是农作物比较容易吸收的形态，其含量的高低对作物生产及产量都有一定的影响，它们对土壤肥力有着极其重要的作用。

土壤中速效磷的缺失直接影响作物根系对磷的吸收，从而影响作物的生长发育和产量高低。

示范区土壤速效磷含量以 0～40cm 土层含量最高，并随着土壤深度的增加而逐渐降低，同时说明植物可吸收利用的磷肥主要在土壤表层。这一变化趋势在 2015 年、2016 年、2017 年相一致。速效钾含量总体变化趋势为收获后大于播种前，这一趋势 2015 年、2016 年基本一致，2017 年、2018 年速效钾含量总体变化趋势为播种前大于收获后。速效磷含量：2015 年为 0.60～8.05mg/kg，2016 年为 0.55～8.60mg/kg，2017 年为 1.50～4.95mg/kg。土壤速效磷变化详见图 6-30～图 6-32。

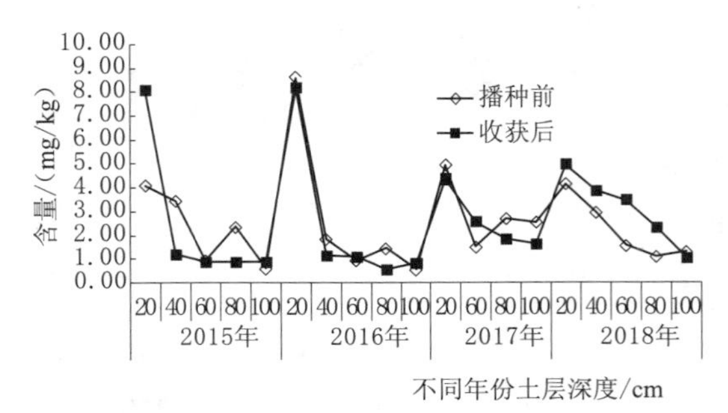

图 6-30　高水高肥区 1 号区土壤速效磷含量变化图

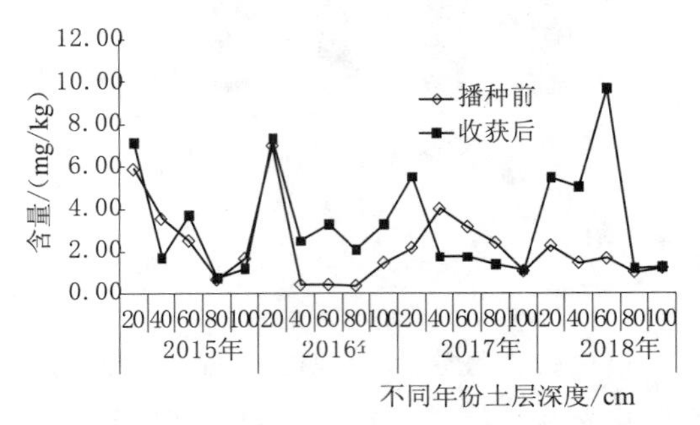

图 6-31　中水高肥区 2 号区土壤速效磷含量变化图

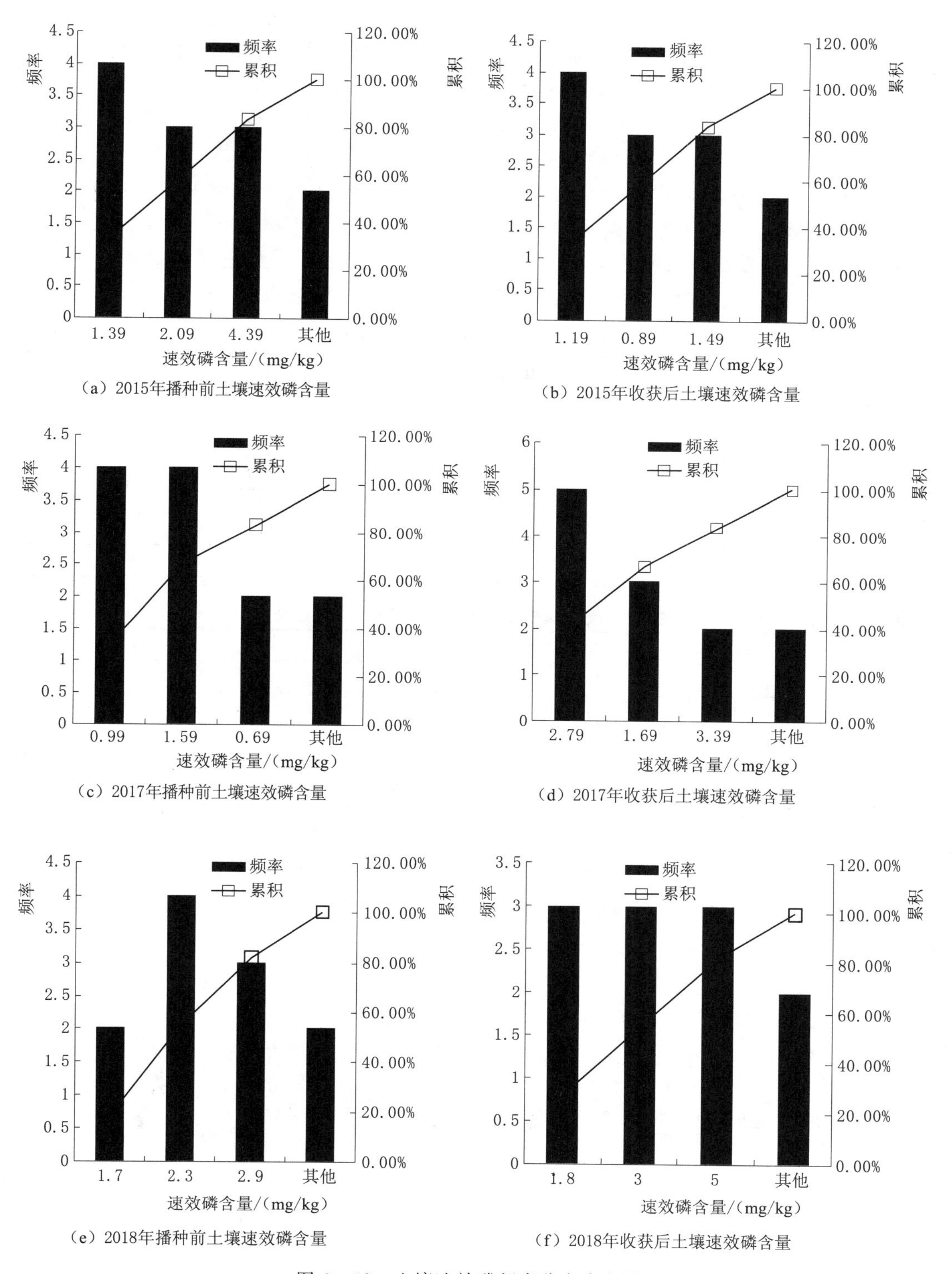

图 6-32　土壤速效磷频率分布直方图

相比较内蒙古河套地区及西辽河流域产量较高地区，示范区内土壤速效磷含量在时间上的变化趋势与其他地区相一致，为收获后比播种前减少，说明施入土壤的速效磷被作物根系充分吸收，使得土壤中速效磷的含量减少。在空间上的变化趋势与其他地区一致，均为土壤表层速效磷含量最高，随土层深度增加而含量减少，说明植物可吸收利用的磷肥主要在表层土壤中。

根据不同时间土壤速效磷含量频数分布直方图和统计特征值（表6-12）可知，同一时间内，示范区土壤速效磷含量最大值与最小值相差1.60～21.40mg/kg。根据《全国第二次土壤普查暂行技术规程》中全国第二次土壤普查养分（速效磷）分级标准（表6-13），示范区速效磷含量属于五～六级，处于缺乏水平。

表6-12　示范区土壤速效磷含量统计特征值表　单位：mg/kg

时间	样本量	最大值	最小值	均值	全距
2015年播种前	12	7.20	0.65	0.84	6.55
2015年收获后	12	2.35	0.75	1.21	1.60
2017年播种前	12	4.00	0.50	1.40	3.50
2017年收获后	12	22.55	1.35	5.28	21.20
2018年播种前	12	3.00	1.35	2.22	1.65
2018年收获后	12	23.00	1.60	4.43	21.40

表6-13　全国第二次土壤普查养分（速效磷）分级标准

速效磷/(mg/kg)	>40	20～40	10～20	5～10	3～5	<3
级别	一级	二级	三级	四级	五级	六级
水平	很丰富	丰富	最适宜	适宜	缺乏	很缺乏

速效钾是衡量土壤钾供应能力的指标。示范区土壤速效钾含量以0～40cm土层含量最高，40～60cm土层内速效钾含量变化平缓，并随着土层深度增加而缓慢减少。收获后速效钾含量与播种前相比较变化差异不明显，说明作物生育期速效钾的数量满足作物生长发育的需求。速效钾含量：2015年为37.0～90.0mg/kg，2016年为26.5～118.5mg/kg，2017年为23.0～31.0mg/kg，速效钾含量每年呈上升趋势。土壤速效钾含量变化详见图6-33～图6-35。

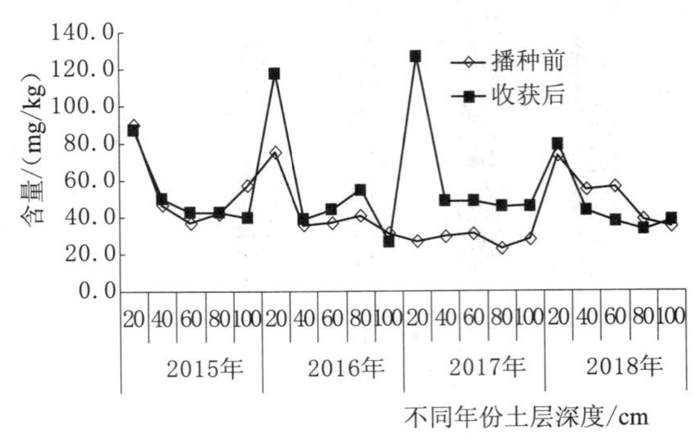

图6-33　中水高肥区2号区土壤速效钾含量变化图

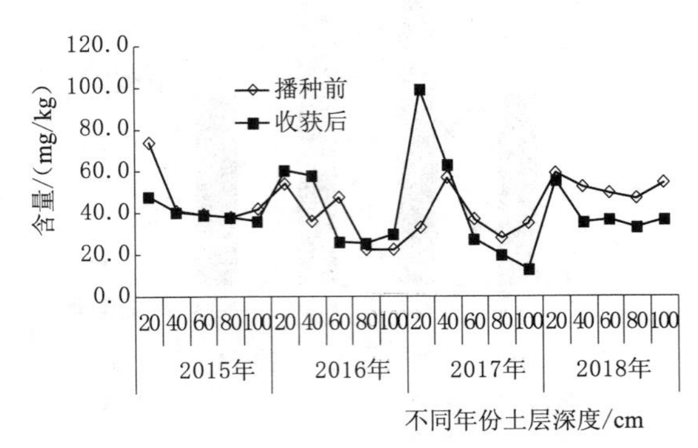

图6-34　低水高肥区3号区土壤速效钾含量变化图

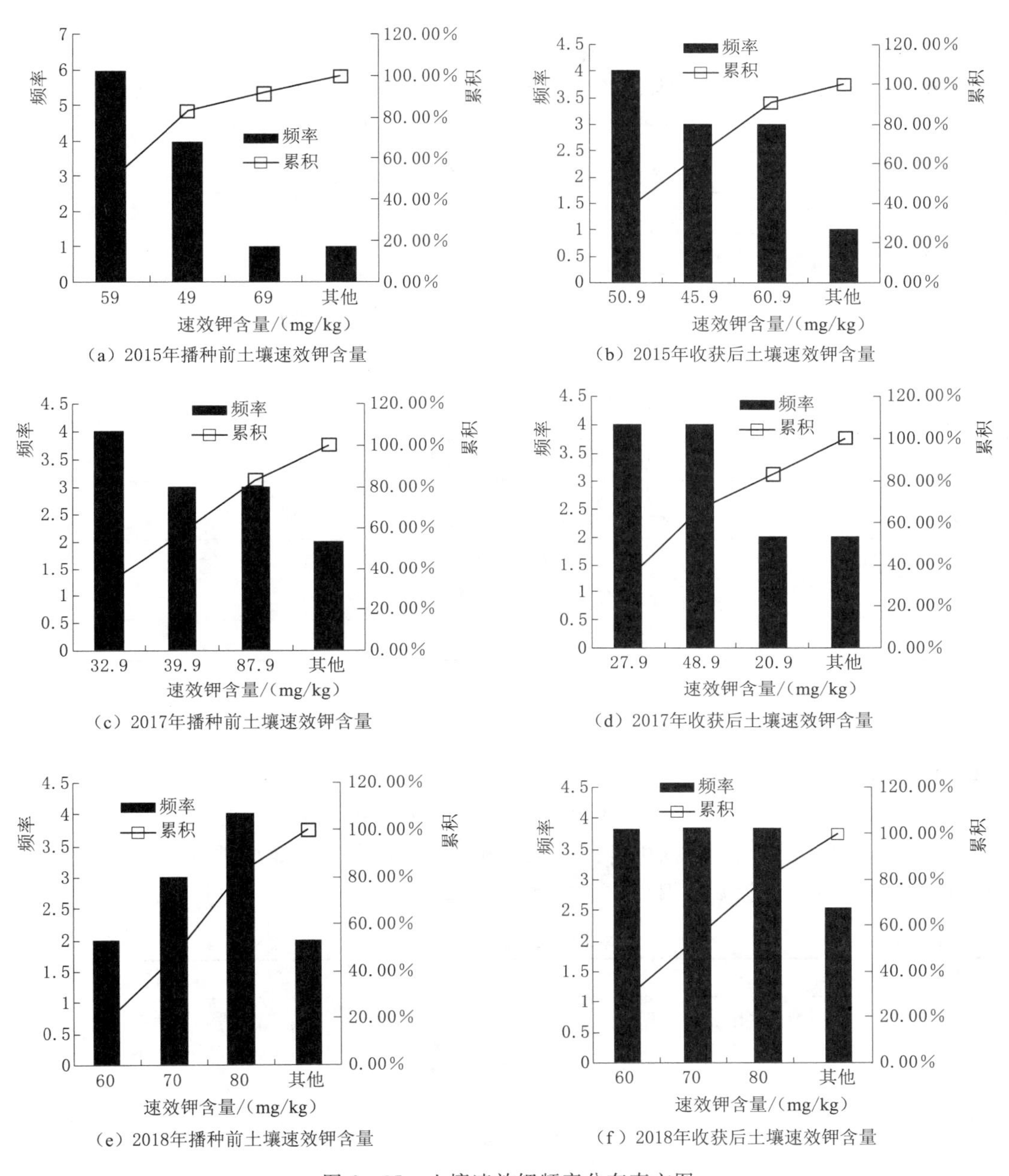

图 6-35　土壤速效钾频率分布直方图

相比较内蒙古河套地区及西辽河产量较高地区，示范区内土壤速效钾含量在时间上的变化趋势与其他地区不相同，收获后速效钾含量与播种前相比较变化差异不明显，说明作物生育期速效钾的数量满足作物生长发育的需求。在空间上的变化趋势与其他地区一致，均为土壤表层速效钾含量最高，随土层深度增加而含量减少，说明植物可吸收利用的钾肥主要在表层土壤中。

根据不同时间土壤速效钾含量频数分布直方图和统计特征值（表6-14）可知，同一时间内，示范区土壤速效钾含量最大值与最小值相差42.90～86.00mg/kg。根据《全国第二次土壤普查暂行技术规程》中全国第二次土壤普查养分（速效钾）分级标准（表6-15），示范区速效钾含量属于三～六级，处于最适宜～缺乏水平。

表6-14　示范区土壤速效钾含量统计特征值表　单位：mg/kg

时间	样本量	最大值	最小值	均值	全距
2015年播种前	12	76.50	41.00	54.13	35.50
2015年收获后	12	113.60	40.20	56.82	73.40
2017年播种前	12	103.00	28.00	50.88	75.00
2017年收获后	12	62.90	20.00	38.43	42.90
2018年播种前	12	88.5	52.5	70.71	36.00
2018年收获后	12	121.5	35.5	60.87	86.00

表6-15　全国第二次土壤普查养分（速效钾）分级标准

速效钾/(mg/kg)	>200	150～200	100～150	50～100	30～50	<30
级别	一级	二级	三级	四级	五级	六级
水平	很丰富	丰富	最适宜	适宜	缺乏	很缺乏

6．主成分分析

依次采用X1、X2、X3、X4、…、X7表示有机质、全氮、全磷、全钾、水解氮、速效磷、速效钾。

以试验区2015年5月取样指标为例，进行主成分分析。由于各土壤指标量纲和数量级均不同，因此需要对原始数据进行标准化处理。将标准化后的数据进行主成分分析，继而得到矩阵特征值、贡献率和累计贡献率（表6-16）。

表6-16　解释的总方差

成分	初始特征值			提取平方和载入			旋转平方和载入		
	合计	方差贡献率/%	累计/%	合计	方差贡献率/%	累计/%	合计	方差贡献率/%	累计/%
X1	2.805	40.072	40.072	2.805	40.072	40.072	2.52	35.996	35.996
X2	1.889	26.983	67.055	1.889	26.983	67.055	1.976	28.227	64.223
X3	1.287	18.379	85.435	1.287	18.379	85.435	1.485	21.211	85.435
X4	0.561	8.017	93.452						
X5	0.335	4.783	98.235						
X6	0.123	1.755	99.99						
X7	0.001	0.01	100						

根据特征值大于等于1且累积贡献率大于70%的原则，提取了3个主成分（表6-17）。由表6-17看出，主成分1的贡献率为35.996%，即反映的信息量占总体

信息量的40.072%，主要含有全磷、全钾、水解氮、速效磷、速效钾四项指标；主成分2的贡献率为26.983%，该主成分是有机质和全氮值的综合反映；主成分3的贡献率为18.379%，该主成分是速效钾的反映。

表6-17 主成分分析结果

项目指标	主成分1	主成分2	主成分3
X1 有机质	0.015	0.475	0.181
X2 全氮	0.166	0.447	−0.4
X3 全磷	0.204	−0.271	−0.099
X4 全钾	−0.367	−0.069	−0.006
X5 水解氮	0.321	0.116	0.187
X6 速效磷	0.346	−0.04	−0.209
X7 速效钾	−0.057	0.01	0.658
特征值	2.805	1.889	1.287
贡献率/%	40.072	26.983	18.379
累计贡献率/%	40.072	67.055	85.435

注 提取方法为主成分旋转法，即具有Kaiser标准化的正交旋转法，旋转在7次迭代后收敛。

示范区2015年5月土壤养分主成分1和全钾高度负相关，主成分2和有机质高度正相关，主成分3和速效钾高度正相关。分析认为，全钾、有机质和速效钾这三个主要因素是2015年播种前土壤养分的特征元素。采用《全国第二次土壤普查暂行技术规程》中全国第二次土壤养分分级标准为评价标准（表6-18）。

表6-18 土壤养分含量分级标准

级别	丰缺状况	全氮/(g/kg)	全磷/(g/kg)	全钾/(g/kg)	碱解氮/(mg/kg)	速效磷/(mg/kg)	速效钾/(mg/kg)	有机质/(g/kg)	pH
一级	极高	>2.0	>1.0	>25	>150	>40	>200	>40	>8.5
二级	高	1.5～2.0	0.8～1.0	20～25	120～150	20～40	150～200	30～40	7.5～8.5
三级	中高	1.0～1.5	0.6～0.8	15～20	90～120	10～20	100～150	20～30	6.5～7.5
四级	低	0.75～1.0	0.4～0.6	10～15	60～90	5～10	50～100	10～20	5.5～6.5
五级	较低	0.5～0.75	0.2～0.4	5～10	30～60	3～5	30～50	6～10	4.5～5.5
六级	极低	<0.5	<0.2	<5	<30	<3	<30	<6	<4.5

2015年播种前全钾为16.07g/kg，为三级；有机质为6.27g/kg，为五级；速效钾为54.13mg/kg，为四级。根据《土壤肥料学》中最小养分律（木桶理论）——植物产量受土壤中某一相对含量最小的有效性因子制约的规律，为示范区土壤养分进行综合评价。将2015年播种前示范区土壤养分评价为五级。

由示范区各年度的土壤养分特征元素及相应特征元素土壤养分分级（表6-19）可以得出示范区土壤养分评价为六级。

表 6-19　示范区土壤养分特征元素

时间	有机质	全氮	全磷	全钾	水解氮	速效磷	速效钾	综合评价
2015 年播种前	√（五级）			√（三级）			√（四级）	五级
2015 年收获后				√（二级）	√（五级）		√（四级）	五级
2016 年播种前			√（六级）	√（三级）			√（五级）	六级
2016 年收获后		√（五级）	√（六级）				√（五级）	六级
2017 年播种前				√（二级）		√（六级）	√（四级）	六级
2017 年收获后	√（五级）		√（六级）		√（五级）			六级
2018 年播种前			√（六级）	√（三级）			√（四级）	六级
2018 年收获后				√（四级）	√（五级）		√（四级）	五级

6.1.3.2　地下水环境监测评估

1. 地下水埋深动态变化规律

通过喷灌区的地下水位动态变化（图 6-36～图 6-39）可以看出，作物生育期内地下水总体呈现下降趋势。在 6 月底至 7 月初有小幅回升趋势，在 8 月达到最小值，之后地下水回升达到平稳后，缓慢回升。在作物主要生长季节（5—9 月），喷灌区进行了灌溉，因此 1 号井在 7 月及 8 月由于喷灌的实施，其地下水位下降明显，之后缓慢回升。之后随着降雨，地下水得到及时补给，地下水水位缓慢回升。

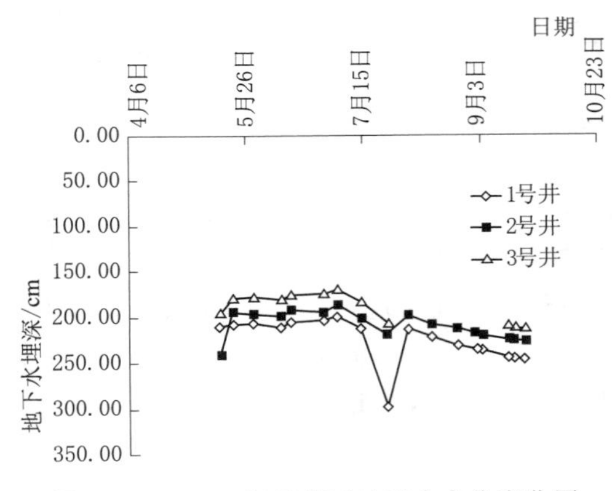

图 6-36　2015 年示范区地下水水位变化图

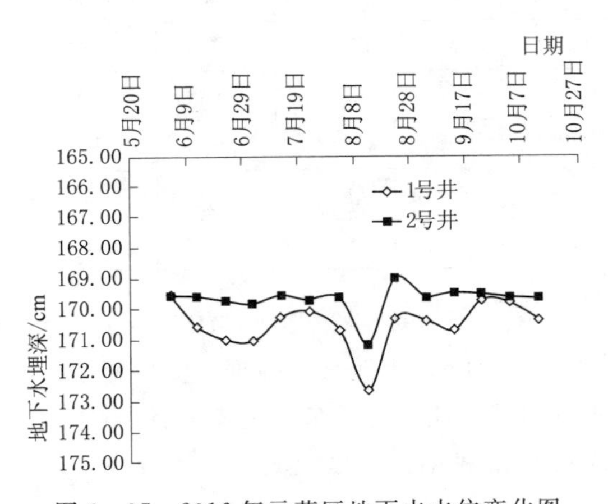

图 6-37　2016 年示范区地下水水位变化图

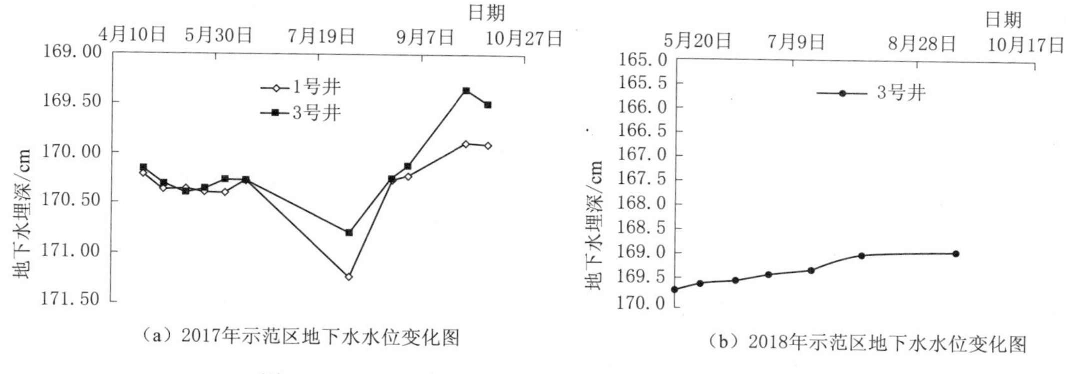

（a）2017年示范区地下水水位变化图　（b）2018年示范区地下水水位变化图

图 6-38　2017 年、2018 年示范区地下水水位变化图

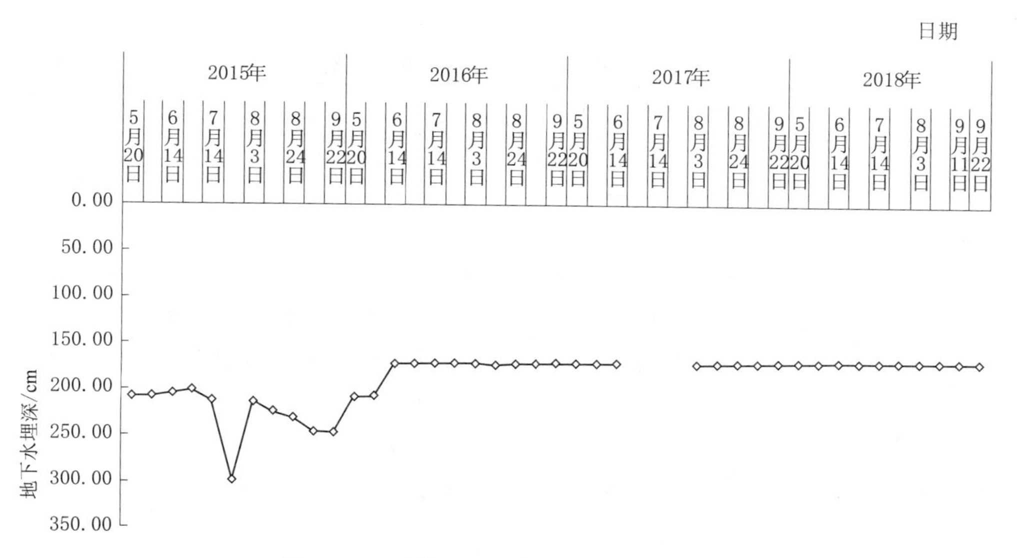

图 6-39　示范区地下水水位年季间变化图

2015 年生育期内 1 号井地下水位变化在 1.99～2.97m 之间，2016 年生育期内 1 号井地下水位变化在 1.69～1.73m 之间，2017 年生育期内 1 号井地下水位变化在 1.69～1.72m 之间，2018 年生育期内 1 号井地下水位变化在 1.68～1.69m 之间。地下水位随年季变化逐渐上升。

2. 地下水水质变化及质量评价

水质标识指数法是一种相对简单，又可以综合反映水质整体水平的有效方法，合理地涵盖了标识水质评价指标的类别、水质数据和功能区类别值等重要水质信息，在单因子水质标识指数法的基础上建立的综合水质标识指数法能完整地表达水体的综合水质信息，不会因为个别水质指标较差就否定综合水质，能综合全面地反映水质的综合级别。

综合水质标识指数（I_{wq}）是以单因子水质指标 P_i 为基础的河流水质综合分析评价

指数，其形式为

$$I_{wq}=C_1 \cdot C_2 X_3 X_4 \tag{6-1}$$

$$C_1 \cdot C_2=\frac{1}{n}\sum_{i=1}^{n}P_i \tag{6-2}$$

式中：$C_1 \cdot C_2$ 的计算是综合水质标识指数核心，C_1 为河流综合水质类别；C_2 为综合水质在 C_1 类水质变化区间内所处位置；X_3 为参与综合水质评价的水质指标中，劣于水环境功能区目标的单项指标个数；X_4 为综合水质类别与水体功能区类别的比较结果，可作为判别水质类别是否劣于水环境功能区类别的依据；P_i 为 n 个水质指标对应的单因子水质指数。

水质级别判定：基于综合水质标识指数法的综合水质级别的判定标准见表 6-20，通过 I_{wq} 值的整数位和小数点后第 1 位即 $C_1 \cdot C_2$，可以判定综合水质级别，$C_1 \cdot C_2$ 数值越大，说明水质越差。

表 6-20　　基于综合水质标识指数的综合水质级别判定

范　围	综合水质级别	范　围	综合水质级别
$1.0 \leqslant C_1 \cdot C_2 \leqslant 2.0$	Ⅰ类	$5.0 < C_1 \cdot C_2 \leqslant 6.0$	Ⅴ类
$2.0 < C_1 \cdot C_2 \leqslant 3.0$	Ⅱ类	$6.0 < C_1 \cdot C_2 \leqslant 7.0$	劣Ⅴ类不黑臭
$3.0 < C_1 \cdot C_2 \leqslant 4.0$	Ⅲ类	$C_1 \cdot C_2 > 7 \cdot 0$	劣Ⅴ类黑臭
$4.0 < C_1 \cdot C_2 \leqslant 5.0$	Ⅳ类		

根据 2015 年、2016 年、2017 年、2018 年 5—10 月逐月水质监测数据，采用综合水质标识指数法对示范区水质评价指标进行计算，得到综合水质标识指数结果（表 6-21～表 6-24），可以得知，示范区只在 2015 年 6 月、2016 年的 6 月和 10 月不符合目标水质Ⅲ类水，其他月份满足Ⅱ类水质要求。

表 6-21　　示范区单因子 P_i 及综合水质标识指数评价结果（2015 年）

日　期	P_i					I_{wq}	$C_1 \cdot C_2$	X_3	X_4
	氨氮	氯化物	总硬度	硫酸盐	硝酸盐				
5 月 13 日	6.11	2.50	2.80	2.00	1.00	2.910	2.9	1	0
6 月 30 日	7.62	2.00	3.30	1.00	1.00	3.100	3.1	0	0
7 月 28 日	6.51	1.00	2.90	1.00	1.00	2.510	2.5	1	0
8 月 27 日	4.50	2.00	3.30	2.30	1.00	2.610	2.6	1	0
10 月 10 日	4.90	1.00	3.20	1.00	1.00	2.210	2.2	1	0
10 月 28 日	4.60	1.00	2.90	1.00	1.00	2.110	2.1	1	0

表 6-22　　示范区单因子 P_i 及综合水质标识指数评价结果（2016 年）

日　期	P_i					I_{wq}	$C_1 \cdot C_2$	X_3	X_4
	氨氮	氯化物	总硬度	硫酸盐	硝酸盐				
5 月	1.00	2.00	6.22	1.00	1.00	2.210	2.2	1	0
6 月	6.32	1.00	6.22	1.00	1.00	3.120	3.1	2	0
7 月	2.10	2.00	6.12	1.00	1.00	2.410	2.4	1	0

续表

日期	P_i					I_{wq}	$C_1 \cdot C_2$	X_3	X_4
	氨氮	氯化物	总硬度	硫酸盐	硝酸盐				
8月	6.22	1.00	3.30	1.00	1.00	2.510	2.5	1	0
9月	2.30	2.00	3.20	2.10	1.00	2.100	2.1	0	0
10月	4.10	2.00	4.50	6.12	3.60	3.420	3.4	2	0

表 6-23　　示范区单因子 P_i 及综合水质标识指数评价结果（2017 年）

日期	P_i					I_{wq}	$C_1 \cdot C_2$	X_3	X_4
	氨氮	氯化物	总硬度	硫酸盐	硝酸盐				
5月	4.80	2.20	3.00	2.50	1.00	2.710	2.7	1	0
6月	6.62	2.10	3.40	1.00	1.00	2.810	2.8	1	0
7月	6.00	2.00	3.00	2.40	1.00	2.910	2.9	1	0
8月	4.00	3.60	2.40	3.10	1.00	2.810	2.8	1	0
9月	4.80	2.60	3.60	2.40	1.00	2.910	2.9	1	0
10月	6.70	2.50	2.90	1.00	1.00	2.810	2.8	1	0

表 6-24　　示范区单因子 P_i 及综合水质标识指数评价结果（2018 年）

日期	P_i					I_{wq}	$C_1 \cdot C_2$	X_3	X_4
	氨氮	氯化物	总硬度	硫酸盐	硝酸盐				
5月	6.22	1.00	3.30	1.00	1.00	2.510	2.5	1	0
6月	4.80	2.20	3.00	2.50	1.00	2.710	2.7	1	0
7月	4.50	2.00	3.30	2.30	1.00	2.610	2.6	1	0
8月	2.30	2.00	3.20	2.10	1.00	2.100	2.1	1	0
9月	4.80	2.60	3.60	2.40	1.00	2.910	2.9	1	0

对示范区 2015—2018 年各月水质监测期的各水质指标的单因子水质标识指数求取平均值（图 6-40），由图 6-40 可知氨氮的单因子水质标识指数均值最大，说明氨氮是示范区水体中对水质评价结果影响最大的污染物，示范区氨氮的污染最为严重。在监测时段内氨氮的单因子水质标识指数 P_i 介于 2.30～7.62 之间，平均值为 4.71，劣于目标水质两个等级。其次是总硬度的单因子水质标识指数比较高，为 3.65，对水质评价结果的贡献仅次于氨氮。总硬度的单因子水质标识指数 P_i 介于 2.40～6.22 之间，均值为 3.65，劣于目标水质一个等级。氯化物的单因子水质标识指数 P_i 介于 1.00～3.60 之间，均值为 1.94。硫酸盐的单因子水质标识指数 P_i 介于 1.00～6.12 之间，均值为 1.79。硝酸盐的单因子水质标识指数 P_i 介于 1.00～3.60 之间，均值为 1.94；其均值优于目标水质一个等级。

基于综合水质标识指数 I_{wq} 的综合水质级别判定标准，来判示范区水质的类别（表 6-25）。从表中可以看出，示范区所有水质级别中达到Ⅱ类水的比例占 87.5%，水质类别整体上属于Ⅱ类水。对不同年份相同月份的 I_{wq} 值求平均，大小顺序依次为 6 月(2.94)>10 月(2.78)>7 月(2.61)>5 月(2.58)>8 月(2.51)>9 月(2.33)，说明

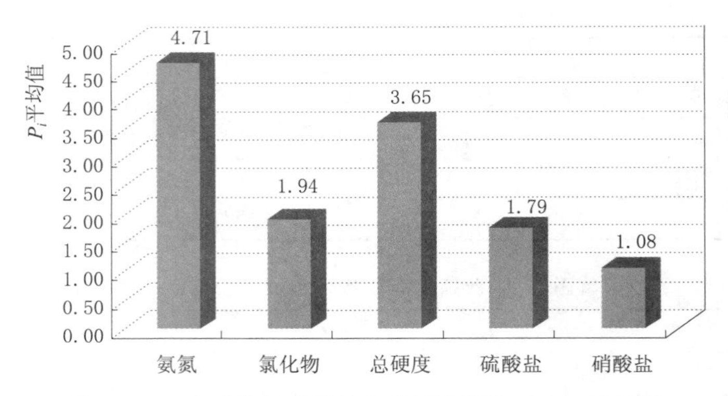

图 6-40 水质指标单因子水质标识指数（P_i）平均值

示范区水质 6 月和 10 月最差，5 月、6 月、7 月和 9 月水质相对稍好。

表 6-25 示范区综合水质级别

年度	5 月	6 月	7 月	8 月	9 月	10 月	平均
2015	Ⅱ	Ⅲ	Ⅱ	Ⅱ	Ⅱ	Ⅱ	Ⅱ
2016	Ⅱ	Ⅲ	Ⅱ	Ⅱ	Ⅱ	Ⅲ	Ⅱ
2017	Ⅱ	Ⅱ	Ⅱ	Ⅱ	Ⅱ	Ⅱ	Ⅱ
2018	Ⅱ	Ⅱ	Ⅱ	Ⅱ	Ⅱ	Ⅱ	Ⅱ

6.2 规模化滴灌示范区农田水土环境监测与评价

6.2.1 研究内容

6.2.1.1 研究目标

针对内蒙古通辽市科左中旗地区特点，通过监测研究区土壤水分、盐分、养分及地下水埋深、水质，揭示土壤环境和地下水环境变化规律，评估土壤养分等级及地下水质量，预测未来土壤养分等级与地下水水质等级。

6.2.1.2 研究内容

本书以内蒙古自治区通辽市科左中旗“节水增粮行动”万亩示范田为研究对象，分析揭示滴灌条件下土壤环境和地下水环境变化规律。主要研究内容如下：

（1）滴灌条件下土壤水盐动态监测评估，包括：①土壤含水率动态变化规律；②土壤 EC 值动态变化规律；③土壤 pH 动态变化规律。

（2）滴灌条件下土壤养分动态监测评估，包括：①土壤全氮、全磷、全钾动态变化规律及其养分等级；②土壤碱解氮、速效磷、速效钾动态变化规律及其养分等级；③土壤有机质动态变化规律及其养分等级；④土壤养分各指标间的相关性；⑤土壤养分评价；⑥土壤养分等级预测。

（3）滴灌条件下地下水环境监测评估，包括：①地下水埋深动态变化规律；②地下水水质（悬浮物、pH、全盐量、氨氮、硝酸盐、氯化物、硫酸盐、总硬度、总碱度）动态变化规律；③地下水水质各指标间的相关性；④地下水质量评价；⑤地下水水质等级预测。

6.2.1.3 技术路线

技术路线详见图 6-41。

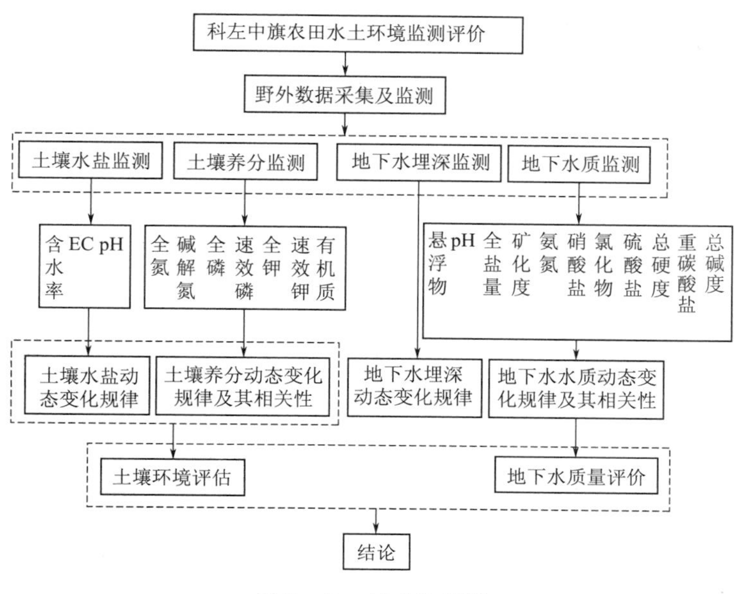

图 6-41 技术路线图

6.2.2 研究过程

6.2.2.1 土壤环境监测试验方案

在示范区（10000 亩）设置 24 个采样点，具体布置见图 6-42，根据地理坐标实地确定每个采样点，利用 GPS 对其进行定位。每个采样点分层进行采样，分为 0～20cm、20～40cm、40～60cm、60～80cm 共 4 个土层。采样时间为 2014—2018 年播种前 4 月 20 日和收获后 10 月 13 日，共 4 次。

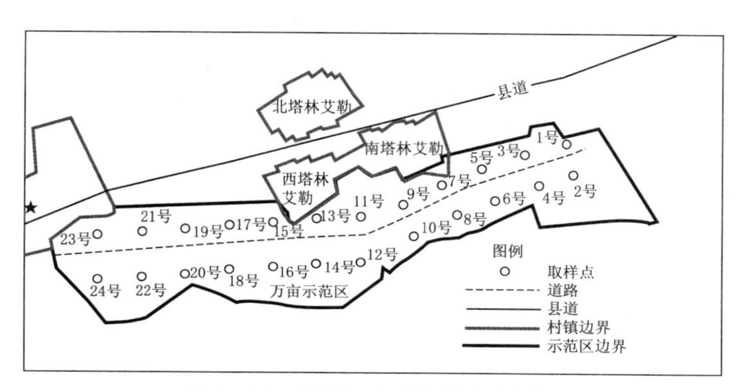

图 6-42 研究区土壤取样点布置图

(1) 监测项目：土壤含水率、土壤 EC、土壤 pH、土壤养分（全氮、碱解氮、全磷、速效磷、全钾、速效钾、有机质）。

(2) 监测方法：

1) 土壤含水率采用烘干法测定。

2) 土壤 EC 采用 1∶5 土水比浸提液电导率法测定。

3) 土壤 pH 采用玻璃电极法测定。

4) 土壤养分：全氮采用凯氏蒸馏法测定；碱解氮采用碱解蒸馏法测定；全磷采用氢氧化钠熔融—钼锑抗比色法测定；速效磷采用碳酸氢钠浸提—钼锑抗比色法测定；全钾采用原子吸收法测定；速效钾采用分光光度计法测定；有机质采用重铬酸钾容量法测定。

6.2.2.2 土壤环境研究方法

(1) 土壤环境垂直剖面变化规律分析方法。利用棋盘式取样分析法，从 24 个取样点中分析土壤含水率、盐分、pH、养分（全氮、碱解氮、全磷、速效磷、全钾、速效钾、有机质）垂直剖面变化规律。

(2) 相关性分析。利用 SPSS 软件对土壤养分各指标数据进行相关性分析。

(3) 土壤养分评价与预测。利用主成分分析与 Back Propagation(BP) 神经网络结合进行土壤养分等级评价与预测。

6.2.2.3 地下水环境监测试验方案

在目标区域设置 5 个观测井，观测井布置见图 6-43，其标出了地下水取样点地理坐标，结合地理坐标实地明确所有取样点，并通过 GPS 对其位置进行具体定位。地下水埋深监测井为 2 号、3 号、4 号、5 号，监测时间为 2016 年、2017 年作物生育期 4 月初至 10 月末每 5 天进行一次观测。地下水质监测井为 1 号、2 号，其中 1 号、3 号、4 号、5 号井位于示范区，2 号井位于试验区，采集时间为 2016 年、2017 年 4 月初至 10 月末共 16 次。

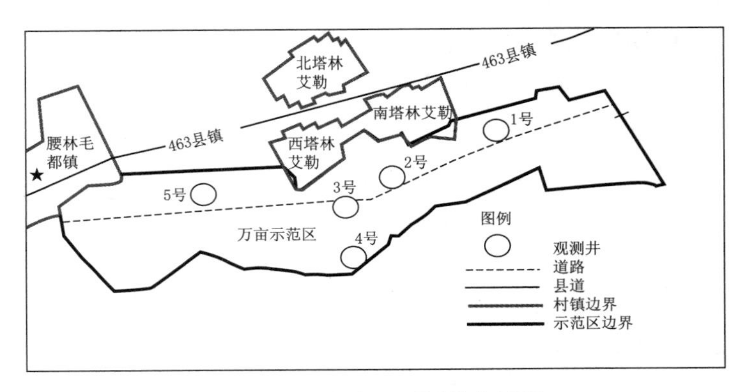

图 6-43 研究区观测井布置图

监测项目与方法：①地下水埋深通过监测系统展开智能化监测；②氯化物采用硝酸银滴定法进行具体检测；③酸碱度通过玻璃电极法进行检测；④氨氮一般情况下选择纳氏试剂分光光度法展开检测；⑤全盐量根据实际需求选择重量法进行测定；⑥硝酸

盐通过离子色谱法进行具体检测；⑦硫酸盐通过离子色谱法进行具体检测；⑧总硬度采用 EDTA 滴定法测定（以钙镁离子总量计）；⑨总碱度采用电位滴定法检测测定（以 $CaCO_3$ 计）。

6.2.2.4 地下水环境研究方法

（1）地下水埋深变化趋势分析方法。选取 2 号、3 号、4 号、5 号地下水观测井 2016 年和 2017 年 5 月初至 10 月末每 5 天 1 次地下水埋深观测数据，对作物生育期内地下水埋深改变的特点进行分析。

（2）地下水水质变化趋势分析方法。选取 1 号、2 号地下水观测井 2016 年和 2017 年两年共 16 次观测数据，进行作物生育期内地下水水质（pH、全盐量、氨氮、硝酸盐、氯化物、硫酸盐、总硬度、总碱度）变化规律的研究。

（3）相关性分析。通过 SPSS 工具对地下水水质的相关指标展开探究。

（4）地下水质量评价与预测。建立神经网络—隶属度串联模型对研究区农田地下水水质进行评价与预测。

6.2.3 研究结果

6.2.3.1 土壤指标变化规律

根据目前得到的化验结果，仅对土壤水盐（含水率、EC、pH）、养分（全氮、碱解氮、全磷、速效磷、全钾、速效钾、有机质）进行分析。

1. 土壤含水率变化规律

土壤水分的变化与自然降水、灌溉的补给、作物耗水以及上下层之间的水分交换有密切关系，土壤含水率变化见图 6-44。

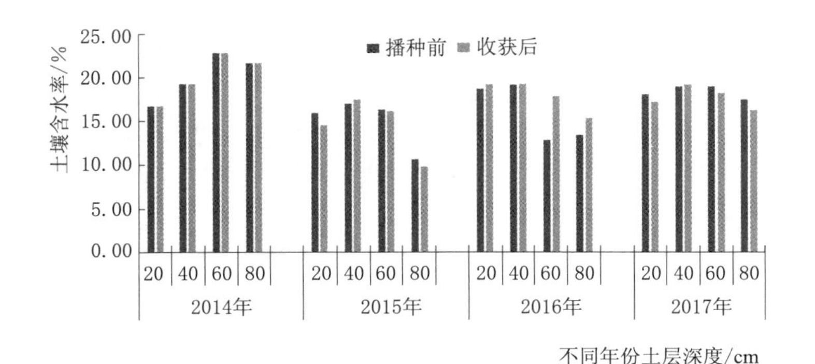

图 6-44 土壤含水率变化图

从时间变化上看，2014 年、2015 年、2017 年收获后土壤含水率比播种前降低；而 2016 年收获后土壤含水率比播种前增加的原因可能是在收获后进行土壤采样时受降雨的影响使土壤含水率增高。

从空间垂直变化上看，通过播种前四年土壤含水率对比变化图可知表层（0～20cm）土壤含水率较低，基本为 14%～18%；20～40cm 深度开始上升，基本都在 60cm 时达到最高，为 18%～23%。这可能是由于 0～20cm 土层为作物根系主要分布层，土壤水分主要参与作物根系吸收和水分蒸发；20～40cm 深度的土壤水分主要参与上下层的水分交换；40cm 以下土壤对水分有一定的蓄积作用，深层土壤受地下水的补给影响，土壤含水率明显较高。

从空间区域变化上看，不同区域土壤含水率差别不大。

2. 土壤 pH 变化规律

土壤酸碱性是土壤的基本性质之一，也是众多化学性质的综合体现，pH 反映了土壤溶液中氢离子与氢氧根离子浓度的比例，土壤中几乎所有化学反应都会涉及氢离子的传递或者转换，直接影响到土壤中养分的存在形态、转化和有效性，从而影响植物的生长及整个生态环境。土壤中酸碱性主要受气候、母质以及施肥和灌溉等条件的影响，盐基积累和敖基淋溶相对强度也决定了土壤酸碱性，土壤 pH 变化见图 6 -45。

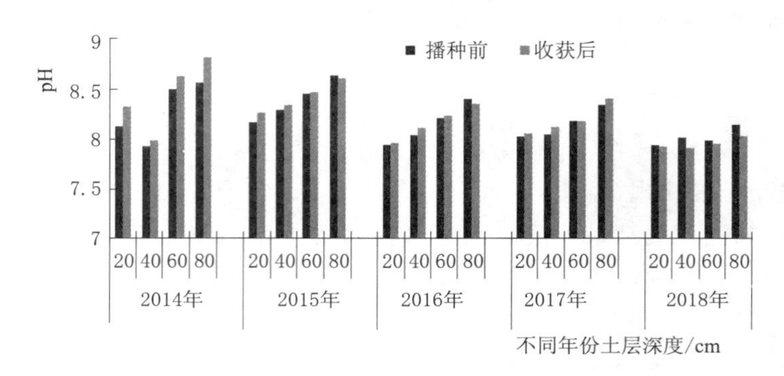

图 6 - 45　土壤 pH 变化图

不同时间土壤剖面 pH 变化具有相似波动曲线。土壤表层 pH 波动明显，土层深度越大，pH 变化越平缓，40cm 以下土层 pH 波动较 40m 以上小，60cm 以下土层 pH 基本不变，80cm 土层 pH 较 20cm 增加 0.03～0.8，增幅不大，说明示范区有一定淋溶作用，将土壤表层碱性物质淋溶到下部土层。局部地区收获后比播种前土壤 pH 增加，是受到化肥或者降水淋溶腐殖质层的影响。

各取样点土壤 pH 空间垂直方向变化逐渐升高，随时间变化也较平稳。局部区域收获后 pH 比播种前增加，增加幅度小，其原因是示范区地下水属于碱性，在作物生育期内用地下水进行滴灌，导致耕作层土壤碱性增大。

示范区 pH 年际间变化较小，均保持基本不变，这与监测年限较短有关，但在 2014—2018 年区间可以从图中明显发现 pH 呈现降低的趋势。自然状态下（不考虑施肥的影响），土壤的酸碱性变化过程是十分缓慢的，主要受成土因子控制，土壤中 pH 每下降或者升高一个单位，往往需要几百年时间。

经研究，示范区土壤属于碱性土。有关学者研究表明：土壤中微生物在中性或弱碱性条件下活动旺盛，同时，中性和弱碱性有利于矿质态和有机态养分的转化和释放。

3. 土壤 EC 变化规律

土壤中盐分的运移一般是受到水分运动的影响，水是盐的溶剂又是载体，所以会出现盐随水动的特点，土壤 EC 变化见图 6-46。

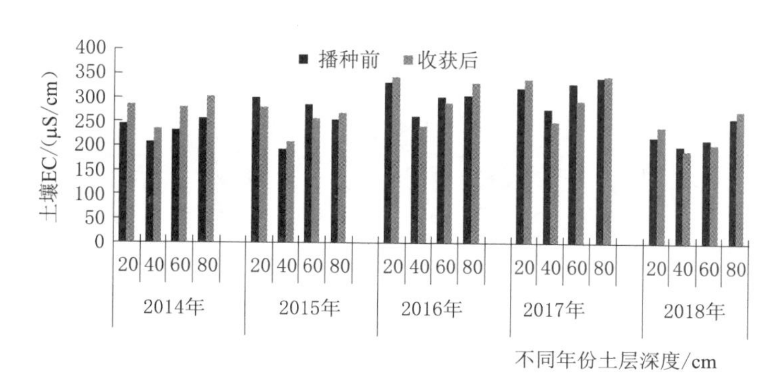

图 6-45 土壤 EC 变化图

播种前 20cm 土层 EC 较高，20～60cm 土层 EC 逐渐减少，60～80cm 土层 EC 增加，表层（20cm）土壤与 80cm 土层 EC 相差较大，最大可达 70μS/cm，这是由于冬季地表温度下降造成了盐分随水分向土壤冻层（40～60cm）聚集，多数盐分便积累于冻层内，春天随着气温回升，冻层开始消融，地表温度回升，冻层从上而下进行溶解；同时冻层底部受到地温回升的影响从下向上进行溶解，造成了盐分在土壤表层和下层的积累。播种前取样时（4 月 20 日左右）土壤冻层已经完全通融，此时地表蒸发逐渐增强，又没有灌溉淋洗，盐分随水分向上运动，造成表层土壤盐分急剧增加，EC 增大，说明春季是膜下滴灌反盐的季节。收获后，20cm 土层 EC 较低，20～80cm 土层 EC 逐渐增大，表层（20cm）土壤与 80cm 土层 EC 相差较大，最大可达 75μS/cm。由于生育期灌溉、降水的影响，盐分向下淋洗，表层 EC 降低。

通过比较研究区 2014 年、2015 年、2016 年和 2017 年同一时期土壤 EC 变化可知，2017 年播种前和收获后盐分整体比 2016 年同期增加，2016 年播种前和收获后盐分整体比 2015 年同期增加，2015 年播种前和收获后盐分整体比 2014 年同期增加，增加幅度较小，说明滴灌随着年限的增加表层土壤处于积盐趋势。而 2018 年盐分明显较 2016 年、2017 年降低，原因可能是强降雨的稀释，将盐分带入更深的土层。

研究区播种前土壤 EC 最大值为 251～310μS/cm，收获后最大值为 300～330μS/cm；播种前土壤 EC 最小值为 180μS/cm，收获后最小值为 200μS/cm；播种前土壤 EC 平均值为 195～333μS/cm，收获后平均值为 200～345μS/cm，土壤 EC 最大值与最小值相差 104～108μS/cm。通过以上分析可知，大部分区域土壤 EC 为195～280μS/cm，当地土壤盐渍化水平较低。

4. 土壤全氮变化规律

土壤全氮是土壤中各种形态氮素含量之和，在一定程度上可代表土壤的供氮水平和土壤氮素的储蓄状况，氮是作物生长最重要的元素之一，缺氮会引起农作物的大幅减产，肥料尤其是化肥的大量施用直接影响土壤氮水平，土壤中全氮含量变化见图6－47。

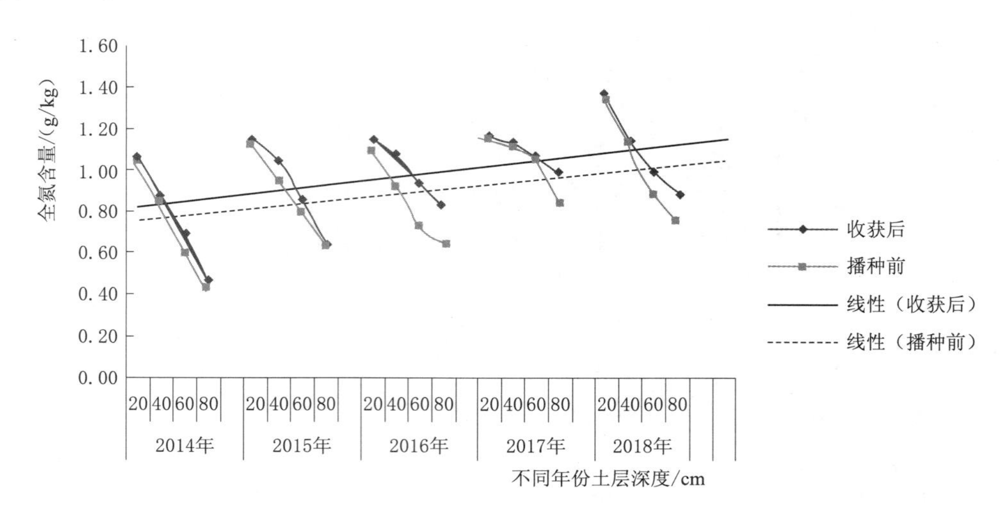

图 6－47 土壤中全氮含量变化图

从时间变化上看，整体变化是收获后全氮含量比播种前增加，增加 2%～30%，说明施入土壤的化肥有部分未被植物利用。2014 年收获后比播种前全氮含量减少的取样点占总取样点的 25%，最大减少 0.176g/kg；2014 年收获后比播种前全氮含量增加的取样点占总取样点的 75%，最大增加 0.181g/kg；2014 年研究区全氮含量大部分呈增加趋势。2015 年收获后比播种前全氮含量减少的取样点占总取样点的 42%，最大减少 0.198g/kg；2015 年收获后比播种前全氮含量增加的取样点占总取样点的 58%，最大增加 0.200g/kg；2015 年区域内全氮含量部分增加，部分减少。2016 年收获后比播种前全氮含量减少的取样点占总取样点的 18%，最大减少 0.112g/kg；2014 年收获后比播种前全氮含量增加的取样点占总取样点的 82%，最大增加 0.197g/kg；2016 年研究区全氮含量大部分呈增加趋势。2017 年收获后比播种前全氮含量减少的取样点占总取样点的 20%，最大减少 0.232g/kg；2017 年收获后比播种前全氮含量增加的取样点占总取样点的 80%，最大增加 0.154g/kg。2018 年收获后比播种前全氮含量减少的取样点占总取样点的 19%，最大减少 0.187g/kg；2018 年收获后比播种前全氮含量增加的取样点占总取样点的 71%，最大增加 0.201g/kg。2014—2018 年，逐年播种前较前一年收获后增加。有关学者研究表明，土壤中全氮含量的变化会干扰生物圈的正常循环过程，从而影响生态环境的安全。研究区全氮含量年际变化由 2014—2018 年逐步增加，累积上升。研究区全氮含量年际变化对生物圈影响，是后续土壤环境研究的重点。

从空间垂直变化上看，全氮含量以表层土（0～20cm）含量最高，随着土层深度的增加而减少，全氮含量在 0～40cm 土层大于 0.9g/kg，说明全氮主要集中在上层土壤。

5. 土壤碱解氮变化规律

碱解氮又叫有效氮，土壤有效氮量与作物生长关系密切，可供作物近期吸收利用，碱解氮的含量大小直接影响氮肥对植物的供给能力，土壤中碱解氮含量变化见图6-48。

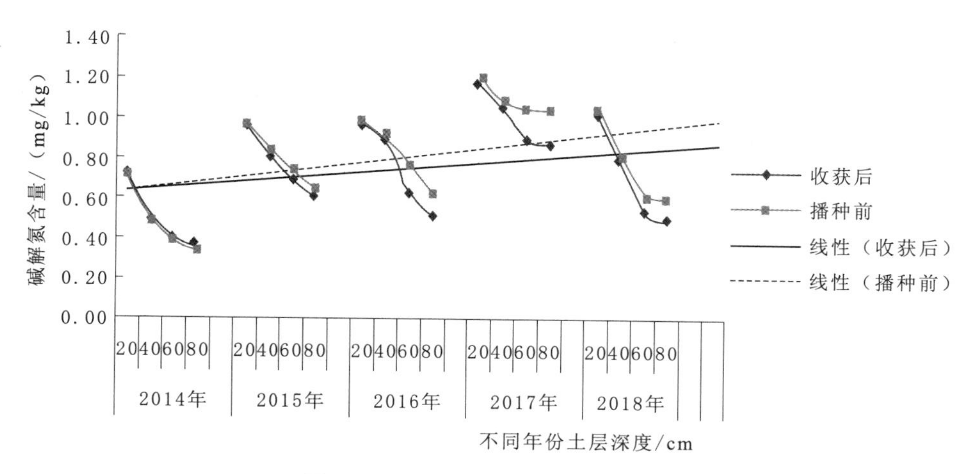

图6-48 土壤中碱解氮含量变化图

从时间变化上看，整体是收获后碱解氮含量比播种前减少。2017年播种前较2016年收获后土壤中碱解氮含量增加，2015年播种前较2014年收获后土壤中碱解氮含量增加，增加20%～30%，是表层土壤中全氮向下运移的结果；2016年与2015年碱解氮含量相比变化并不大，说明氮肥利用率在逐年提高。示范区24个取样点，2014年收获后比播种前碱解氮含量减少的取样点占总取样点的37%，最大减少19mg/kg；2014年收获后比播种前碱解氮含量增加的取样点占总取样点的63%，最大增加20mg/kg。2014年大部分区域土壤中碱解氮含量呈增加趋势。2015年收获后比播种前碱解氮含量减少的取样点占总取样点的46%，最大减少21mg/kg；2015年收获后比播种前碱解氮含量增加的取样点占总取样点的54%，最大增加27mg/kg。2015年研究区土壤中碱解氮含量部分增加，部分减少。2016年收获后比播种前碱解氮含量减少的取样点占总取样点的30%，最大减少15mg/kg；2016年收获后比播种前碱解氮含量增加的取样点占总取样点的70%，最大增加23mg/kg。2017年收获后比播种前碱解氮含量减少的取样点占总取样点的29%，最大减少17mg/kg；2017年收获后比播种前碱解氮含量增加的取样点占总取样点的71%，最大增加16mg/kg。2018年收获后比播种前碱解氮含量减少的取样点占总取样点的35%，最大减少47mg/kg；2017年收获后比播种前碱解氮含量增加的取样点占总取样点的65%，最大增加34mg/kg。2018年播种前较2017年收获后碱解氮含量减少，2016年大部分区域土壤中碱解氮含量呈增加趋势，2015年播种前较2014年收获后碱解氮含量减少，其原因是土壤中碱解氮不稳定，容易受生物活动和水热条件的影响而发生变化。研究区碱解氮含量年际变化与全氮含量年际变化趋势基本一致，由2014—2017年逐步增加，累积上升，2018年稍有降低，可以发现当地氮含量处于累积增加的状态，需要进行合理的控制施肥。

从空间垂直变化上看，变化规律与全氮在土壤中呈现一致性，也随着土壤深度加大含量减少，说明根系可吸收利用的氮肥主要在表层土壤。

6. 土壤全磷变化规律

土壤中的磷素大部分是以迟效性状态存在，因此土壤全磷含量并不能作为土壤磷素供应的指标，全磷含量高时并不意味着磷素供应充足，而全磷含量低于某一水平时，却可能意味着磷素供应不足，土壤中全磷含量变化见图6-49。

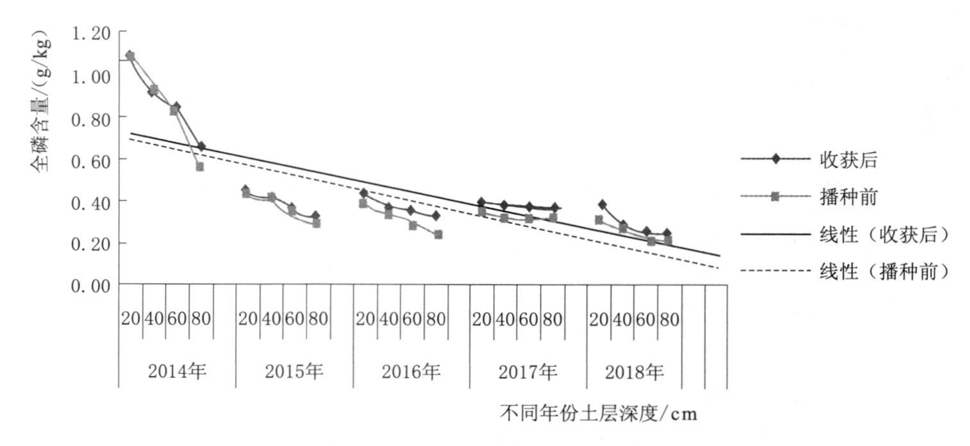

图6-49 土壤中全磷含量变化图

从时间变化上看，整体上是收获后全磷含量比播种前增加，说明施入土壤的磷肥有部分未被植物利用。不同取样点土壤质地有差异，所以全磷垂直方向分布有差异。总之，80cm土层全磷含量最低，说明全磷随着土层深度增加，向下运移率也在减小。研究区24个取样点，2014年收获后比播种前全磷含量减少的取样点占总取样点的37%，最大减少0.060g/kg；2014年收获后比播种前全磷含量增加的取样点占总取样点的63%，最大增加0.114g/kg；2015年收获后比播种前全磷含量减少的取样点占总取样点的21%，最大减少0.060g/kg；2015年收获后比播种前全磷含量增加的取样点占总取样点的79%，最大增加0.157g/kg。2016年收获后比播种前全磷含量减少的取样点占总取样点的32%，最大减少0.079g/kg；2016年收获后比播种前全磷含量增加的取样点占总取样点的68%，最大增加0.179g/kg。2017年收获后比播种前全磷含量减少的取样点占总取样点的19%，最大减少0.057g/kg；2017年收获后比播种前全磷含量增加的取样点占总取样点的81%，最大增加0.089g/kg。2018年收获后比播种前全磷含量减少的取样点占总取样点的29%，最大减少0.098g/kg；2018年收获后比播种前全磷含量增加的取样点占总取样点的71%，最大增加0.102g/kg。随着时间变化，研究区全磷含量逐渐减少。2014—2018年全磷年际间变化含量趋势表现为2014—2015年下降幅度较大，2015—2018年下降速度较缓慢，并且全磷含量并不足以满足作物生长的需求，因此建议当地加大磷肥施用量。

从空间垂直变化上看，由土壤表层向下依次递减，0～20cm土层全磷含量较大，在60～80cm土层全磷含量最少，说明土壤中的全磷主要集中在上层。

7. 土壤速效磷变化规律

磷是作物必需的营养元素之一，速效磷是土壤中可被植物吸收的磷组分，是土壤磷素供应水平高低的指标，速效磷的丰缺直接影响作物根系对磷的吸收，从而影响作物的生长发育和产量高低，土壤中速效磷含量变化见图 6-50。

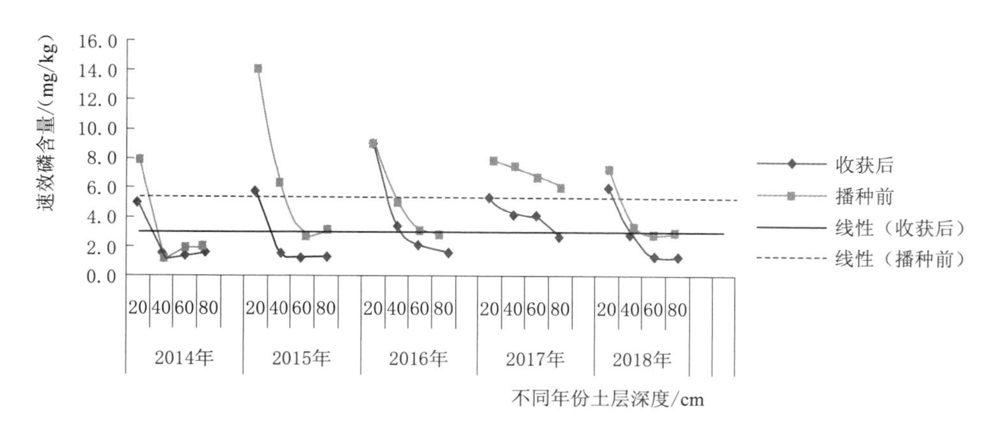

图 6-50 土壤中速效磷含量变化图

从时间变化上看，2014 年收获后与播种前相比，研究区 24 个取样点速效磷含量全部减少，减少 0.72～3.71mg/kg；2015 年收获后与播种前相比，研究区 24 个取样点速效磷含量也全部减少，减少 0.05～3.50mg/kg；2016 年收获后与播种前相比，研究区 24个取样点速效磷含量也全部减少，减少 0.02～1.16mg/kg；2017 年收获后与播种前相比，研究区 24 个取样点速效磷含量也全部减少，减少 0.12～1.08mg/kg；2018 年收获后与播种前相比，研究区 24 个取样点速效磷含量也全部减少，减少 0.09～0.83mg/kg。说明整个区域内作物生育期速效磷肥的施用量不能满足作物生长的需求，导致收获后土壤中速效磷含量出现亏损。2018 年播种前比 2017 年收获后速效磷含量增加，2017 年播种前比 2016 年收获后速效磷含量增加，2016 年播种前比 2015 年收获后速效磷含量增加，2015 年播种前比 2014 年收获后速效磷含量增加，是由于 0～20cm 土层中迟效性状态的磷素转变为速效磷，并且向土壤下层运移。2014 年收获后与 2015 年收获后区域内 20～40cm 土层速效磷含量分布图非常相似，原因是该土层中速效磷含量经过生育期作物吸收降到了最低值。当地重氮肥而轻磷肥的施肥习惯使土壤磷素得不到有效补给，速效磷缺乏，因此，建议当地适当加大速效磷肥的施用量，特别是速效磷严重缺乏的区域。速效磷含量在 2014—2018 年变化趋势表现较为平缓，增加减少并不明显，速效磷含量不可以满足作物生长所需要求。

从空间垂直变化上看，表层土壤速效磷含量丰富，最高含量在 15mg/kg 左右，而随着土壤深度加大，速效磷含量明显减少，在 60～80cm 土层时速效磷含量达到最低值，所以植物可吸收利用的磷肥主要在表层土壤。

8. 土壤全钾变化规律

钾能够促进光合作用，缺钾使光合作用减弱。钾还能能使作物茎秆长得坚强，防止倒伏，促进开花结实，增强抗旱、抗寒、抗病虫害能力，土壤中全钾含量变化见图 6-51。

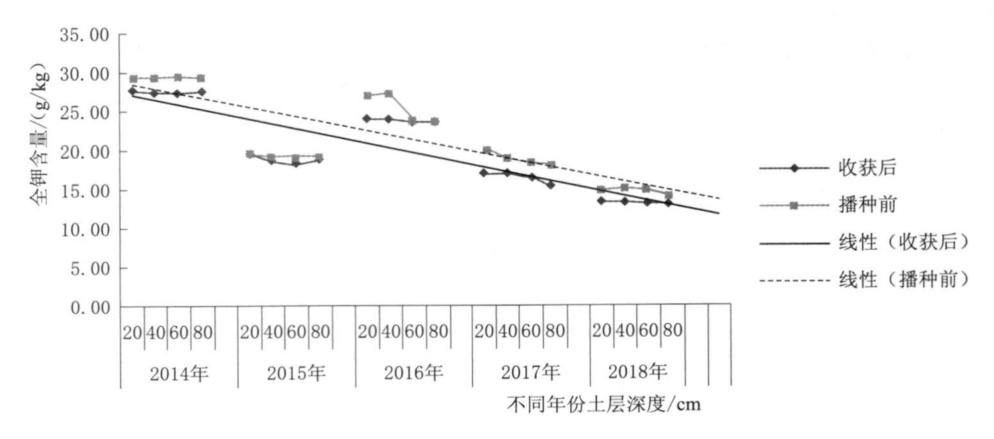

图 6-51 土壤中全钾含量变化图

从时间变化上看，收获后全钾含量比播种前减少，减少 2%～12%，说明施入土壤的钾肥利用率较高。研究区 24 个取样点，2014 年收获后比播种前全钾含量减少的取样点占总取样点的 50%，最大减少 4g/kg；2014 年收获后比播种前全钾含量增加的取样点占总取样点的 50%，最大增加 2g/kg；2015 年收获后比播种前全钾含量减少的取样点占总取样点的 62%，主要集中在中西部区域，最大减少 6g/kg；2015 年收获后比播种前全钾含量增加的取样点占总取样点的 38%，最大增加 3g/kg；2016 年收获后比播种前全钾含量减少的取样点占总取样点的 56%，主要集中在中西部区域，最大减少 9g/kg；2016 年收获后比播种前全钾含量增加的取样点占总取样点的 44%，最大增加 7g/kg；2017 年收获后比播种前全钾含量减少的取样点占总取样点的 63%，主要集中在中西部区域，最大减少 7g/kg；2017 年收获后比播种前全钾含量增加的取样点占总取样点的 37%，最大增加 7g/kg；2018 年收获后比播种前全钾含量减少的取样点占总取样点的 75%，主要集中在中西部区域，最大减少 19g/kg；2018 年收获后比播种前全钾含量增加的取样点占总取样点的 25%，最大增加 23g/kg。2016 年播种前土壤中全钾含量较 2015 年收获后增加，增加幅度较大；2018 年播种前土壤中全钾含量较 2017 年收获后减少，2017 年播种前土壤中全钾含量较 2016 年收获后减少，2015 年播种前土壤中全钾含量较 2014 年收获后减少，是由于经过漫长冬季，表层土壤全钾向下移动。土壤中全钾含量的高低主要依赖于土壤自身属性，可通过施用有机肥、秸秆还田等措施逐步改变土壤属性来增加土壤中全钾含量。全钾含量 2014—2018 年变化趋势表现为 2014—2015 年下降，2015—2016 年上升，2016—2018 年再次下降，全钾含量在 2014—2018 年呈现波动，变化不规律。

从空间垂直变化上看，全钾含量在土壤浅层含量较高，最高值达到 30g/kg 左右。

9. 土壤速效钾变化规律

速效钾是衡量土壤钾供应能力的指标，一般速效钾含量仅占全钾的 0.1%～2%，其含量还受土壤缓放性钾贮量和转化速率的控制，土壤中速效钾含量变化见图6-52。

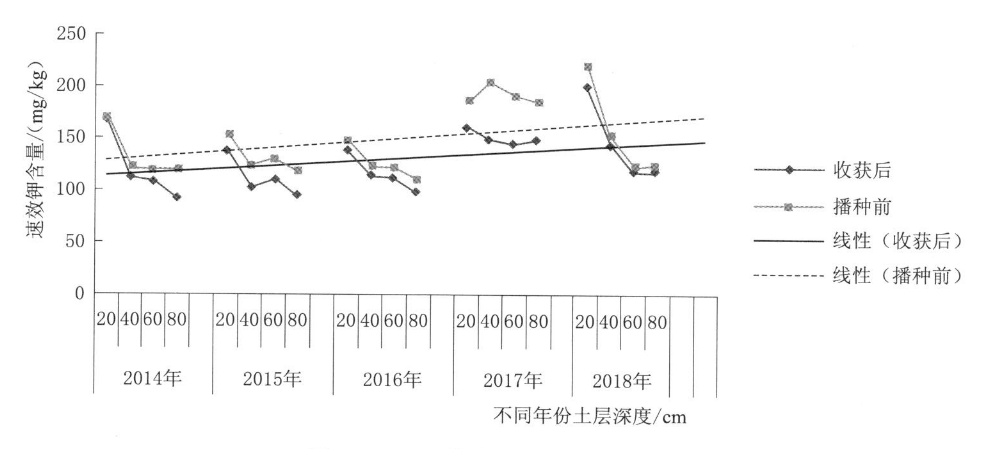

图6-52 土壤中速效钾含量变化图

从时间变化上看，收获后速效钾含量比播种前减少，减少10～80mg/kg，原因是生育期根系吸收大量速效钾，土壤中速效钾含量降低。研究区24个取样点，2014年收获后比播种前速效钾含量减少的取样点占总取样点的58%，最大减少34mg/kg；2014年收获后比播种前速效钾含量增加的取样点占总取样点的42%，最大增加17mg/kg；2015年收获后比播种前速效钾含量减少的取样点占总取样点的71%，最大减少37mg/kg；2015年收获后比播种前速效钾含量增加的取样点占总取样点的29%，最大增加22mg/kg；2016年收获后比播种前速效钾含量减少的取样点占总取样点的57%，最大减少40mg/kg；2016年收获后比播种前速效钾含量增加的取样点占总取样点的43%，最大增加19mg/kg；2017年收获后比播种前速效钾含量减少的取样点占总取样点的60%，最大减少35mg/kg；2017年收获后比播种前速效钾含量增加的取样点占总取样点的40%，最大增加50mg/kg；2018年收获后比播种前速效钾含量减少的取样点占总取样点的49%，最大减少71.2mg/kg；2018年收获后比播种前速效钾含量增加的取样点占总取样点的51%，最大增加59mg/kg。部分区域作物生育期内钾肥的施用量不能满足作物生长的需求，导致收获后土壤中速效钾含量出现亏损。2018年播种前比2017年收获后速效钾含量有所增加，2017年播种前比2016年收获后速效钾含量有所增加，2016年播种前比2015年收获后速效钾含量有所增加，2015年播种前比2014年收获后速效钾含量有所增加，增加幅度都较小，是由于0～20cm土层中缓效钾转化为速效钾，并且向土壤下层运移。建议示范区域通过适当加大速效钾肥施用量来提高土壤中速效钾含量以保证作物高产。2014—2018年速效钾含量年际间变化趋势为2014—2016年含量没有明显变化，2017—2018年速效钾含量增加较多，这可能是由于土壤中速效钾含量长期累积造成的。

从空间垂直变化上看，表层土壤速效钾含量丰富，而随着土壤深度加大，速效钾含量明显减少，所以植物可吸收利用的钾肥主要在表层土壤。

全钾和速效钾不相关。因全钾含有大量非交换性钾，非交换性钾转换为交换性速效钾的难度较大，致使全钾和速效钾不具有相关性。

10. 土壤有机质变化规律

土壤有机质吸附较多的阳离子，使土壤具有保肥力和缓冲性，在土壤中起协调土壤条件、供应植物养分等作用，土壤中有机质含量变化见图6-53。

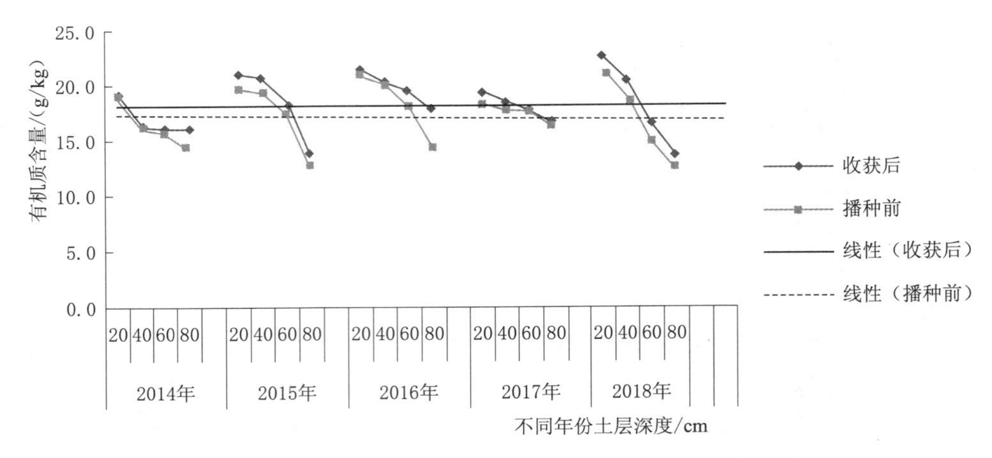

图6-53　土壤中有机质含量变化图

从时间变化上看，整体上是收获后有机质含量比播种前增加，原因可能是施入的有机肥经不完全分解、转化，使得土壤有机质含量变化不规律。有机质年际间变化较为平缓。

从空间垂直变化上看，有机质含量在表层土层最高，含量最少的是60～80cm土层，所以表层土保肥和缓冲能力较强。

11. 土壤养分各指标相关性分析

土壤养分各指标间的相关性不同区域、不同土壤属性研究结果不尽相同。

将全氮、碱解氮、全磷、速效磷、全钾、速效钾及有机质进行相关性分析（表6-26）。由表6-26可知，全氮与碱解氮、全磷、速效钾呈极显著正相关关系，相关系数分别为0.67、0.47、0.62，表明全氮对三种养分指标的影响从大到小依次为碱解氮、速效钾、全磷。碱解氮与全磷、速效钾表现为极显著正相关关系，其中碱解氮与速效钾的相关系数较大，为0.50，碱解氮与全磷的相关关系为0.38。全磷与速效钾呈极显著正相关关系，相关系数为0.27。有机质与碱解氮、全磷表现为显著负相关关系，相关系数分别为－0.21、－0.42，表明有机质对于全磷的影响较大。

土壤中有机质含量高的区域，全磷含量也相对较高。全氮经过土壤中微生物的矿化作用会转化为碱解氮，所以全氮含量的变化一定程度上影响着碱解氮含量的大小。土壤中可以直接被植物吸收利用的速效磷含量不到全磷的1%，所以速效磷和全磷不具有相关性。土壤中速效钾含量主要是受钾肥的影响，而全钾主要受土壤自身组成的影响，所以速效钾和全钾也不具有相关性。

表 6-26 土壤养分各指标间相关分析表

	全氮	碱解氮	全磷	速效磷	全钾	速效钾	有机质
全氮	1	0.67**	0.47**	0.07	-0.09	0.62**	-0.01
碱解氮		1	0.38**	-0.01	0.10	0.50**	-0.21*
全磷			1	-0.15	-0.03	0.27**	-0.42*
速效磷				1	0.19	0.14	0.08
全钾					1	0.01	-0.14
速效钾						1	-0.05
有机质							1

注 **表示在0.01水平上显著相关；*表示在0.05水平上显著相关。

12. 土壤养分等级评价

（1）主成分分析。在具体分析过程中，对于研究对象需要收集较为充分的资料，从而更为客观、全面地完成分析任务。但受限于理论与技术条件，在分析过程中无法对较多变量进行同时分析，而信息过多，也会影响问题分析的进度与难度。针对这种问题，有学者提出了主成分分析法，即在众多指标中进行遴选，找出少量具备代表性的综合指标，以较少变量为基准，来反映原变量信息，在确保原信息损失偏低的状态下，降低变量具体数量。在具体操作中，应用这种分析技术，其主成分多选定为$m(m<p)$个，m为主成分个数。以不同主成分的累计方差贡献率为准界定m取值。

$$\text{方差累积贡献率}=\sum_{k=1}^{m}\lambda_k\Big/\sum_{i=1}^{p}\lambda_i \tag{6-3}$$

式中：λ为不同主成分相应特征值参数；k为选定主成分数量；i为全部主成分数量。

在选定主成分数量上，要求在降低具体数量的同时，还可以包含更多的信息。在方差贡献率上，以不低于设定阈值为标准来界定具体主成分数量。依据前文，经过主成分分析结果可以认为，2014年土壤养分主要元素以全氮、碱解氮、速效钾与pH为主；2015年土壤养分主要元素以有机质、速效磷、速效钾与pH为主；全氮、全磷、全钾、pH这四个主要因素是2016年土壤养分的特征元素；全钾、速效磷、有机质、pH这四个主要因素是2017年土壤养分的特征元素；全氮、全磷、全钾、有机质这四个主要因素是2018年土壤养分的特征元素。

（2）BP神经网络模型。BP神经网络模型在实践操作中应用较多，该网络模型具体以输入层、输出层与一定数量的隐含层构成。这类模型在传递函数上，多采取的是Sigmoid函数，可以逼近任意连续函数，具有很强的非线性映射能力，而且网络的中间层数、各层的处理单元数及网络的学习系数等参数可根据具体情况设定，灵活性很大，所以它在许多应用领域中起到重要作用。借助这种技术，可以实现非线性评价模型的构建，可以较为有效地降低人为界定权重时随意性较大问题，有助于更好地保障评价活动的科学性与评价结果的准确性。依据主成分分析结果，提取2014年、2015年、2016年、2017年和2018年特征元素，采用BP神经网络模型进行土壤养分评价。2014年土壤养分以全氮、碱解氮、速效钾与pH作为评价指标；2015年土壤养分以有机质、速效磷、速效钾、pH作为评价指标；2016年土壤养分以全氮、全磷、全钾、pH作为评价指标；2017年土壤养分以全钾、速效磷、有机质、pH作为评价指标；2018年土壤养分以全氮、全磷、全钾、有机质为评价指标。

相关研究表明，为增强网络模型自身性能与泛化水平，以收集到数据为准，通过随机方式将其分为训练、检验与测试三种类型样本。训练样本对于人工神经网络的准确性十分重要，训练样本数量过低，则会影响模型的适用性，不能进行对养分状况明确的判别，神经网络的一个缺点是过拟合，本研究采用的方法是把数据划分成三份：training（训练）、validation（验证）及test（测试），监测是否过拟合。并且只有training数据参加训练，其他两部分数据不参加训练，用于检验。通过采用Matlab软件，2014年、2015年、2016年、2017年和2018年各抽取216个样本，分为192个训练样本，24个检验样本，以切实保障BP网络模型的质量与应用效果。此外，网络模型在层级设计上，具体表现为输入与输出层以及若干隐含层。因两年参评的土壤养分指标各为4个，所以输入层节点数为4，土壤评价BP网络模型中，其目标输出具体表现为养分等级，输出节点数设定为1，并将人工神经网络模型编程针对本研究区要求进行改进，使其满足土壤养分评价的要求。

以训练好的BP神经网络模型对检验样本进行仿真，对研究区2014—2018年的土壤养分进行综合评价（表6-27）。根据表6-18和表6-27，2014—2018年的滴灌示范区土壤养分综合评价同为Ⅲ级，属于中高水平，这五年中，土壤养分水平相对较近，这种状况的出现，与区域种植、灌溉等存在着关联。

表6-27　土壤养分综合评价

2014年			2015年			2016年			2017年			2018年		
指标	计算值	等级	指标	计算值	等级	指标	计算值	等级	指标	计算值	等级	指标	计算值	等级
全氮	0.489	Ⅲ	速效磷	0.709	Ⅳ	全氮	0.575	Ⅲ	全钾	0.511	Ⅲ	全氮	0.287	Ⅱ
碱解氮	0.503	Ⅲ	速效钾	0.549	Ⅲ	全磷	0.523	Ⅲ	速效磷	0.702	Ⅳ	全磷	0.512	Ⅲ
速效钾	0.511	Ⅲ	有机质	0.513	Ⅲ	全钾	0.514	Ⅲ	pH	0.501	Ⅲ	全钾	0.478	Ⅲ
pH	0.499	Ⅲ	pH	0.286	Ⅱ	pH	0.302	Ⅱ	pH	0.547	Ⅲ	有机质	0.502	Ⅲ

6.2.3.2 地下水环境动态变化趋势研究

1. 地下水埋深动态变化趋势研究

地下水位监测为地下水资源评价提供科学依据，地下水位的年内变化与农业灌溉用水存在紧密的联系。

2014—2018年地下水埋深变化趋势相似，地下水埋深呈现波动变化，地下水埋深动态变化见图6-54。4月初至5月末，地下水埋深较稳定。作物生育期内实际灌水量见表6-28。由表6-28可知，生育期内首月灌水量为37.68mm，在这个时候地下水水量非常充足充沛，地下水埋深的改变不明显。在6—8月的时候，抽水量持续增加，研究区土壤质地大部分为砂质壤土，只有当降雨强度超过土壤的入渗强度才会对地下水进行补给，且第一含水层深度超过7m，因此当降水量少时，基本没有对地下水的补给，地下水埋深显著下降。8—10月，因灌溉用水逐渐减少，地下水侧向径流补给，水位逐步回升。由图6-54可知，2017年地下水埋深与其他三年略有不同，在同时期的7月地下水埋深上涨，经查证，2017 年 7 月降雨密且多，仅一个月的降水量就将近 200mm，对地下水进行了补给。2016 年与 2017 年示范区地下水埋深较试验区略深，说明示范区灌溉用水量较大，对地下水的摄取较多。

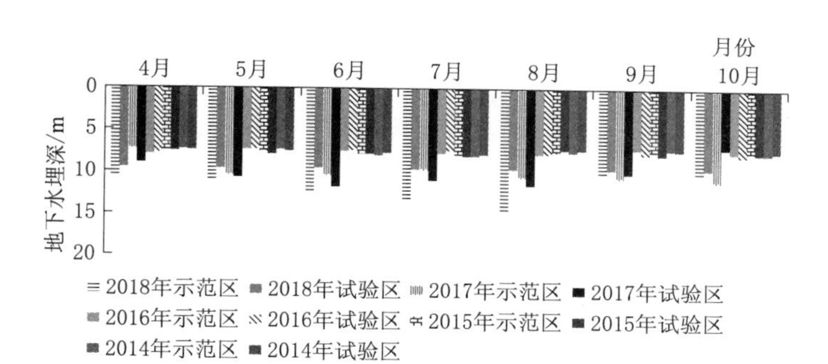

图 6-54 2014—2018 年地下水埋深动态变化图

表 6-28　　作物生育期内实际灌水量

灌水时间	6 月上旬	6 月下旬	7 月中旬	7 月下旬	8 月上旬
灌水量/mm	37.68	61.6	42.75	5.43	6.16

2. 地下水水质时空动态变化趋势研究

采用实测的水质化验结果，分别对靠近南塔林艾勒试验区的观测井（试验区井）和东部区观测井（示范区井）进行分析，分析结果见表 6-29。

表 6-29　　农田灌溉水质标准（GB 5084—2005）

因　子	水　作	旱　作	蔬　菜
悬浮物	≤150	≤200	≤100
pH	≤5.5～8.5	≤5.5～8.5	≤5.5～8.5
全盐量/(mg/L)	1000（非盐碱土地区）；2000（盐碱土地区）；有条件的地区可以适当放宽	1000（非盐碱土地区）；2000（盐碱土地区）；有条件的地区可以适当放宽	1000（非盐碱土地区）；2000（盐碱土地区）；有条件的地区可以适当放宽
氯化物/(mg/L)	≤250	≤250	≤250

（1）地下水 pH 变化趋势研究。地下水 pH 动态变化见图 6-55。从时间变化上看，2014—2018 年研究区 pH 在 4—10 月生育期内经历波动。研究区大致都是 6 月和8 月中旬地下水 pH 下降到 7.30～7.81，7 月 pH 达到生育期内的波峰。生育期前后的 pH 基本一致。2017 年地下水碱性增加。

从空间变化上看，试验区和整个示范区 pH 变化趋势相似，呈现波动。pH 大于 7，地下水呈碱性，pH 保持在 7.30～8.45。示范区碱性略高于试验区。

产生这些情况的原因可能是所使用的化肥、除草剂和除虫剂大都呈酸性及中性，施用过程中造成地下水 pH 的变化。根据《农田灌溉水质标准》(GB 5084—2005)，5.5<pH<8.5 时符合灌溉水水质对 pH 的要求，所以当地地下水酸碱度单项指标满足农田符合用水

标准。

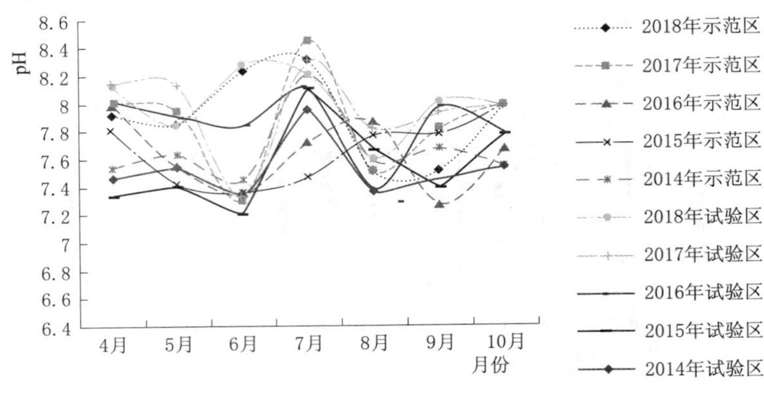

图 6-55　地下水 pH 动态变化图

(2) 地下水氨氮、硝酸盐含量变化趋势研究。氨氮和硝酸盐是水质评价的关键指标，农业灌溉用水要求其浓度必须低于一定水平。土壤所含有的氮和肥料氮，可通过多种渠道进入地下水，最终以可溶解的氨氮、硝酸盐形式，地下水中氨氮含量、硝酸盐含量动态变化见图 6-56 和图 6-57。

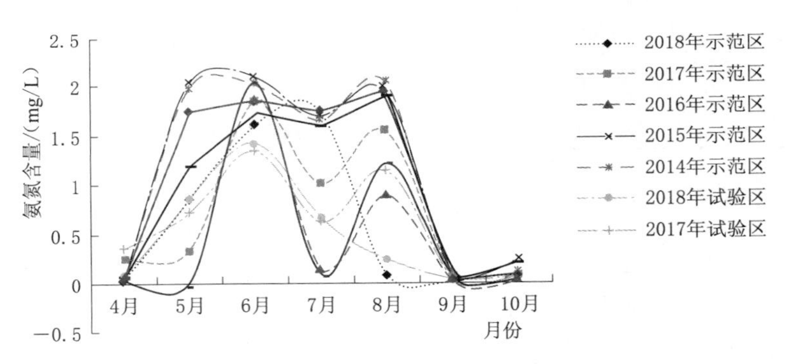

图 6-56　地下水中氨氮含量动态变化图

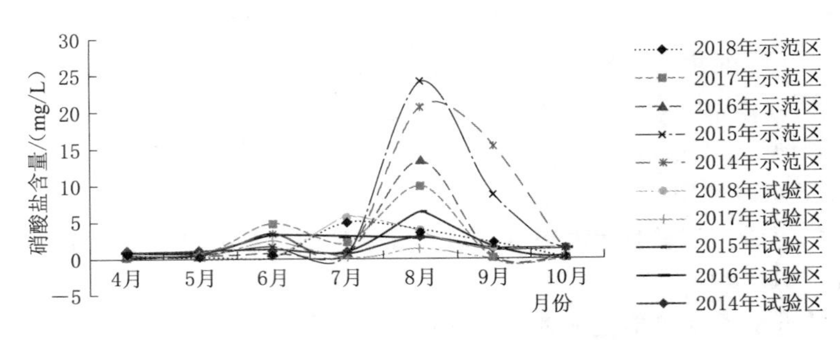

图 6-57　地下水中硝酸盐含量动态变化图

2014—2018年示范区和试验区氨氮含量变化情况基本相同，播种的时候施用大量氮肥，而这些肥料在进入土壤之后，作物吸收的比重大概处于30%～40%范围内，其他部分都残留于土壤内。由于研究区井周围含水层颗粒较细，地下水位埋深偏浅，包气带厚度不大，土壤无法较好地对氨氮进行吸收，令诸多氨氮因此而下渗。且含水层的颗粒相对较细，地下水的氧化还原电位相对较低，是一种相对还原的环境，进而令污染物能够结合氨氮形式存在于浅层地下水内。所以5月底、6月初地下水中氨氮含量达最大值（1.35～2.02mg/L）。7月地下水埋深较大，经过7月末追施氮肥，8月氨氮含量再次升高；8月以后氨氮含量持续下降至0.04mg/L左右。氨氮在水体中存在时，表示有机物处在分解过程。经过作物生育期的持续降低，在10月生育期结束后，氨氮含量再次达到极小值。

2014—2018年示范区和试验区硝酸盐含量变化情况基本相同。硝酸盐是含氮有机物经无机化作用的最终产物，是溶解状氮的主要形式，同时期的硝酸盐含量明显高于氨氮含量，是因为氨氮经过无机化作用转化为硝酸盐。

试验区和示范区氨氮与硝酸盐含量变化对比无明显规律，研究区所呈变化趋势基本一致，这是由于研究区的水文地质条件相同，所引起变化的原因也相同，并且地下水位较低，研究区施肥量很难对地下水质量产生影响，因此所产生的变化也一致。

（3）地下水全盐量变化趋势研究。全盐量是指地下水能够通过特定孔径的滤膜，并将其烘干至恒重的残渣重量，而矿化度从客观而言是所有阴阳离子的总和。因此全盐量和矿化度存在非常紧密的联系。地下水矿化度和全盐量发生的改变与多种因素存在联系，其中主要包括地下水位、灌溉等，地下水中全盐量动态变化见图6-58。

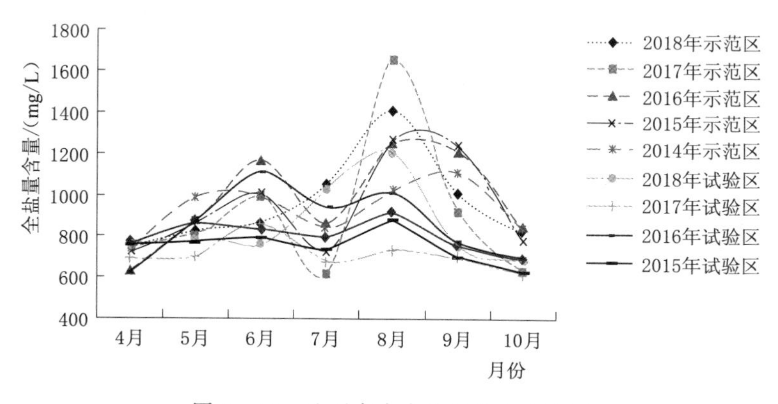

图6-58 地下水中全盐量动态变化图

6月全盐量从703～1250mg/L增加到944～1470mg/L，这可能是由于农药化肥的施用，部分未被土壤吸收利用的残余农药化肥渗透到浅层地下水中，导致地下水中离子含量增加。7月灌溉用水量增加，地下水抽取量变大，导致地下水埋深增大，并且同时侧向径流的补给提高了地下水质量，6月末至7月中旬降到最低值。8月由于降水的滞后性，对地下水进行了补给，全盐量再次升高。9月地下水位逐渐抬升，矿化度和全盐量开始下降。地下水矿化度总体水平小于1000mg/L，按照表6-30地下水全盐量分类，该区域地下水属于淡水，但 2017 年示范区全盐量和矿化度含量均较高，建议当地采取适当措施进行调理管控。根据《农田灌溉水质标准》(GB 5084—2005)，全盐量小于 1000mg/L（非盐碱土地区）、全盐量小于 2000mg/L（盐碱土地区）为合格，生育期内全盐量单项符合农田灌溉用水标准。试验区和示范区全盐量变化对比无明显规律，研究区所呈变化趋势基本一致。这是由于研究区的水文地质条件相同，所引起变化的原因也相同，并且地下水位较低，研究区施肥量很难对地下水质量产生影响，因此所产生的变化也一致。

表 6-30　地下水全盐量分类表

矿化度/(g/L)	<1	1～3	3～10	10～50	>50
类型	淡水	微咸水	咸水	盐水	卤水

(4) 地下水钠离子、氯化物变化趋势研究。研究区所施用的化肥农药中含有的微量元素中伴有钠离子与氯离子，地下水中钠离子含量、氯化物含量动态变化见图 6-59 和图 6-60。从时间变化来看，4—6 月钠离子与氯化物含量分别由 116～165mg/L、41～72mg/L上升至 137～258mg/L、52.2～104mg/L。随后由于地下水埋深降低，7 月钠

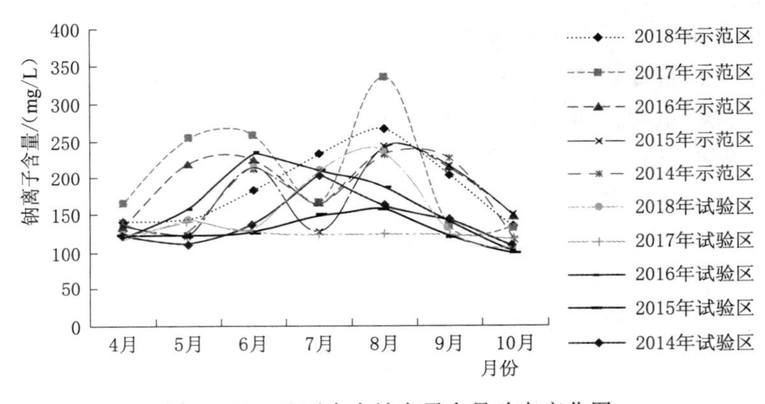

图 6-59　地下水中钠离子含量动态变化图

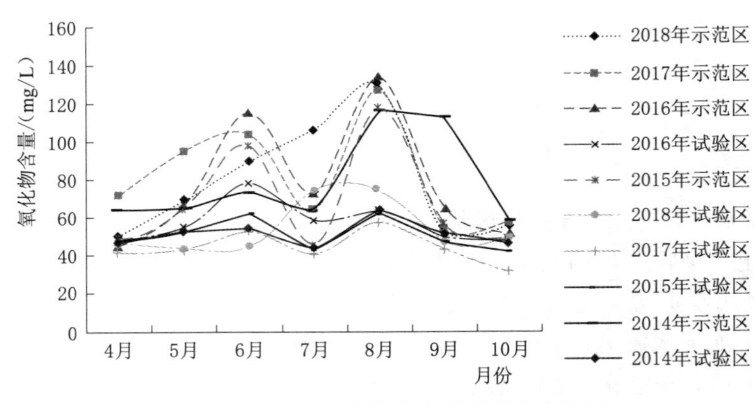

图 6-60　地下水中氯化物含量动态变化图

离子与氯化物含量分别降低至124～210mg/L、40.8～73mg/L。8月钠离子与氯化物含量再次升高。8月以后地下水位逐渐抬升，钠离子和氯化物含量开始下降。从空间变化上看，同时期示范区井钠离子与氯化物含量均高于试验区含量。2017年示范区井钠离子与氯化物含量均较高。2018年研究区钠离子和氯化物含量从4月至8月处于持续升高阶段，在8月达到峰值才逐渐开始下降。试验区和示范区钠离子与氯化物含量变化对比无明显规律，研究区所呈变化趋势基本一致，这是由于研究区的水文地质条件相同，所引起变化的原因也相同，并且地下水位较低，研究区施肥量很难对地下水质量产生影响，因此所产生的变化也一致。

由《地下水质量标准》(GB/T 14848—2017) 可知，2014—2018年示范区氯化物含量属于Ⅱ类水标准，试验区氯化物含量属于Ⅰ类水标准。

(5) 地下水镁离子、硫酸盐和总硬度变化趋势研究。研究区所施用的化肥农药中含有的微量元素中伴有镁离子与硫酸盐离子，地下水中镁离子含量、硫酸盐含量及总硬度动态变化见图6-61～图6-63。镁离子从5月中旬的34.1～46.8mg/L逐渐上升，到6月末达到了波峰值44.1～55.0mg/L，随后下降到7月末的35.2～52.6mg/L，8月再次上升到生育期极大值41.7～62.5mg/L。硫酸盐也从5月的32.1～151.0mg/L不断增加，经过了6—7月所发生的波动，在8月末的时候，其提升至生育期的极限值46～389mg/L，在这之后降低至10月末的21.5～65mg/L。总硬度的变化也代表了地下水中部分离子的变化趋势，因此地下水总硬度发生的改变也表现出先增加后减少的趋势，其极大值与极小值之间相差1.44～1.90倍。进入10月以后，温度降低，地表含水层介质变粗大，有利于氮污染物伴随着地表水入渗，易导致氧化环境，将含水层介质内的还原性化合物转化为氧化态，进而增大了矿化物溶解的难度，导致地下水总硬度升高。在2017年的时候，生育期镁离子、硬度等与2015年相比有所增加，这表明这些指标伴随时间变化而不但提升。2018年研究区钠离子和镁离子含量从4月至8月处于持续升高阶段，在8月达到峰值才逐渐开始下降。试验区和示范区镁离子、硫酸盐与总硬度含量变化对比无明显规律，研究区所呈变化趋势基本一致，这是由于研究区的水文地质条件相同，所引起变化的原因也相同，并且地下水位较低，研究区施肥量很难对地下水质量产生影响，因此所产生的变化也一致。

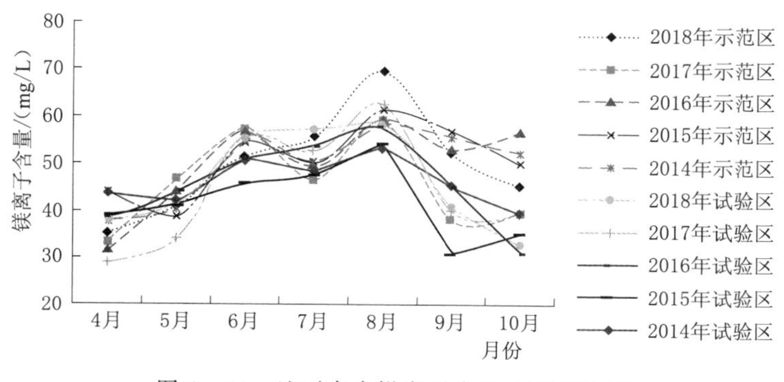

图6-61 地下水中镁离子含量动态变化图

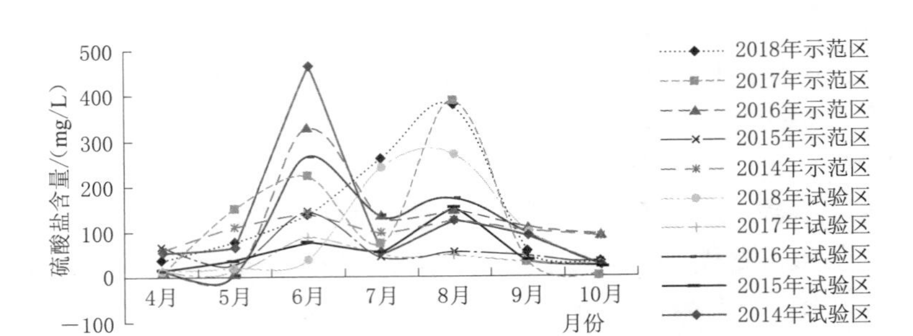

图 6-62 地下水中硫酸盐含量动态变化图

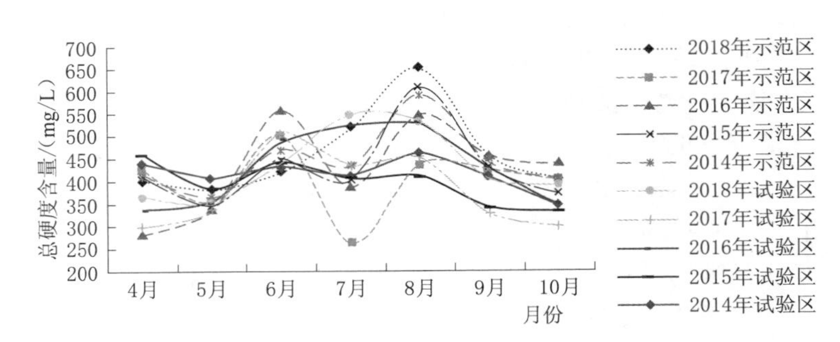

图 6-63 地下水中总硬度含量动态变化图

由《地下水质量标准》(GB/T 14848—2017)(表 6-31)可知，硫酸盐单项属于Ⅱ类标准，总硬度单项属于Ⅲ类标准。按照硬度分级标准，该区域地下水属于硬水（300mg/L 以上为硬水）。

表 6-31 地下水质量标准

项目	Ⅰ类	Ⅱ类	Ⅲ类	Ⅳ类	Ⅴ类
总硬度(以 $CaCO_3$ 计)/(mg/L)	≤150	≤300	≤450	≤650	>650
硫酸盐/(mg/L)	≤50	≤150	≤250	≤350	>350
氯化物/(mg/L)	≤50	≤150	≤250	≤350	>350

(6) 地下水总碱度变化趋势研究。水的总碱度是指可以和强酸发挥作用的物质总量，所测得的是水中各种弱酸盐类的总和，其很大程度上体现出水中和酸的能力。另外，重碳酸根离子和碳酸根离子的浓度也是评析碱度的关键指标，因此重碳酸盐与碱度存在非常紧密的联系。而选择的检测分析方法如果存在一定差异，那么碱度的检测情况也不相一致，本次化验按照《水和废水监测分析方法》第四版（增补版）（国家环境保护总局编委会，中国环境科学出版社，2002 年），总碱度检测结果以 $CaCO_3$ 计，地下水中总碱度含量动态变化见图 6-64。

6 月初总碱度含量较高，为 614～825mg/L，在之后的几个月当中，整体碱度持续变化。地下水中微生物对有机质能够发挥一定的降解作用，并且厌氧分解之后能够形成许多 CO_2，从而导致碱度表现出起伏不定的变化。试验区和示范区总碱度含量对比变化无明显

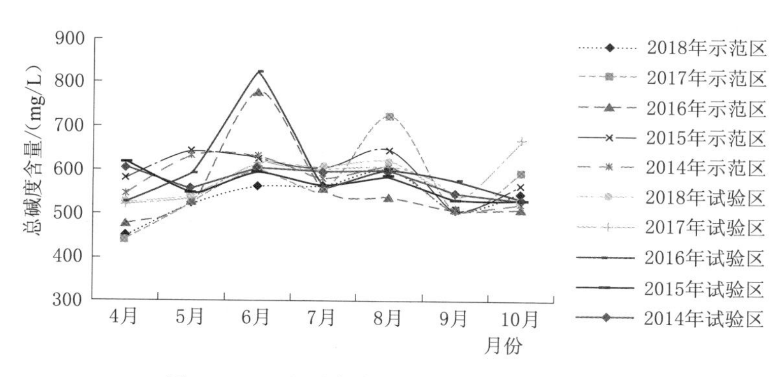

图 6-64　地下水中总碱度含量动态变化图

规律，研究区所呈变化趋势基本一致，这是由于研究区的水文地质条件相同，所引起变化的原因也相同，并且地下水位较低，研究区施肥量很难对地下水质量产生影响，因此所产生的变化也一致。另外，水中的碱度和多种因素有关，其中比较主要的包括重碳酸盐、氢氧化物等，而重碳酸盐是碱度最为关键的影响要素。

3. 地下水质相关性分析

进行地下水水质各指标间的相关性分析，可以有效地衡量多个变量因素的相关密切程度，了解指标间的共变趋势，对地下水水质评价起到辅助作用。因此将 pH、全盐量、矿化度、氨氮、硝酸盐、氯化物、硫酸盐、总硬度、重碳酸盐及总碱度进行相关性分析，分析结果见表 6-32。

表 6-32　　地下水水质各指标间相关分析表

指标	pH	全盐量	矿化度	氨氮	硝酸盐	氯化物	硫酸盐	重碳酸盐	总碱度	总硬度
pH	1	−0.25	−0.23	0.43*	−0.36	0.27	−0.21	−0.37	−0.40*	0.30
全盐量		1	0.99**	0.20	0.30	0.58**	0.50**	−0.11	−0.14	0.17
矿化度			1	0.21	0.31	0.59**	0.50**	−0.16	−0.21	0.17
氨氮				1	−0.13	0.82**	0.70**	0.07	0.01	0.86**
硝酸盐					1	−0.04	0.10	−0.47*	−0.42*	−0.44*
氯化物						1	0.78**	0.05	−0.06	0.68**
硫酸盐							1	0.41*	0.31	0.65**
重碳酸盐								1	0.95**	0.37
总碱度									1	0.34
总硬度										1

注　**表示在 0.01 水平上显著相关；*表示在 0.05 水平上显著相关。

(1) 全盐量与矿化度、氯化物、硫酸盐呈极显著正相关关系，其相关系数分别为 0.99、0.58、0.50，全盐量对各类指标的影响从高到低先后为矿化度、氯化物、硫酸盐；矿化度与氯化物、硫酸盐呈极显著正相关关系，其相关性系数分别为 0.59、0.50；氨氮与氯化物、硫酸盐、总硬度呈极显著正相关关系，其相关性系数分别为 0.82、0.70、

0.86；氯化物与硫酸盐、总硬度呈极显著正相关关系，其相关性系数分别为0.78、0.68；硫酸盐与总硬度呈极显著正相关关系，其相关性系数为0.65；重碳酸盐与总硬度呈极显著正相关关系，其相关性系数为0.95。

(2) pH与氨氮呈显著正相关关系，其相关性系数为0.43；硫酸盐与重碳酸盐呈显著正相关关系，其相关性系数为0.41。

(3) 酸碱度与总碱度具有负相关关系，而且其相关性系数等于−0.40；硝酸盐与总硬度之间为负相关，其相关性系数先后为−0.47、−0.42、−0.44。结合上述分析能够发现，地下水中氯化物和硫酸盐含量处于较高水平的时候，全盐量、氨氮含量也处于较高的水平。重碳酸盐和总碱度明显增加时，硝酸盐含量在一定程度上减少。地下水中氨氮、硫酸盐含量的水平很大程度上决定了其总体硬度。

4. 地下水质量评价

(1) 模糊数学隶属度计算。

模糊综合评判模型建立：$\boldsymbol{S}=\boldsymbol{B}\cdot\boldsymbol{R}$。

1) 建立水质评价因子集合：$\boldsymbol{U}=\{X_1,X_2,X_3,X_4,X_5\}=\{$氯化物,氨氮,硝酸盐,硫酸盐,总硬度$\}$，监测数据采用2016年4—11月和2017年4—11月示范区井和试验区井实测数据。

2) 确定模糊权重矩阵$\boldsymbol{B}$。

$$C_{0i}=\frac{1}{5}(a_{i1}+a_{i2}+a_{i3}+a_{i4}+a_{i5}) \tag{6-4}$$

$$W_k=\frac{X_i}{C_{0i}} \tag{6-5}$$

$$Z_i=\frac{W_i}{\sum\limits_{k=1}^{m}W_k} \tag{6-6}$$

上述三式中a_{ij}表示《地下水质量标准》(GB/T 14848—2017) 中各级标准浓度。进行过归一化处理后的各标准值即为5个所选评价指标的模糊权重矩阵$\boldsymbol{B}$。

3) 隶属度函数构造。以隶属度来对水质分级界限进行划分。它表示属于某种标准值的百分数，可用隶属函数表示，对函数的明确，可结合降半梯形分布图来实现，以1.0作为函数最大值，具体参见图6-65。

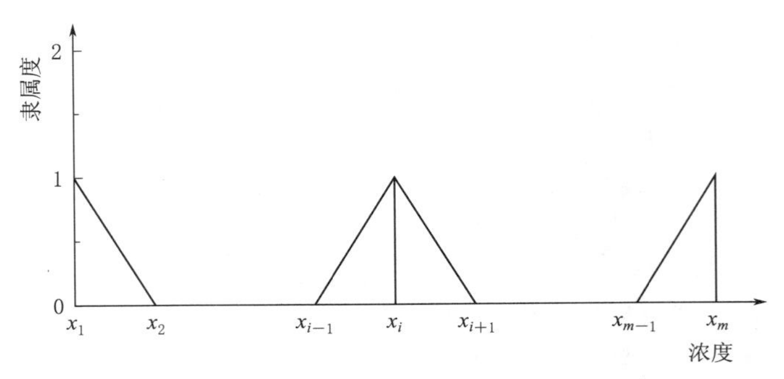

图6-65 浓度（x）与隶属度（y）的关系图

4）建立模糊关系矩阵 ***R***。通过计算隶属度函数，求出 5 个单项指标对 5 级水的隶属程度，得出 5×5 的模糊矩阵 ***R***。模糊综合评判法，其具备诸多算子，如相乘取大、取小取大、取小相加。取小取大算子对极值予以强调，属于主因素突出判断型，令其他数据失去作用，且容易导致形成结果向量的元素相等，进而无法为评价结果定级。所以，本书对相乘取大算子加以运用，进而完成评价。在计算对应监测井水质参数浓度之后，获得 ***S*** 这一最终的评价矩阵，结合最大隶属度这一原则，对水质类别进行判断，进而获得相关结果。

（2）水质评价模糊数学隶属度模型的结果。用实测的水质样本对所建的模型进行验证。隶属度的表示用一种水质类别的简易法，即用下标表示该样本对某一级水质的隶属度，模型最终计算结果详见表 6-33～表 6-38。

表 6-33　2014 年滴灌试验区与示范区水质评价对照

月　份	试验区	评价结果	示范区	评价结果
	隶属度	等级	隶属度	等级
4 月	$Ⅲ_{0.783}$	Ⅲ	$Ⅱ_{0.356}$	Ⅱ
5 月	$Ⅲ_{0.468}$	Ⅲ	$Ⅲ_{0.468}$	Ⅲ
6 月	$Ⅳ_{0.689}$	Ⅳ	$Ⅴ_{0.798}$	Ⅴ
7 月	$Ⅲ_{0.753}$	Ⅲ	$Ⅲ_{0.368}$	Ⅲ
8 月	$Ⅳ_{0.698}$	Ⅳ	$Ⅳ_{0.568}$	Ⅳ
9 月	$Ⅲ_{0.598}$	Ⅲ	$Ⅲ_{0.425}$	Ⅲ
10 月	$Ⅲ_{0.753}$	Ⅲ	$Ⅲ_{0.647}$	Ⅲ

由表 6-33 可知，2014 年研究区 6 月和 8 月水质相对来说较差。根据水质实测数据，隶属度模型对科左中旗地下水水质评价计算结果是较为合理的，根据《地下水质量标准》分类用途（表 6-34）可知，2014 年监测区整体水质满足工、农业用水水质需求。

表 6-34　《地下水质量标准》（GB/T 14848—2017）分类用途

类　别	用　途
Ⅰ类	反映地下水化学组分的天然低背景含量，适用于各种用途
Ⅱ类	反映地下水化学组分的天然背景含量，适用于各种用途
Ⅲ类	以人体健康基准值为依据，适用于集中式生活饮用水水源及工、农业用水
Ⅳ类	以农业和工业用水要求为依据，除适用于农业和部分工业用水外，适当处理后可作生活饮用水
Ⅴ类	不宜饮用，其他用水可根据使用目的选用

表 6-35　2015 年滴灌试验区与示范区水质评价对照

月　份	试验区	评价结果	示范区	评价结果
	隶属度	等级	隶属度	等级
4 月	$Ⅲ_{0.745}$	Ⅲ	$Ⅲ_{0.498}$	Ⅲ
5 月	$Ⅳ_{0.832}$	Ⅲ	$Ⅲ_{0.578}$	Ⅲ
6 月	$Ⅴ_{0.456}$	Ⅴ	$Ⅴ_{0.651}$	Ⅴ

续表

月份	试验区	评价结果	示范区	评价结果
	隶属度	等级	隶属度	等级
7 月	Ⅲ 0.632	Ⅲ	Ⅲ 0.801	Ⅲ
8 月	Ⅳ 0.598	Ⅳ	Ⅳ 0.777	Ⅳ
9 月	Ⅱ 0.541	Ⅱ	Ⅲ 0.659	Ⅲ
10 月	Ⅲ 0.354	Ⅲ	Ⅳ 0.487	Ⅳ

由表 6-35 可知，2015 年试验区研究区 6 月和 8 月水质相对来说较差。根据水质实测数据，隶属度模型对科左中旗地下水水质评价计算结果是较为合理的，根据表 6-35 可知，2015 年监测区整体水质满足工、农业用水水质需求。

表 6-36　2016 年滴灌试验区与示范区水质评价对照

月份	试验区	评价结果	示范区	评价结果
	隶属度	等级	隶属度	等级
4 月	Ⅲ 0.456	Ⅲ	Ⅰ 0.732	Ⅰ
5 月	Ⅳ 0.524	Ⅳ	Ⅲ 0.532	Ⅲ
6 月	Ⅴ 0.892	Ⅴ	Ⅴ 0.903	Ⅴ
7 月	Ⅲ 0.896	Ⅲ	Ⅳ 0.701	Ⅱ
8 月	Ⅳ 0.392	Ⅳ	Ⅱ 0.532	Ⅳ
9 月	Ⅰ 0.468	Ⅰ	Ⅲ 0.421	Ⅲ
10 月	Ⅲ 0.652	Ⅲ	Ⅳ 0.756	Ⅳ

由表 6-36 可知，2016 年研究区 6 月和 8 月水质相对来说较差。根据水质实测数据，隶属度模型对科左中旗地下水水质评价计算结果是较为合理的，根据表 6-36 可知，2016 年监测区整体水质满足工、农业用水水质需求。

表 6-37　2017 年滴灌试验区与示范区水质评价对照

月份	试验区	评价结果	示范区	评价结果
	隶属度	等级	隶属度	等级
4 月	Ⅰ 0.412	Ⅰ	Ⅱ 0.732	Ⅱ
5 月	Ⅲ 0.562	Ⅲ	Ⅲ 0.532	Ⅲ
6 月	Ⅳ 0.845	Ⅳ	Ⅲ 0.789	Ⅳ
7 月	Ⅲ 0.896	Ⅲ	Ⅲ 0.401	Ⅲ
8 月	Ⅳ 0.489	Ⅳ	Ⅳ 0.532	Ⅳ
9 月	Ⅱ 0.468	Ⅱ	Ⅲ 0.421	Ⅲ
10 月	Ⅲ 0.521	Ⅲ	Ⅲ 0.812	Ⅲ

由表 6-37 可知，2017 年研究区 6 月和 8 月水质相对来说较差，与前几年同等月份水质情况相仿。2017 年试验区和示范区水质通过隶属度模型测试结果发现，监测区整体水

质满足工、农业用水水质需求。

表 6-38　　2018 年滴灌试验区与示范区水质评价对照

月　份	试验区	评价结果	示范区	评价结果
	隶属度	等级	隶属度	等级
4月	Ⅱ 0.598	Ⅱ	Ⅱ 0.653	Ⅱ
5月	Ⅲ 0.712	Ⅲ	Ⅲ 0.521	Ⅲ
6月	Ⅲ 0.465	Ⅲ	Ⅲ 0.514	Ⅳ
7月	Ⅳ 0.714	Ⅳ	Ⅲ 0.398	Ⅲ
8月	Ⅳ 0.869	Ⅳ	Ⅳ 0.765	Ⅳ
9月	Ⅱ 0.678	Ⅱ	Ⅲ 0.621	Ⅲ
10月	Ⅲ 0.897	Ⅲ	Ⅲ 0.698	Ⅲ

由表 6-38 可知，2018 年研究区 8 月水质相对来说较差，与前几年同等月份水质情况相仿。2018 年试验区和示范区水质通过隶属度模型测试结果发现，监测区整体水质满足工、农业用水水质需求。

对模型完成标准化的水质样本检测之后，结果表明该模型体现出理想的有效性。此外，可选择任意多的水质参数完成学习，并建立相应的评价模型，学习完成之后的模型对所有实测样本都可以获得准确的评价结果，体现出出众的适用性。所以该模型在水质评价问题的分析中能够发挥理想的效果。

6.3 规模化喷灌示范区综合效益监测与评价

喷灌示范区位于通辽市科左中旗保康镇巨宝山村，2014 年全村共有农户 423 户 1837 口人，人均收入 6000 元，土地面积 27675 亩，耕地面积 11150 亩。喷灌示范区面积 3000 亩，全部为中心支轴式喷灌，其中 1000 亩为“小型农田水利重点县”项目区，于 2011 年投入运行，其余 2000 亩为“节水增粮行动”项目区，于 2014 年投入运行。

在玉米喷灌需水规律、灌溉制度、水肥一体化等试验研究基础上，配套病虫草害防治技术、农艺农机技术，形成了玉米喷灌综合节水技术集成模式并在示范区进行了应用推广，同时在示范区选取了具有代表性的 10 个农户，针对玉米种植周期内投入、产出、增产、节水等指标进行跟踪调查和效益分析。

6.3.1 喷灌示范区高效节水灌溉工程效益分析依据

1. 计算方法

参考《农业科研成果经济效益计算办法》和《灌溉水利用率测定技术导则》（SL/Z 699—2015）（简称《导则》）。

2. 政策依据

(1)《中共中央　国务院关于加快水利改革发展的决定》（中发〔2011〕1 号）和中央水利工作会议精神。

(2) 财政部、水利部、农业部联合印发的《关于支持黑龙江省 吉林省 内蒙古自治区 辽宁省实施"节水增粮行动"的意见》(财农〔2011〕502号)文件。

(3) 水利部《关于印发东北四省区节水增粮行动实施方案编制提纲的函》(农水农函〔2012〕2号)。

6.3.2 喷灌示范区高效节水灌溉工程年运行费取值标准

喷灌示范区高效节水灌溉工程年运行费主要包括材料费、机械使用费和人工费,其中材料费主要包括种子、肥料、农药等农资费用和灌溉电费;机械使用费主要包括整地、播种、中耕、病虫草害防治、收获等机械作业产生的费用;人工费主要包括田间耕作、田间管理产生的人工费。下文以2016年数据为例对当地传统管灌和喷灌两种灌溉形式进行费用测算。

6.3.2.1 玉米管灌取值标准与投入成本

(1) 材料费为235.24元/亩,主要包括以下内容。

籽种费用:按每亩播种量4000粒计,4000粒装25元,计25.00元/亩。

肥料费用:肥料费用为161.00元/亩,其中,复合肥为35kg/亩×2.80元/kg=98.00元/亩;尿素为35kg/亩×1.80元/kg=63.00元/亩。

农药费用:农药包括除草剂、杀虫剂和营养液,费用合计为22.00元/亩。

电费:2016年灌水130m^3/亩,水泵出水量为40m^3/h,水泵每小时实际耗电量为8.38kW·h,农用电单价为1.00元/(kW·h),电费为27.24元/亩。

(2) 机械使用费为118.00元/亩,主要包括以下内容。

旋耕:旋耕费用为15.00元/亩。

播种:喷灌区播种采用匀垄播种,播种费用为13.00元/亩。

病虫草害防治:全生育期防治2次,每次费用为10.00元/亩,需20.00元/亩。

中耕:全生育期中耕2次,每次中耕费用为10.00元/亩,需20.00元/亩。

机械收获:示范区全部采用机械收获,收获费用为50.00元/亩。

(3) 人工费为48.20元/亩,主要包含以下费用。

播种:工作效率为90亩/天,雇工费为150.00元/天,播种人工费为1.67元/亩。

间苗:工作效率为10亩/天,雇工费为150.00元/天,间苗人工费为15.00元/亩。

打药:工作效率为150亩/天,雇工费为100.00元/天,2次打药人工费为1.33元/亩。

追肥:工作效率为100亩/天,雇工费为120.00元/天,中耕追肥人工费为1.20元/亩。

收获:工作效率为150亩/天,雇工费为150.00元/天,收获人工费为1.00元/亩。

灌水:工作效率为15亩/天,雇工费为210.00元/天,生育期灌水2次,灌水人工费为28.00元/亩。

(4) 费用合计。综上,玉米管灌材料费、机械使用费和人工费合计为401.44元/亩。

6.3.2.2 玉米中心支轴式喷灌取值标准与投入成本

(1) 材料费为233.45元/亩,主要包含以下费用。

籽种费用:按每亩播种量4000粒计,4000粒装25.00元,计25.00元/亩。

肥料费用:肥料费用为161.00元/亩,其中,复合肥为35kg/亩×2.80元/kg=

98.00 元/亩；尿素为 35kg/亩×1.80 元/kg=63.00 元/亩。

农药费用：农药包括除草剂、杀虫剂和营养液，费用合计为 22.00 元/亩。

电费：2016 年灌水 90m³/亩，出水量 40m³/h，水泵每小时实际耗电量 11.33kW·h，农用电单价为 1.00 元/(kW·h)，电费为 25.45 元/亩。

(2) 机械使用费为 118.00 元/亩，主要包含以下费用。

旋耕：旋耕费用为 15.00 元/亩。

播种：低压管灌区播种采用匀垄播种，播种费用为 13.00 元/亩。

病虫草害防治：全生育期防治 2 次，每次费用为 10.00 元/亩，需 20.00 元/亩。

中耕：全生育期中耕 2 次，每次中耕费用为 10.00 元/亩，需 20.00 元/亩。

机械收获：示范区全部采用机械收获，收获费用为 50.00 元/亩。

(3) 人工费为 25.00 元/亩，主要包含以下费用。

播种：工作效率为 90 亩/天，雇工费为 150.00 元/天，播种人工费为 1.67 元/亩。

间苗：工作效率为 10 亩/天，雇工费为 150.00 元/天，间苗人工费为 15.00 元/亩。

打药：工作效率为 150 亩/天，雇工费为 100.00 元/天，2 次打药人工费为 1.33 元/亩。

收获：工作效率为 150 亩/天，雇工费为 150.00 元/天，收获人工费为 1.00 元/亩。

灌水：专管员统一灌水，费用为 3.00 元/亩。

工程维护费：3.00 元/亩。

(4) 费用合计。综上，玉米喷灌材料费、机械使用费和人工费合计为 376.50 元/亩。

6.3.2.3 节水灌溉工程收益取值标准

收益主要包括玉米籽实销售收益、秸秆出售收益和玉米生产者补贴收益。示范区不同灌溉形式玉米产量数据按实地调研及测产数据计算。玉米销售价格随市场和政策影响变化，2014—2015 年玉米销售单价平均为 2.06 元/kg，由于取消玉米临储政策，2016—2018 年玉米销售价格大幅下调，单价平均为 1.62 元/kg。秸秆出售收益按亩均 20 元计。玉米生产者补贴收益从 2016 年开始计，各年分别为 183.00 元/亩、159.00 元/亩、96.00 元/亩。

6.3.3 喷灌示范区高效节水灌溉工程效益分析

6.3.3.1 示范区高效节水灌溉工程成本分析

通过对喷灌示范区连续 5 年调研和监测，得出管灌、喷灌两种灌溉形式材料费、机械使用费以及人工费等各项费用明细，具体见表 6-39。

表 6-39 喷灌与管灌投入成本明细表 单位：元/亩

费用名称	项目明细	2014 年		2015 年		2016 年		2017 年		2018 年	
		管灌	喷灌	管灌	喷灌	管灌	喷灌	管灌	喷灌	管灌	喷灌
材料费	种子	36.00	36.00	35.00	35.00	25.00	25.00	25.00	25.00	30.00	30.00
	底肥(复合肥)	98.00	98.00	98.00	98.00	98.00	98.00	91.00	91.00	91.00	91.00
	追肥(尿素)	63.00	63.00	63.00	63.00	63.00	63.00	63.00	63.00	70.00	70.00
	除草剂	5.00	5.00	6.00	6.00	10.00	10.00	7.00	7.00	13.00	13.00

续表

费用名称	项目明细	2014 年		2015 年		2016 年		2017 年		2018 年	
		管灌	喷灌	管灌	喷灌	管灌	喷灌	管灌	喷灌	管灌	喷灌
材料费	杀虫剂	5.00	5.00	5.00	5.00	6.00	6.00	6.00	6.00	2.00	2.00
	叶面肥	3.00	3.00	3.00	3.00	6.00	6.00	6.00	6.00	6.00	6.00
	电费(水费)	45.06	44.58	31.43	30.25	27.24	25.45	33.53	32.58	35.94	35.65
	小计	255.06	254.58	241.43	240.25	235.24	233.45	231.53	230.58	247.94	247.65
机械使用费	旋耕	20.00	20.00	20.00	20.00	15.00	15.00	15.00	15.00	20.00	20.00
	播种	13.00	13.00	13.00	13.00	13.00	13.00	20.00	20.00	20.00	20.00
	除草	10.00	10.00	10.00	10.00	10.00	10.00	10.00	10.00	10.00	10.00
	中耕(第 1 次)	10.00	10.00	10.00	10.00	10.00	10.00	10.00	10.00	10.00	10.00
	防治虫害	10.00	10.00	10.00	10.00	10.00	10.00	10.00	10.00	10.00	10.00
	中耕(第 2 次)	10.00	10.00	10.00	10.00	10.00	10.00	10.00	10.00	10.00	10.00
	收获	53.00	53.00	55.00	55.00	50.00	50.00	50.00	50.00	50.00	50.00
	小计	126.00	126.00	128.00	128.00	118.00	118.00	125.00	125.00	130.00	130.00
人工费	播种	1.33	1.33	1.33	1.33	1.67	1.67	1.67	1.67	1.67	1.67
	间苗	12.00	12.00	12.00	12.00	15.00	15.00	15.00	15.00	15.00	15.00
	打药	1.33	1.33	1.33	1.33	1.33	1.33	1.33	1.33	1.33	1.33
	中耕追肥	1.20	0.00	1.20	0.00	1.20	0.00	1.20	0.00	1.20	0.00
	收获	1.00	1.00	1.00	1.00	1.00	1.00	1.00	1.00	1.00	1.00
	灌水	28.00	3.00	28.00	3.00	28.00	3.00	28.00	3.00	28.00	3.00
	管理费	0.00	3.00	0.00	3.00	0.00	3.00	0.00	3.00	0.00	3.00
	小计	44.86	21.66	44.86	21.66	48.20	25.00	48.20	25.00	48.20	25.00
	合计	425.92	402.24	414.29	389.91	401.44	376.45	404.73	380.58	426.14	402.65

经分析总体趋势为喷灌投入低于管灌投入，喷灌投入成本为 376.45～402.65 元/亩，管灌为 401.44～426.14 元/亩。与管灌相比，喷灌投入成本平均降低了 23.49～24.99 元/亩，降低了约 6%。其中材料费与机械使用费基本相同，降低的费用主要为灌水的人工费，体现了喷灌的省工效益，详见表 6-40。

表 6-40　　喷灌与管灌投入成本对比表

年份	灌溉形式	材料费/(元/亩)	机械使用费/(元/亩)	人工费/(元/亩)	投入成本/(元/亩)	减少投入/(元/亩)	减少比例/%
2014	管灌	255.06	126.00	44.86	425.92		
	喷灌	254.58	126.00	21.66	402.24	23.68	5.56
2015	管灌	241.43	128.00	44.86	414.29		
	喷灌	240.25	128.00	21.66	389.91	24.38	5.88
2016	管灌	235.24	118.00	48.20	401.44		
	喷灌	233.45	118.00	25.00	376.45	24.99	6.23

续表

年份	灌溉形式	材料费/(元/亩)	机械使用费/(元/亩)	人工费/(元/亩)	投入成本/(元/亩)	减少投入/(元/亩)	减少比例/%
2017	管灌	231.53	125.00	48.20	404.73		
	喷灌	230.58	125.00	25.00	380.58	24.15	5.97
2018	管灌	247.94	130.00	48.20	426.14		
	喷灌	247.65	130.00	25.00	402.65	23.49	5.51

6.3.3.2 经济效益分析

1. 新增总产量

玉米喷灌与管灌相比增产效果显著，从总体趋势看，在实施喷灌后产量明显增加，亩增产 89.41～97.33kg，增产率达 20%；新增产值为 138.94～188.62 元/亩，2016 年产值较低是因为当年玉米收购价较上年跌幅较大。示范区新增总产量为 26.82 万～29.20 万 kg，详见表 6-41。

表 6-41　喷灌与管灌新增总产量对比表

年份	灌溉形式	亩产量/(kg/亩)	单价/(元/kg)	亩产值/(元/亩)	新增产值/(元/亩)	亩增产/(kg/亩)	增产率/%	新增总产量/(万 kg)
2014	管灌	464.03	2.06	955.90				
	喷灌	553.44	2.06	1140.09	184.19	89.41	19.27	26.82
2015	管灌	463.01	2.06	953.80				
	喷灌	554.57	2.06	1142.42	188.62	91.56	19.78	27.47
2016	管灌	481.01	1.44	692.65				
	喷灌	577.49	1.44	831.59	138.94	96.48	20.06	28.95
2017	管灌	486.67	1.62	788.40				
	喷灌	584.00	1.62	946.08	157.68	97.33	20.00	29.20
2018	管灌	469.41	1.76	826.16				
	喷灌	560.23	1.76	986.00	159.84	90.82	19.35	27.25

2. 新增总收益

总收益主要包括玉米籽实销售收益、秸秆出售收益和玉米生产者补贴收益。秸秆出售收益按亩均 20 元计。玉米生产者补贴收益从 2016 年开始计，各年分别为 183.00 元/亩、159.00 元/亩、96.00 元/亩。示范区玉米管灌与喷灌纯收益对比见表 6-42。由表 6-42 可以看出，实施喷灌后，纯收益明显增加，与传统管灌相比，新增纯收益为 163.93～213.00 元/亩，示范区新增总收益为 49.18 万～63.90 万元。

表 6-42　喷灌与管灌纯收益对比表

年　份	灌溉形式	亩投入/(元/亩)	亩收益/(元/亩)	亩纯收益/(元/亩)	新增纯收益/(元/亩)	新增总收益/万元
2014	管灌	425.92	975.90	549.98		
	喷灌	402.24	1160.09	757.85	207.87	62.36

续表

年 份	灌溉形式	亩投入/(元/亩)	亩收益/(元/亩)	亩纯收益/(元/亩)	新增纯收益/(元/亩)	新增总收益/万元
2015	管灌	414.29	973.80	559.51		
	喷灌	389.91	1162.42	772.51	213.00	63.90
2016	管灌	401.44	895.65	494.21		
	喷灌	376.45	1034.59	658.14	163.93	49.18
2017	管灌	404.73	967.40	562.67		
	喷灌	380.58	1125.08	744.50	181.83	54.55
2018	管灌	426.14	942.16	516.02		
	喷灌	402.65	1102.00	699.35	183.33	55.00

6.3.3.3 节水效益分析

节水效益是高效节水灌溉与传统地面灌溉（管灌）相比节约出来的水量，它是节水灌溉所追求的主要目标之一。不同的技术措施，节水效果差异较大。因此从节水率、作物水分生产率、灌溉水有效利用系数 3 个指标进行节水效益分析。

根据降水频率分析，2014—2018 年每年生育期降雨量差距较大，灌溉定额相差也较大，尤其 2016 年降雨量最多，生育期降雨 435.3mm，因此 2016 年灌水较少。

1. 节水率

与传统管灌相比，喷灌节水率为 30%～31.25%，节水效果显著。

2. 作物水分生产率

作物水分生产率指作物消耗单位水量的产出，其值等于作物产量（一般指经济产量）与作物净耗水量或蒸发蒸腾量的比值，计算结果见表 6-43。

根据数据分析，传统管灌耗水量为 515.00～553.50mm，水分生产率为 1.27～1.40kg/m^3，水分生产率较低。玉米喷灌耗水量为 442.00～463.00mm，水分生产率为 1.81～1.90kg/m^3，平均为 1.86kg/m^3，喷灌的水分生产率明显高于管灌。

表 6-43 喷灌与管灌节水效益对比

年 份	灌溉形式	亩用水量/(m^3/亩)	节水量/(m^3/亩)	节水率/%	亩产量/(kg/亩)	耗水量/mm	作物水分生产率/(kg/m^3)
2014	管灌	215			464.03	539.50	1.29
	喷灌	150	65.00	30.23	553.44	442.00	1.88
2015	管灌	150			463.01	526.28	1.32
	喷灌	105	45.00	30.00	554.57	458.78	1.81
2016	管灌	130			481.01	515.00	1.40
	喷灌	90	40.00	30.77	577.49	455.00	1.90
2017	管灌	160			486.67	538.00	1.36
	喷灌	110	50.00	31.25	584.00	463.00	1.89
2018	管灌	245			469.41	553.50	1.27
	喷灌	170	75.00	30.61	560.23	461.00	1.82

3. 灌溉水有效利用系数

根据《导则》的相关内容，采用首尾测算法（通过对灌区某时段或某次灌水的净灌溉水量、毛灌溉水量进行量测和统计，计算两者比值得到灌区该时段或该次灌水的灌溉水有效利用系数的方法）计算喷灌示范区灌溉水有效利用系数，净灌溉水量通过田间现场实测统计取得，采用土壤含水率测定法测定，毛灌溉水量通过水源井安装水表直接读取。喷灌示范区种植作物全部为玉米，以单台喷灌机控制灌溉面积为一个典型田块，示范区选择 3 个典型田块进行观测。典型田块面积分别为 300 亩、500 亩和 500 亩，每个典型田块选取 3 个取样点计算净灌溉水量，取平均值后作为典型田块的净灌溉水量。通过田间测定的净灌溉水量和水源井出计量的毛灌溉水量，分别计算不同年份各典型地块的灌溉水利用系数，示范区灌溉水有效利用系数由测定的区域内各灌区灌溉水有效利用系数以其毛灌溉水量为权重平均计算所得。经计算，2016—2018 年喷灌示范区灌溉水有效利用系数平均为 0.87，计算结果见表 6-44。

表 6-44　喷灌示范区灌溉水有效利用系数测算分析成果

年　份	典型田块	实际灌溉面积/亩	毛灌溉水量/万 m³	净灌溉水量/万 m³	灌溉水有效利用系数	年度毛灌溉水量所占权重	年际毛灌溉水量所占权重	综合灌溉水利用系数
2016	1	300	3.30	2.85	0.86	0.24	0.25	0.87
	2	500	5.15	4.5	0.87	0.38		
	3	500	5.25	4.6	0.88	0.38		
			13.7			1		
2017	1	300	3.45	3	0.87	0.22	0.29	0.87
	2	500	6.05	5.25	0.87	0.39		
	3	500	6.10	5.3	0.87	0.39		
			15.6			1		
2018	1	300	5.49	4.8	0.87	0.22	0.46	0.87
	2	500	9.80	8.45	0.86	0.40		
	3	500	9.50	8.25	0.87	0.38		
			24.79			1		
平均								0.87

6.3.3.4 社会效益分析

喷灌技术应用产生了明显的社会效益：一是提高了玉米综合生产能力，农民收益增加，达到了增产、增收的效果，使农民逐步富裕；二是加速了集约化种植模式的形成，提高了劳动生产率。

6.3.3.5 生态环境效益分析

项目区的建设，改变了传统灌溉方式，明显改善了生态环境：一是改善了农业生产条件，使原来的低产田变为中高产田，并建成管、路、田、井、电配套，使生态环境向良性循环发展；二是降低了灌溉定额，减少了灌溉用水的无效消耗和深层渗漏，提高了水资源的利用率。

6.4 规模化滴灌示范区综合效益监测与评价

滴灌示范区位于通辽市科左中旗中部的腰林毛都镇南塔林艾勒嘎查和西塔林艾勒嘎查。示范区所在的南塔和西塔嘎查 2014 年共有农户 358 户，农业人口 1617 人，全部为蒙古族。两个村耕地面积 12100 亩，全部为水浇地。2012 年“节水增粮行动”项目实施前，由于水源和管网工程配套不到位，灌溉主要以大水漫灌为主，亩灌溉用水量均在 300m^3 左右。

在玉米滴灌（膜下滴灌、浅埋滴灌）需水规律、灌溉制度、水肥一体化、农艺、农机等试验研究基础上，形成了玉米膜下滴灌、浅埋滴灌综合节水技术集成模式并在示范区进行了应用推广，2014—2015 年灌溉形式为膜下滴灌，2016—2018 年灌溉形式为浅埋滴灌。同时在示范区选取了具有代表性的 20 个农户，针对玉米种植周期内投入、产出、增产、节水等指标进行跟踪调查和效益分析。

6.4.1 滴灌示范区高效节水灌溉工程效益分析依据

1. 计算方法

参考《农业科研成果经济效益计算办法》《灌溉水利用率测定技术导则》（SL/Z 699—2015）（简称《导则》）。

2. 政策依据

（1）《中共中央　国务院关于加快水利改革发展的决定》（中发〔2011〕1 号）和中央水利工作会议精神。

（2）财政部、水利部、农业部联合印发的《关于支持黑龙江省 吉林省 内蒙古自治区 辽宁省实施“节水增粮行动”的意见》（财农〔2011〕502 号）文件。

（3）水利部《关于印发东北四省区节水增粮行动实施方案编制提纲的函》（农水农函〔2012〕2 号）。

6.4.2 滴灌示范区高效节水灌溉工程效益分析取值标准

按照节水灌溉工程年运行费用取值标准，对管灌、膜下滴灌、浅埋滴灌三种灌溉形式的成本进行分析。以 2015 年数据为例，对管灌、膜下滴灌投入成本进行分述，以 2017 年数据为例对浅埋滴灌投入成本进行分述。

6.4.2.1 玉米管灌取值标准与投入成本

（1）材料费：212.79 元/亩，主要包括以下内容。

籽种费用：按每亩播种 4000 粒，价格 35.00 元/4000 粒计，计 35.00 元/亩。

肥料费用：包括底肥复合肥和追肥的尿素，复合肥用量为 25kg/亩，单价为 2.70 元/kg，小计 67.50 元/亩；尿素用量为 30kg/亩，单价为 1.70 元/kg，小计 51.00 元。

农药费用：农药包括除草剂、杀虫剂和营养液，费用合计为 21.75 元/亩。

电费：灌溉工程使用的潜水泵实际出水量为 60m^3/h，2015 年管灌灌溉定额为

298.6m³/亩，水泵每小时实际耗电量为 8.38kW·h，灌水电费单价为 0.90 元/(kW·h)，计电费为 37.54 元/亩。

（2）机械使用费：138.00 元/亩，主要包括以下内容。

旋耕：旋耕 1 次，23.00 元/亩。

播种：播种机工作一天收入 900.00 元，播种效率为 90 亩/天，计 10.00 元/亩。

病虫草害防治、中耕、机械收获等费用按照当地现价取值。

病虫草害防治：每次费用为 10.00 元/亩，需 20.00 元/亩。

中耕：全生育期中耕两次，每次中耕费用为 10.00 元/亩，需 20.00 元/亩。

机械收获：示范区全部采用机械收获，机械收获费用为 65.00 元/亩。

（3）人工费：72.86 元/亩，主要包括以下内容。

播种：工作效率为 90 亩/天，雇工费为 120.00 元/天，播种人工费为 1.33 元/亩。

间苗：工作效率为 10 亩/天，雇工费为 120.00 元/天，间苗人工费为 12.00 元/亩。

打药：工作效率为 150 亩/天，雇工费为 100.00 元/天，2 次打药人工费为 1.33 元/亩。

追肥：工作效率为 100 亩/天，雇工费为 120.00 元/天，中耕追肥人工费为 1.20 元/亩。

收获：工作效率为 150 亩/天，雇工费为 150.00 元/天，收获人工费为 1.00 元/亩。

灌水：工作效率为 15 亩/天，雇工费为 210.00 元/天，灌水 4 次，人工费为 56.00 元/亩。

（4）费用合计。综上，2015 年玉米管灌成本费用为 423.65 元/亩。

6.4.2.2 玉米膜下滴灌取值标准与投入成本

（1）材料费：377.23 元/亩，主要包括以下内容。

田间管带更新费用：主要包括支管、滴灌带以及配件，支管按 10m/亩，单价为 3.00 元/m，小计 30.00 元/亩；滴灌带按 580m/亩，单价为 0.14 元/m，小计 81.20 元/亩；配件小计27.00 元/亩，田间管带更新费用合计 138.20 元/亩。

地膜费用：按亩用量 3.33kg，价格为 12.00 元/kg，合计 40.00 元/亩。

籽种费用：按每亩播种 4500 粒，价格为 35.00 元/4000 粒，合计 39.38 元/亩。

肥料费用：包括底肥复合肥和追肥的尿素，复合肥用量为 25kg/亩，单价为2.70 元/kg，小计 67.5 元/亩；尿素用量为 30kg/亩，单价为 1.70 元/kg，小计 51.00 元/亩。

农药费用：农药包括除草剂、杀虫剂和营养液，费用合计为 21.75 元/亩。

电费：灌溉工程使用的潜水泵实际出水量为 60m³/h，2015 年膜下滴灌灌溉定额为 154.3m³/亩，水泵每小时实际耗电量为 8.38kW·h，灌水电费单价为 0.90 元/(kW·h)，小计电费 19.40 元/亩。

（2）机械使用费：180.00 元/亩，主要包括以下内容。

旋耕：旋耕 2 次，旋耕费用小计 35.00 元/亩。

播种：播种机工作一天收入 900.00 元，播种效率为 30 亩/天，费用为 30.00 元/亩。

病虫草害防治、中耕、机械收获等费用按照当地现价取值。

病虫草害防治：每次费用为 10.00 元/亩，需 20.00 元/亩。

中耕：全生育期中耕 2 次，每次中耕费用为 10.00 元/亩，需 20.00 元/亩。

机械收获：示范区全部采用机械收获，机械收获费用为 65.00 元/亩。

简易除膜：10.00 元/亩。

（3）人工费：75.33 元/亩，主要包括以下内容。

田间管带安装：工作效率为 7 亩/天，雇工费为 210.00 元/天，人工费为 30.00 元/亩。

播种：工作效率为 30 亩/天，雇工费为 120.00 元/天，人工费为 4.00 元/亩。

间苗：工作效率为 5 亩/天，雇工费为 120.00 元/天，人工费为 24.00 元/亩。

打药：工作效率为 150 亩/天，雇工费为 100.00 元/天，2 次人工费为 1.30 元/亩。

收获：工作效率为 150 亩/天，雇工费为 150.00 元/天，人工费为 1.00 元/亩。

管带回收：工作效率为 15 亩/天，雇工费为 120.00 元/天，人工费为 8.00 元/亩。

灌水人工费为 7.00 元/亩。

（4）费用合计。综上，2015 年玉米膜下滴灌投入成本为 632.60 元/亩。

6.4.2.3 露地玉米浅埋滴灌取值标准投入成本

（1）材料费：264.70 元/亩，主要包括以下内容。

田间管带更新费用：主要包括支管、滴灌带以及配件，支管按 7m/亩，单价为 2.00 元/m，小计 14.00 元/亩；滴灌带按 560m/亩，单价为 0.10 元/m，小计 56.00 元/亩；配件为 3.00 元/亩，管带费用合计 73.00 元/亩。回收管带按照上年度 2016 年的支管、滴灌带用量回收，重量按每亩回收 7.675kg，单价按 3.00 元/kg，管带回收费用小计 23.03 元/亩。扣除回收管带费用，田间管带更新费为 49.98 元/亩。

籽种费用：按每亩播种 4000 粒，价格 25.00 元/4000 粒，小计 25.00 元/亩。

肥料费用：包括底肥复合肥和追肥的尿素，复合肥用量为 25kg/亩，单价为 3.10 元/kg，小计 77.50 元/亩；尿素用量为 30kg/亩，单价为 1.80 元/kg，小计 54.00 元/亩。

农药费用：农药包括除草剂（喷施 2 次）、杀虫剂和营养液，费用小计为 33.00 元/亩。

电费：灌溉工程使用的潜水泵实际出水量为 $60m^3/h$，2017 年浅埋滴灌灌溉定额为 $180.5m^3$/亩，实际耗电量为 8.38kW·h，灌水电费单价为 1.00 元/(kW·h)，小计电费为 25.22 元/亩。

（2）机械使用费：150.00 元/亩，主要包括以下内容。

旋耕：旋耕 1 次，费用为 20.00 元/亩。

播种：播种机工作一天收入 900.00 元，播种效率为 60 亩/天，费用 15.00 元/亩。

病虫草害防治、中耕、机械收获等费用按当地现价取值。草害防治喷施 2 次。

病虫草害防治：每次费用为 10.00 元/亩，草害防治 2 次，需 30.00 元/亩。

中耕：全生育期中耕 2 次，每次中耕费用为 10.00 元/亩，需 20.00 元/亩。

机械收获：示范区全部采用机械收获，需 65.00 元/亩。

（3）人工费：44.00 元/亩，主要包括以下内容。

田间管带安装：工作效率为 15 亩/天，雇工费为 120.00 元/天，安装费为 8.00 元/亩。

播种：工作效率为 60 亩/天，雇工费为 120.00 元/天，人工费为 2.00 元/亩。

间苗：工作效率为 10 亩/天，雇工费为 120.00 元/天，人工费为 12.00 元/亩。

打药：工作效率为 150 亩/天，雇工费为 100.00 元/天，2 次打药人工费为 2.00 元/亩。

收获：工作效率为 150 亩/天，雇工费为 150.00 元/天，收获人工费为 1.00 元/亩。

管带回收：工作效率为 10 亩/天，雇工费为 120.00 元/天，人工费为 12.00 元/亩。

灌水人工费为 7.00 元/亩。

(4) 费用合计。综上，2017 年露地玉米浅埋滴灌投入成本为 458.70 元/亩。

6.4.2.4 节水灌溉工程收益取值标准

收益主要包括玉米籽实销售收益、秸秆出售收益、滴灌带回收收益（2014—2015 年滴灌带直接销售，计入收益，2016—2018 年直接抵扣到田间管带更新费用中）以及玉米生产者补贴收益。示范区不同灌溉形式玉米产量数据按实地调研及测产数据计算。玉米销售价格随市场和政策影响变化，2014—2015 年玉米销售单价平均为 2.06 元/kg，由于取消玉米临储政策，2016—2018 年玉米销售价格大幅下调，单价平均为 1.59 元/kg。秸秆出售收益按亩均 20.00 元计。玉米生产者补贴收益从 2016 年开始计，各年分别为 186.00 元/亩、159.00 元/亩、96.00 元/亩。

6.4.3 滴灌示范区高效节水灌溉工程效益分析

6.4.3.1 示范区高效节水灌溉工程成本分析

通过对滴灌示范区连续 5 年调研和监测，得出管灌、膜下滴灌、浅埋滴灌三种灌溉形式材料费、机械使用费以及人工费等各项费用明细，详见表 6-45。为了更好地巩固膜下滴灌和减少农民自身投入，对受益农户进行了财政补贴，详见表 6-46。

表 6-45 滴灌与管灌投入成本明细表 单位：元/亩

费用名称	项目明细	2014 年		2015 年		2016 年		2017 年		2018 年	
		管灌	膜下滴灌	管灌	膜下滴灌	管灌	浅埋滴灌	管灌	浅埋滴灌	管灌	浅埋滴灌
材料费	田间管带更新	0.00	160.00	0.00	138.20	0.00	72.02	0.00	49.98	0.00	46.91
	地膜	0.00	40.00	0.00	40.00	0.00	0.00	0.00	0.00	0.00	0.00
	种子	33.33	37.50	35.00	39.38	35.00	35.00	25.00	25.00	40.00	40.00
	底肥(复合肥)	67.50	67.50	67.50	67.50	67.50	67.50	77.50	77.50	72.50	72.50
	追肥(尿素)	51.00	51.00	51.00	51.00	54.00	54.00	54.00	54.00	66.00	66.00
	除草剂	6.00	6.00	8.00	8.00	10.00	20.00	10.00	20.00	10.00	20.00
	杀虫剂	6.25	6.25	8.75	8.75	8.75	8.75	7.00	7.00	8.00	8.00
	叶面肥	5.00	5.00	5.00	5.00	5.00	5.00	6.00	6.00	6.00	6.00
	电费(水费)	37.72	18.86	37.54	19.40	37.15	22.66	42.07	25.22	29.34	17.60
	小计	206.80	392.11	212.79	377.23	217.40	284.93	221.57	264.70	231.84	277.01
机械使用费	整地	30.00	60.00	23.00	35.00	23.00	23.00	20.00	20.00	20.00	20.00
	播种	10.00	50.00	10.00	30.00	10.00	15.00	10.00	15.00	10.00	15.00
	除草	10.00	10.00	10.00	10.00	10.00	10.00	10.00	20.00	10.00	20.00
	中耕(第 1 次)	10.00	10.00	10.00	10.00	10.00	10.00	10.00	10.00	10.00	10.00
	防治虫害	10.00	10.00	10.00	10.00	10.00	20.00	10.00	10.00	10.00	10.00
	中耕(第 2 次)	10.00	10.00	10.00	10.00	10.00	10.00	10.00	10.00	10.00	10.00
	收获	80.00	80.00	65.00	65.00	65.00	65.00	65.00	65.00	65.00	65.00
	残膜回收	0.00	10.00	0.00	10.00	0.00	0.00	0.00	0.00	0.00	0.00
	小计	160.00	240.00	138.00	180.00	138.00	153.00	135.00	150.00	135.00	150.00

续表

费用名称	项目明细	2014 年		2015 年		2016 年		2017 年		2018 年	
		管灌	膜下滴灌	管灌	膜下滴灌	管灌	浅埋滴灌	管灌	浅埋滴灌	管灌	浅埋滴灌
人工费	田间管带安装	0.00	30.00	0.00	30.00	0.00	8.00	0.00	8.00	0.00	8.00
	播种	1.33	4.00	1.33	4.00	1.33	2.00	1.33	2.00	1.33	2.00
	抠苗	0.00	30.00	0.00	0.00	0.00	0.00	0.00	0.00	0.00	0.00
	间苗	12.00	24.00	12.00	24.00	12.00	12.00	12.00	12.00	12.00	12.00
	打药	1.33	1.33	1.33	1.33	1.33	2.00	1.33	2.00	1.33	2.00
	中耕追肥	1.20	0.00	1.20	0.00	1.20	0.00	1.20	0.00	1.20	0.00
	收获	1.00	1.00	1.00	1.00	1.00	1.00	1.00	1.00	1.00	1.00
	回收管带	0.00	8.00	0.00	8.00	0.00	12.00	0.00	12.00	0.00	12.00
	灌水	56.00	7.00	56.00	7.00	56.00	7.00	56.00	7.00	56.00	7.00
	小计	72.86	105.33	72.86	75.33	72.86	44.00	72.86	44.00	72.86	44.00
	合计	439.66	737.44	423.65	632.56	428.26	481.93	429.43	458.70	439.70	471.01

表 6-46　财政补贴后农民自筹成本费用对比表　单位：元/亩

年份	灌溉形式	材料费	机械使用费	人工费	投入成本	新增投入成本	财政补贴	农民自筹
2014	管灌	206.80	160.00	72.86	439.66		0	439.66
	膜下滴灌	392.11	240.00	105.33	737.44	297.78	360	377.44
2015	管灌	212.79	138.00	72.86	423.65		0	423.65
	膜下滴灌	377.23	180.00	75.33	632.56	208.90	202	430.56
2016	管灌	217.40	138.00	72.86	428.26		0	428.26
	浅埋滴灌	284.93	153.00	44.00	481.93	53.66	34	447.93
2017	管灌	221.57	135.00	72.86	429.43		0	429.43
	浅埋滴灌	264.70	150.00	44.00	458.70	29.27	10	448.70
2018	管灌	231.84	135.00	72.86	439.70		0	439.70
	浅埋滴灌	277.01	150.00	44.00	471.01	31.31	0	471.01

1. 膜下滴灌与管灌投入成本对比

与管灌相比，2014 年膜下滴灌亩均新增投入 297.78 元，2015 年亩均新增投入 208.90 元。膜下滴灌投入成本明显高于管灌，原因有以下几点：

（1）由于滴灌要求，新增了田间管带和地膜费用，导致材料费增加。

（2）种植模式由传统匀垄种植改变为大小垄种植，种植模式的改变导致农艺、农机不配套。

1）膜下滴灌对整地要求较高，在整地时需要旋耕 2 遍，整地成本增加 50%。

2）由于当地春季风大，在播种过程中覆膜效率低，同时要一次完成施肥、铺带、覆膜、播种、打药等作业，播种效率明显降低，由原来的日均播种 90 亩降低至 30 亩，降低了 66.67%，同时播种成本由亩均 10.00 元增加至 50.00 元和 30.00 元。

3）由于滴灌播种机作业时先打孔后播种、覆土、镇压，容易出现籽粒与苗眼错位和双苗、多苗等问题，需要耗费大量人工进行抠苗和间苗，其费用增加了42.00元/亩。同时严重影响了玉米出苗率，使出苗率比管灌降低了30%，进而影响了玉米产量和农民收益。

（3）2014年财政补360.00元/亩，使其旋耕、播种、收获等机械费用和人工费增加，亩均单价偏高。

膜下滴灌虽然比管灌投入成本高，但是在灌溉管理方面大幅度降低了成本，体现出了滴灌的省工效益。

2. 膜下滴灌投入成本变化分析

2015年膜下滴灌成本大幅降低，比2014年降低了104.88元/亩。2015年随着规模化示范区的示范推广，膜下滴灌技术模式不断完善，机械使用费和人工费大幅下降。尤其是整地、播种和收获等费用，机械使用费从240.00元/亩下降到180.00元/亩。同时，由于改进了膜下滴灌播种机工作顺序，省去了人工抠苗环节，人工费用减少了30.00元/亩。针对膜下滴灌存在的问题，通过引进购置新型农机具、加强示范区技术培训、进一步凝练田间试验研究成果等一系列措施，最终形成膜下滴灌技术集成模式。

截至2015年，膜下滴灌投入成本降低，其中财政补贴从360.00元/亩降低到202.00元/亩，农民自筹从377.44元/亩增加到430.56元/亩，财政补贴与农民自筹费用详见表6-46。由于膜下滴灌技术模式得到老百姓的高度认可，因此在农民自筹增加的前提下，膜下滴灌仍能得到较好的推广。但在膜下滴灌技术模式推广过程中由于残膜回收不彻底，仍存在白色污染问题，影响了生态环境效益。

3. 浅埋滴灌与管灌、膜下滴灌投入成本对比

针对膜下滴灌存在的残膜污染严重、残膜回收费用高等问题，在田间试验研究基础上，2016年集成了露地浅埋滴灌技术应用模式，2016—2018年示范区以浅埋滴灌示范为主。由表6-46可知，与管灌相比，浅埋滴灌投入较高，增加的费用主要是浅埋滴灌的田间管带更新、播种以及二次除草费用，但是人工投入成本实现了大幅降低，减少了约30.00元/亩，也体现出露地浅埋滴灌的省工优势。

与膜下滴灌相比，浅埋滴灌大幅度减少生产投入成本。从材料费分析，主要减少了地膜投入；从机械使用费分析，主要减少了旋耕费用（旋耕由2次减为1次）、播种费用（播种效率从30亩/天提高至60亩/天）；从人工费分析，主要减少了播种费用和间苗费用。但浅埋滴灌增加了二次除草费用。

6.4.3.2 示范区经济效益分析

为了更客观评地价示范区增产效果，对示范区应用效果进行了田间考核。经现场测评，浅埋滴灌亩产710.86kg，管灌亩产591.48kg。在实施浅埋滴灌高效节水灌溉技术后，相比传统地面灌溉，粮食产量提高20.18%，单方水粮食生产率达到2.08kg，示范区应用成果较为显著。

1. 亩新增产量

玉米滴灌与管灌相比增产效果显著，2014—2018年滴灌示范区玉米新增产量见表6-47。从总体趋势看，在实施滴灌后产量明显增加，2015年膜下滴灌亩均增产151.71kg，2016—2018年浅埋滴灌亩均增产124.39kg。

2. 亩产值与新增产值

根据监测数据以及对示范区农户的调查数据计算，截至2015年，膜下滴灌示范区亩均产值1541.40元，亩均新增产值313.23元。浅埋滴灌示范区亩均产值1079.77～1220.59元，亩均新增产值190.75～199.49元。

表6-47 滴灌与管灌新增产量对比表

年份	灌溉形式	亩产量/(kg/亩)	单价/(元/kg)	亩产值/(元/亩)	新增产值/(元/亩)	亩增产/(kg/亩)	新增总产量/万kg
2014	管灌	585.35	2.06	1205.82			
	膜下滴灌	700.29	2.06	1442.60	236.78	114.94	114.94
2015	管灌	596.54	2.06	1228.87			
	膜下滴灌	748.25	2.06	1541.40	313.23	151.71	151.71
2016	管灌	600.69	1.48	889.02			
	浅埋滴灌	729.58	1.48	1079.77	190.75	128.89	128.89
2017	管灌	602.41	1.52	915.66			
	浅埋滴灌	733.65	1.52	1115.15	199.49	131.24	131.24
2018	管灌	580.48	1.76	1021.64			
	浅埋滴灌	693.52	1.76	1220.59	198.95	113.04	113.04

3. 纯收益与新增收益分析

收益主要包括玉米籽实销售收益、秸秆出售收益、滴灌带回收收益（2014—2015年滴灌带直接销售，计入收益，2016—2018年直接抵扣到田间管带更新费用中）以及玉米生产者补贴收益。秸秆出售收益按亩均20.00元计。玉米生产者补贴收益从2016年开始计，各年分别为186.00元/亩、159.00元/亩、96.00元/亩。截至2015年，玉米膜下滴灌纯收益1154.50元/亩，与管灌相比新增纯收益329.28元/亩，万亩膜下滴灌示范区新增总收益329.28万元。2016—2018年浅埋滴灌纯收益837.84～865.58元/亩，与管灌相比新增纯收益167.64～180.22元/亩，万亩浅埋滴灌示范区新增总收益167.64万～180.22万元，经济效益显著，收益详见表6-48。

表6-48 滴灌与管灌新增收益对比表

年份	灌溉形式	农民投入/(元/亩)	收益/(元/亩)	纯收益/(元/亩)	新增纯收益/(元/亩)	新增总收益/万元
2014	管灌	439.66	1225.82	786.16		
	膜下滴灌	737.44	1486.26	1108.82	322.66	322.66
2015	管灌	423.65	1248.87	825.22		
	膜下滴灌	430.56	1585.06	1154.50	329.28	329.28
2016	管灌	428.26	1095.02	666.76		
	浅埋滴灌	447.93	1285.77	837.84	171.08	171.08
2017	管灌	429.43	1094.66	665.23		
	浅埋滴灌	448.70	1294.15	845.45	180.22	180.22
2018	管灌	439.70	1137.64	697.94		
	浅埋滴灌	471.01	1336.59	865.58	167.64	167.64

6.4.3.3 节水效益分析

节水效益是高效节水灌溉与传统地面灌溉（管灌）相比节约出来的水量，它是节水灌溉所追求的主要目标之一。不同的技术措施，节水效果差异较大。因此从节水率、作物水分生产率、灌溉水有效利用系数3个指标进行节水效益分析。

根据降水频率分析，2014—2018年均为平水年，因此灌溉定额相差不大。传统地面灌溉平均灌溉定额约为300m³/亩，2014—2015年膜下滴灌灌溉定额约为150m³/亩，2016—2018年浅埋滴灌灌溉定额约为180m³/亩。

1. 节水率

示范区实施运行后，与管灌相比，膜下滴灌节水50%，浅埋滴灌节水39.69%，节水效果显著，尤其膜下滴灌在节水方面表现出了较大优势，因此在严重缺水地区和水资源超采区适宜采用膜下滴灌种植技术。

2. 作物水分生产率

作物水分生产率指作物消耗单位水量的产出，其值等于作物产量（一般指经济产量）与作物净耗水量或蒸发蒸腾量之比值。

从整体趋势看，膜下滴灌的节水效果和水分生产率最高，其次为露地玉米浅埋滴灌。根据对示范区数据计算显示，管灌水分生产率为1.30kg/m³。2015年玉米膜下滴灌水分生产率为2.39kg/m³；2016—2018年管灌玉米水分生产率平均为1.31kg/m³，露地玉米浅埋滴灌水分生产率为2.14kg/m³，详见表6-49。

表6-49 滴灌与管灌节水效益对比表

年份	灌溉形式	亩用水量/(m³/亩)	节水量/(m³/亩)	节水率/%	亩产量/(kg/亩)	耗水量/mm	作物水分生产率/(kg/m³)
2014	管灌	300.0			585.35	729.70	1.20
	膜下滴灌	150.0	150.00	50.00	700.29	504.70	2.08
2015	管灌	298.6			596.54	686.31	1.30
	膜下滴灌	154.3	144.27	48.32	748.25	469.91	2.39
2016	管灌	295.5			600.69	692.06	1.30
	浅埋滴灌	180.2	115.27	39.01	729.58	519.16	2.11
2017	管灌	301.1			602.41	697.35	1.30
	浅埋滴灌	180.5	120.64	40.06	733.65	516.39	2.13
2018	管灌	300.0			580.48	654.20	1.33
	浅埋滴灌	180.0	120.00	40.00	693.52	474.20	2.19

3. 灌溉水有效利用系数

根据《导则》的相关内容，采用首尾测算法（通过对灌区某时段或某次灌水的净灌溉水量、毛灌溉水量进行量测和统计，计算两者比值得到灌区该时段或该次灌水的灌溉水有效利用系数的方法）计算滴灌示范区灌溉水有效利用系数，净灌溉水量通过田间现场实测统计取得，采用土壤含水率测定法测定，毛灌溉水量通过水源井安装水表直接读取。滴灌示范区种植作物全部为玉米，以单眼井控制灌溉面积作为一个典型田块，示范区在东、中、西部分别选取 1 个典型地块进行观测。典型田块面积为 165～178 亩，每个典型田块选取 3 个取样点计算净灌溉水量，取平均值后作为典型田块的净灌溉水量。

通过田间测定的净灌溉水量和水源井出计量的毛灌溉水量，分别计算不同年份各典型地块的灌溉水利用系数，示范区灌溉水有效利用系数由测定的区域内各灌区灌溉水有效利用系数以其毛灌溉水量为权重平均计算所得。经计算，2016—2018 年滴灌示范区灌溉水有效利用系数平均为 0.94，计算结果见表 6-50。

表 6-50　滴灌示范区灌溉水有效利用系数测算分析成果

年份	典型田块	实际灌溉面积/亩	毛灌溉水量/万 m^3	净灌溉水量/万 m^3	灌溉水有效利用系数	年度毛灌溉水量所占权重	年际毛灌溉水量所占权重	综合灌溉水利用系数
2016	1	178	2.83	2.67	0.94	0.35	0.32	0.94
	2	165	2.54	2.39	0.94	0.31		
	3	172	2.79	2.61	0.94	0.34		
			8.16			1.00		
2017	1	178	2.85	2.67	0.94	0.35	0.32	0.94
	2	165	2.56	2.41	0.94	0.31		
	3	172	2.72	2.56	0.94	0.33		
			8.12			1.00		
2018	1	178	3.04	2.85	0.94	0.34	0.35	0.94
	2	165	2.82	2.67	0.95	0.32		
	3	172	3.06	2.84	0.93	0.34		
			8.93			1		
平均								0.94

6.4.3.4 社会效益分析

膜下滴灌与浅埋滴灌技术应用显示出巨大的生产力水平，产生了明显的社会效益：一是为合理选择当地最适宜的节水技术模式提供了科学依据；二是项目实施后大大增加了粮食产量，提高了粮食综合生产能力，进而提高了农民收入，农民投入节水灌溉的热情越来越高，项目区的示范作用可有效地指导和带动周围地区节水灌溉的发展；三是提高了劳动生产率，主要体现在灌水和追肥，随水随肥降低了劳动强度，提高了劳动效益，从而有效解放了生产力；四是在规模化示范区的示范和带动下，带动了相关产业的发展，如滴灌带和滴灌器材等产业的发展。

6.4.3.5 生态环境效益分析

滴灌高效节水灌溉技术的示范推广，改变了传统灌溉的方式，在生态环境效益方面有以下几点：

（1）玉米膜下滴灌、浅埋滴灌高效节水灌溉技术的实施，可极大地改善农业生产条件，使原来大面积的中低产田变为高产田，并建成管、路、田、井、电配套，使生态环境向良性循环发展。

（2）降低了灌溉定额，减少了灌溉用水的无效消耗和深层渗漏，提高了水资源的利用率，有效保护了水生态环境，缓解了地下水资源供需紧张状况。

（3）浅埋滴灌技术模式的示范和推广，有效解决了残膜对农业环境的污染。

6.5 小结

6.5.1 喷灌示范区农田水土环境评价

（1）喷灌示范区土壤盐分和 pH 年季间呈周期性波动，变化范围较小；有机质、全钾、全氮、速效钾呈缓慢上升趋势；全磷、速效磷呈平缓波状变化趋势；土壤养分由六级向五级缓慢发展，总体变化形式向好。

（2）地下水水位年季间呈周期性上下波动，变化范围较小；水质类别整体上属于Ⅱ类水，水质相对稍好，地下水环境没有受到显著影响。

6.5.2 滴灌示范区农田水土环境评价

（1）滴灌示范区土壤盐渍化水平较低。土壤养分综合评价为 3 级，在实施滴灌以来，研究区土壤养分没有受到影响，土壤养分整体情况较好。

（2）地下水水位年季间呈周期性上下波动，地下水水质生育期内变化较大，伴随着地下水埋深的升降、降雨的补给、施肥的进行，地下水水质也随之产生变化，总体地下水水质 4 月和 10 月优于其他各月，示范区水质适用于农业灌溉。

6.5.3 喷、滴灌示范区效益评价

从喷、滴灌示范区 500 余农户中选取了有代表性的 30 个农户（滴灌示范区 20 户，喷灌示范区 10 户），对样本农户连续 5 年的投入产出和灌溉用水情况跟踪监测和调查，开展了喷、滴灌示范区综合效益评价。

通过对节水率、新增产量、新增收入、作物水分生产率等技术、经济指标的分析，对示范区取得的节水效益、经济效益、社会效益等进行了分析。与管灌相比，膜下滴灌示范区节水率为 50.00%，亩均增产 151.71kg，亩均新增纯收益 329.28 元，示范区新增收益 329.28 万元；浅埋滴灌示范区节水率为 39.69%，亩均增产 124.39kg，亩均新增纯收益 172.98 元，示范区新增收益 172.98 万元。与管灌相比，喷灌示范区节水率为 30.57%，亩均增产 93.12kg，亩均新增收入 189.99 元，示范区新增收入 56.99 万元。效益分析成果将为内蒙古东部地区节水灌溉工程建设和发展提供决策依据，对于提高节水灌溉工程建设和管理水平、促进节水灌溉技术推广应用具有重要意义。

第7章 高效节水灌溉工程运行管理模式与保障机制建设

7.1 高效节水灌溉工程运行管理模式

7.1.1 研究内容

高效节水灌溉工程管理模式能够长效运行，势必建立在广泛的群众基础之上，被广大农民所认可。内蒙古自治区农业人口众多，虽然土地流转已经取得了较大的成绩，但是在未来很长一段时间“小农户”模式仍然要存在，而且占主体地位，因此工程运行管理一定要根据当地实际情况围绕“小农户”模式进行总结、示范推广。通过在通辽市各旗（县）连续多年的走访调研，按照设备或工程运行时涉及农户的数量，总结出两种工程运行管理模式：“农户＋村组＋专管员”工程运行管理模式和“农户自我协商”工程运行管理模式。

7.1.2 研究方案与方法

通过规模化示范区的建设，在工程产权归属、工程设施管护、运行管理和工程运行费用计收等方面形成适宜当地的高效节水灌溉工程运行管理模式。在调查和座谈的基础上，结合项目区实际情况，采用调查与实际相结合、分析与比较相结合的方法，对喷、滴灌示范区的工程管护措施的运作方式和优缺点进行分析研究，并提出适合喷、滴灌示范区高效节水灌溉工程运行管理模式。

7.1.3 研究结果

7.1.3.1 “农户＋村组＋专管员”工程运行管理模式

1. 运作方式

“农户＋村组＋专管员”管理模式是由村委会组织在一个水利工程或者大型灌溉设备控制范围内的耕地承包人，通过民主推举出受大家信任、工作认真负责的工程或设备专管员，负责协调工程或设备控制范围内的耕地统一作物品种、种植时间和田间植保作业，统一安排实施在作物生育期内进行适时灌溉及设备的维修养护，每月度根据工程或设备实际用电发生费用向用水户按面积分摊收取电费，电费包括基础电价和计提管理费，专管员工资由计提管理费支出。专管员与村委会和用水户签订聘用合同，专管员的工作受村委会和农户共同监督，运行管理模式见图 7-1。

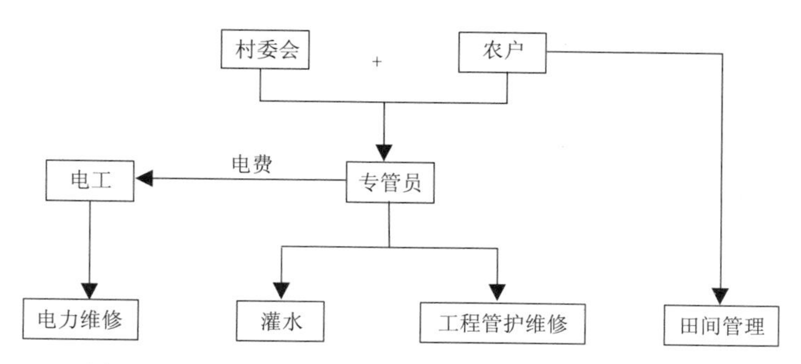

图 7-1 “农户＋村组＋专管员”工程运行管理模式图

在这种运行管理模式下，农户仍然承担除去作物灌溉以外的其他全部田间作业；专管员负责协调一个灌溉系统内的作物种植种类、种植时间和植保作业时间，合理安排田间灌水；村委会负责组织协调农户推举专管员，村委会和村民之间不涉及土地经营权和经济利益关系。采用“农户＋村组＋专管员”管理模式可以较好地协调涉及多农户、覆盖面积较大的灌溉工程或设备，在上述背景下具有较好的推广价值。

2. 运行实例

中心支轴式喷灌机具有适应性强、自动化程度和灌水均匀度高、节省劳动力等优点，在一些耕地集中、劳动力相对缺乏的地区得到了很好的应用，但是由于每套喷灌机的控制面积较大（一般为 300～500 亩），涉及农户较多（10～20 户），必须协调统一各农户之间的关系，这时“农户＋村组＋专管员”管理模式显现出显著优势。巨宝山村位于科左中旗保康镇，现有中心支轴式喷灌机喷灌面积 3000 亩，“内蒙古东部节水增粮高效灌溉技术集成研究与规模化示范”项目喷灌示范区亦选择建设于此，工程运行采用“农户＋村组＋专管员”管理模式，工程建成多年运行良好，经济效益显著。

（1）工程产权归属。中心支轴式喷灌机及其配套工程和设施产权归属巨宝山村集体所有。

（2）工程设施管护。工程设施管护由村委会组织受益农户共同选出的专管员进行管理，灌溉期常设专管员 3 名，主要负责田间灌水、喷灌机的日常维护、工程管件维修和检修。专管员负责的田间灌水、日常维护工作费用为 3 元/(亩·年)，发生设备损坏维修、更新配件时由村委会协调农户按面积分摊。

（3）运行管理。

灌溉管理：以中心支轴式喷灌机为单位，由专管员负责统一灌水，确定灌水时间和灌水量，在设备停运期间进行检修养护。

电力管理：电力线路等维修由本村电工负责。

田间管理：从整地到收获等田间耕作均由农户自行管理。

(4) 工程运行费用计收。工程运行费用主要包括设备的运行电费、管理人员的劳务费和设备的养护维修费。由于指针式喷灌机的灌溉运行轨迹是一个圆形，在灌溉圆圈范围内的耕地采用相同的灌水定额进行灌水，因此设备的运行电费按照水源井电表实际发生数量乘以农灌基准电价（0.99元/度）后按各户灌溉面积比例进行分摊；管理人员的劳务费采用固定标准，为3元/(亩·年)；设备的养护维修费按照实际发生金额由村委会协调农户按面积分摊。

7.1.3.2 “农户自我协商”工程运行管理模式

内蒙古东部节水增粮行动项目区是内蒙古粮食主产区，农业人口众多，人均耕地面积在8亩左右。虽然由于部分农户进城务工，土地出现了一定数量的流转，但是小农户经营体制仍占据主体地位。现有高效节水灌溉工程主要以灌溉水源井为单位，根据水源井设计出水量不同分别设计控制不同的灌溉面积，一般一眼水源井控制范围内会涉及众多农户，各农户之间自行商量水源井的使用秩序，逐渐形成了一种“农户自我协商”管理模式，这种形式在内蒙古自治区各地普遍存在，并得到广泛应用。

1. 运作方式

“农户自我协商”的管理模式主要适用于分散经营的小农户，由于多位农户共用一处灌溉水源及首部设备，因此在进行田间灌溉、追肥时需要各农户之间自行协商确定灌水次序，有序完成灌水和追肥作业。由于项目区已全部采用预存费智能电表，因此在运行过程中，农户需要到村委会给IC卡缴费充值，再刷卡取水进行灌溉和追肥作业，运行管理模式见图7-2。

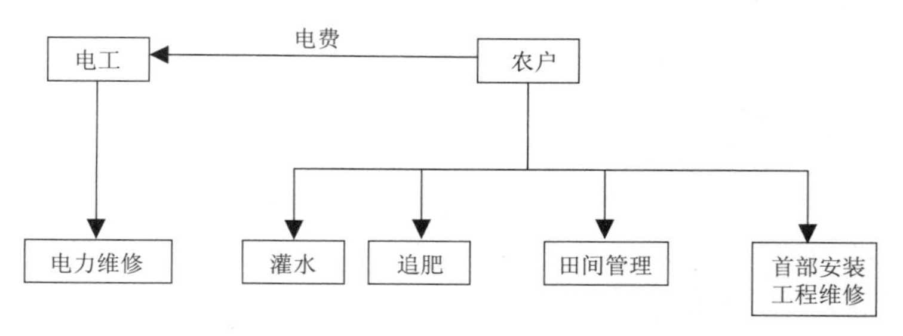

图7-2 “农户自我协商”工程运行管理模式图

2. 运行实例

通辽市是内蒙古自治区重要的产粮区，也是传统灌溉农业区。自2008年起，国家及内蒙古自治区加大了基础农田水利投资力度，经过近十年的建设，2016年通辽市总播种面积为1813.5万亩，其中有效灌溉面积为966.65万亩，占总播种面积的53.3%，现有灌溉面积采用的水源绝大部分为利用管井开采地下水。“内蒙古东部节水增粮高效灌溉技术集成研究与规模化示范”项目滴灌示范区位于科左中旗腰林毛都镇南塔林艾勒和西塔林艾勒嘎查，两个嘎查现有耕地经过配套改造，目前全部灌溉面积已经完成地埋输水管道铺设，实现低压管道输水灌溉标准，经水泵提水后通过输水管网由田间给水栓实现配水灌溉，目前滴灌示范区运行全部采取“农户自我协商”管理模式。

（1）工程产权归属。滴灌工程产权归村集体所有。

（2）工程设施管护。滴灌项目区工程设施主要包括水源设施和田间设施，其中水源设施包括井房内的水泵、首部及配电设施，田间设施包括田间的地埋管网和出地给水栓。水源设施是由一个水源控制灌溉系统内的农户公用的部分，发生设备损坏时由集体农户按面积分摊维修或更新费用。田间设施已进入各农户耕地范围内，发生损坏时由造成损失的个人承担维修责任。

（3）运行管理。

灌溉管理：以井为单位，由井所在农户自我协商有序灌水，用水户通过IC卡充值缴费进行灌水。系统运行前，由井所在农户根据设计轮灌秩序滴水，并统一滴水时间，每个轮灌组滴水前，对应的农户提前进地，对地面PE管和滴管带进行检修并检查滴水情况，滴水不正常的农户及时反馈给所有成员并及时查找原因维修。

电力管理：电力线路、变压器等维修由电工负责。

其他田间管理：从整地到收获等田间耕作均由农户自行管理。

（4）工程运行费用计收。

工程运行费用：工程运行费用包括水资源费、动力使用费和动力维护费。目前通辽地区暂未收取农业灌溉地下水水资源费，工程运行费主要是动力使用和维护费，即水泵工作的电费和电网的维护费。2014—2017年7月，滴灌示范区灌溉动力使用和维护费按水源处电表实际发生数计收，计收标准为0.90元/(kW·h)，其中动力使用费（即基础电价）计收标准为0.698元/(kW·h)，动力维护费（包括由变压器至水源处的电损费和电工的劳务费）计收标准为0.208元。2017年7月至2018年年底，由于蒙东电网完成改造升级，动力使用费（即基础电价）计收标准调整为0.431元/度，动力维护费（包括由变压器至水源处的电损费和电工的劳务费）计收标准调整为0.269元，滴灌示范区灌溉动力使用和维护费计收标准为0.70元/(kW·h)。

工程管护费用：工程首部安装、管件维修、首部回收等均由该眼井所在农户集体参与，工程管护费用由涉及农户均摊。

7.2 信息化技术研发与示范

7.2.1 地下水位、水量自动监测设备数据采集、传输系统研发与示范

7.2.1.1 试验设计

1. 监测点的选择

根据喷、滴灌示范区地点与规模，共选择了6眼井作为监测点，其中滴灌示范区按照东、南、西、北方向布置4处，喷灌示范区布置2处。

2. 设备选型及安装

地下水位监测设备包括水位传感器、远程监测终端和供电单位，实现机井地下水位的动态测量，得到地下静水位、动水位等数据。选用HQ2088F防腐投入式液位传

感器（标配导气电缆100m），将传感器置于地下水位变动区以下，上接多路采集器。

液位感应器设置于机井内，传感器将水面上的大气压与传感器的负压腔相连，测取压强可以得到液位深度。液位感应器与数据采集模块相连接，及时对井房内的水位进行实时监测，能够判断水位是否超出警戒值或者低于最低水位，以及测算补水速度，并且将数据远程传输至管理终端，以便及时采取必要的措施，从而保证了机井灌溉控制器的正常使用。

本系统就是基于物联网进行数据实时检测，能够将水位水量监测系统所采集的数据传送至物联网上并在检测模块中进行数据处理后再与网络进行数据的交换，来实现数据的实时采集、实时更新，从这些数据的反馈中，可以实行自动的控制功能，大大地减少了人力在本系统中的占用量。

3. 技术路径

技术路径为地下水位传感器→多路采集器→GPRS→数据中心服务器→入库数据处理。

7.2.1.2 示范成果

GPRS远程监控中心管理软件是基于“客户机/服务器”的体系结构，数据集中存放在后台服务器数据库汇总，监控室或移动监控站通过局域网以请求/应答方式与后台服务器进行数据通信，完成对灌区水位数据的监测和传输，图7-3是通过登录进入的数据查询界面，通过地下水位自动监测查询下载界面（图7-4）可查询地下水位传输数据，了解地下水位动态变化规律。

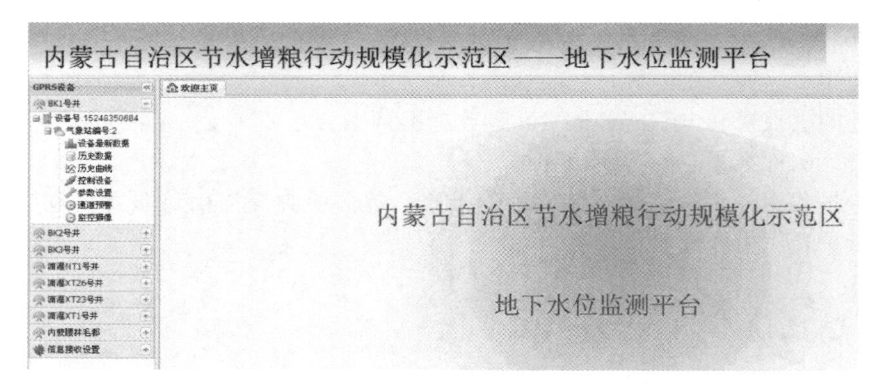

图7-3 地下水位自动监测数据查询界面

地下水位自动监测与传输数据对后续地下水位分析、评价地下水环境等方面提供基础数据，具体分析见示范区水土环境评价部分。

可查询地下水位传输数据和气象墒情数据，了解地下水位动态变化规律，并下载数据进行分析。

截至2017年4月，通过节水增粮项目，在内蒙古东部地区已建成市级平台2个（赤峰和通辽）、旗县级平台21个，安装布设828套地下水位监测站以及4547眼机电井的自动计量设施。

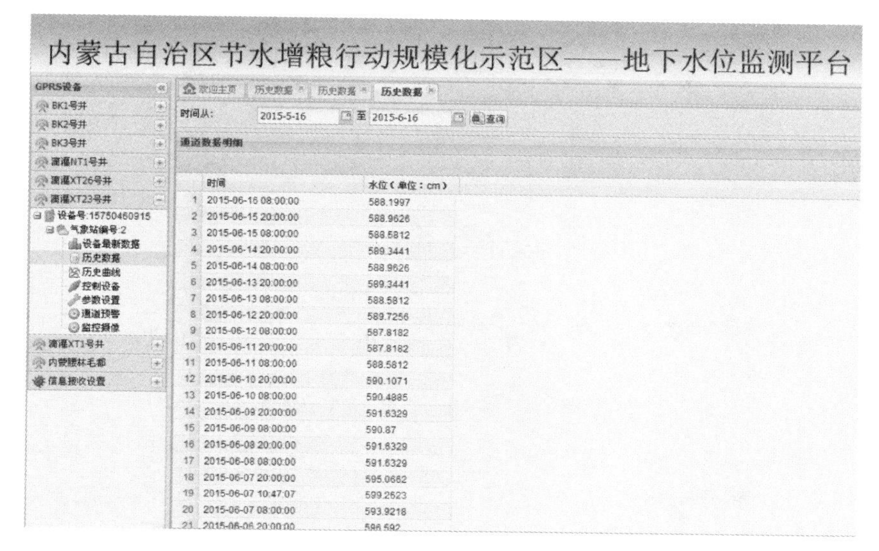

图 7-4　地下水位自动监测查询下载界面

7.2.2　土壤墒情自动监测设备数据采集研发与示范

7.2.2.1　系统主要功能介绍

土壤墒情监测系统主要由监控中心、通信网络、远程监测设备和土壤墒情检测设备四部分构成。GSM 网络覆盖范围不断扩大，已成为成熟、稳定、可靠的通信网络，特别是中国联通新推出的 GPRS 数据业务，在业务平台上构建灌区监控系统，实现灌区监控点的无线数据传输，具有可充分利用有网络、缩短建设周期、降低建设成本的优点，而且设备安装方便、维护简单。

系统的主要功能：土壤温湿度检测、大气温度检测、灌溉设备远程启闭、风向检测、降雨量检测、风力检测、用户取水量采集、视频监控、地下水位监测、大气压力检测、用户取水定额管理、光照强度检测等。

7.2.2.2　系统的组成

土壤墒情监测系统可实现全天候不间断监测。现场远程监测设备自动采集土壤墒情实时数据，并利用 GPRS 无线网络实现数据远程传输；监控中心自动接收、自动存储各监测点的监测数据到数据库中，土壤墒情信息化系统拓扑图见图 7-5。

1. 监控点（数据采集终端+各种传感器）

各监控中心通过数据采集发送终端采集井水位、土壤墒情、降雨量等数据，通过内置嵌入式处理器对数据进行处理、协议封装后通过 GPRS 网络发送到系统服务器。

2. 服务器

服务器申请配置固定 IP 地址，采用中国联通通信公司提供的 DDN 专线，与 GPRS 网络相连。由于 DDN 专线可提供较高的宽带，当监控点数量增加，服务器不用扩容即可满足需求。系统 RADIUS 服务器接受到 GPRS 网络传来的数据传送到服务器。

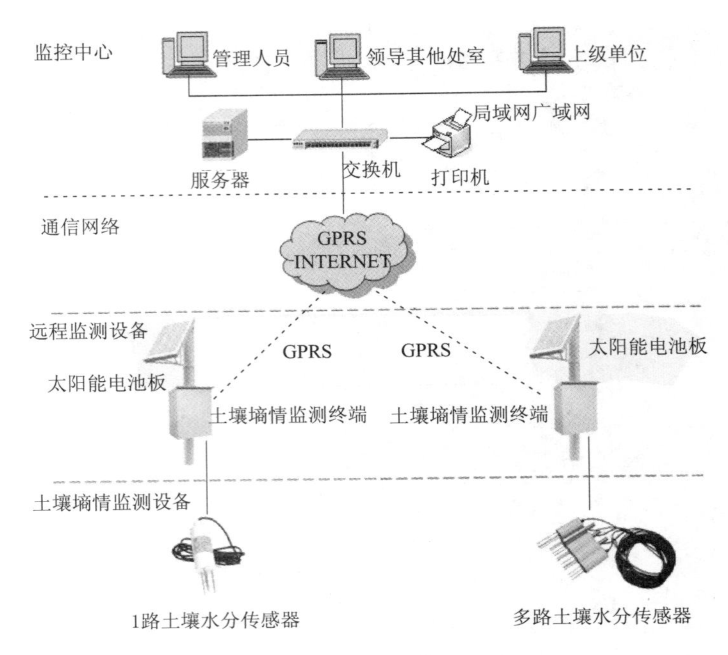

图7-5 土壤墒情信息化系统拓扑图

3. 监控中心

监控中心计算机通过系统软件由互联网访问服务器数据库对数据进行还原显示，并进行数据处理。

也可在任何地方用笔记本电脑通过无线网络，访问服务器数据库对数据进行还原显示，并进行数据处理。

4. GPRS移动数据传输网络

现场监控点采集的数据经GPRS网络空中接口功能模块同时对数据进行解码处理，转换成在公网数据传送的格式，通过中国联通GPRS无线数据网络进行传输，最终传送到服务器IP地址。

产品基于中国联通的GPRS网络，具有高性能、高可靠及抗干扰能力强等特点，提供标志232数据口径、RS485、模拟量、脉冲接口，传输速率达171kbps，具有远程诊断、测试、监管功能，满足各行业调度或控制中心与众多远端站之间的数据采集和控制。

7.2.2.3 示范成果

监测中心建设主要包括计算机网络和展示屏幕。以试验站办公区为监控中心，将农业气象、作物生长状况、地下水位、流量、土壤墒情等数据等通过GPRS无线通信模块传输到监测中心，在设备信息中，可详细查看设备详情，详见图7-6。点击相关的设备参数名称，可查看到设备的具体数据。如土壤温度数据、水分含量数据，同时可以表格形式将数据导出使用。

以上监测的土壤水分、土壤温度、农田气象等基础数据，为分析喷灌、膜下滴灌、浅

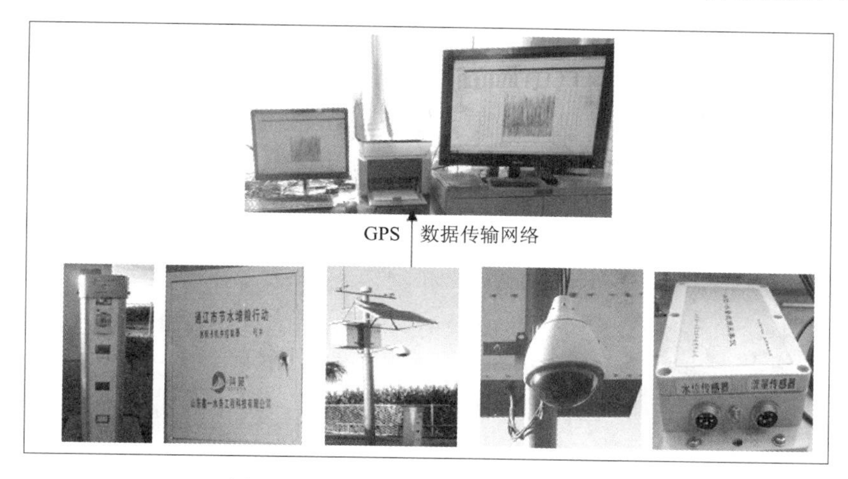

图 7-6 信息化采集与传输监控设备

埋滴灌、传统管灌之间对比分析提供基础数据，同时对后续地下水位分析、评价地下水环境、指导灌溉等具有重要意义。

7.2.3 新型智能化旁路灌溉施肥系统研发与示范

7.2.3.1 设备研发背景

随着我国农业生产现代化、机械化、自动化程度的不断提高，将水肥一体化技术应用于现代农业生产既是迫切需要也是大势所趋。土壤的水分与养分是制约农业生产的两大因素，如何通过有效的措施，更好地协调水肥关系，达到合理经济地利用水分和养分是现代农业研究的主要任务与目的。水肥同施技术主要是通过一定的设备将液体肥带入灌溉水中，以灌溉水为载体将肥料带入农田，准确地将肥输入到作物根部土壤，能有效控制灌溉用水量和施肥量，提高水肥利用效率。我国作物种植密度大，在高秆作物生长的中后期所有机械基本不能深入田间，所以机械施肥就更加困难。

现有的喷、滴灌系统施肥多采用配套压差式施肥罐进行，因现有固体性化肥溶解性较差以及系统压力和罐内液位的变化，往往导致施肥量不稳定和一定量的肥料残留在施肥罐内。我国目前大田施肥主要以固体肥为主，同时水肥同施设备存在的安装路线复杂、野外维护不便等问题，本研究设计了一种旁路施肥系统，旨在研发并提供一种喷灌水肥一体化系统与思路，利用原有的大田灌溉管路，不需要另建施肥机供水管路，解决了安装复杂、维护不便等问题，并通过电子流量计及水表等数据对施肥状态进行实时观测，实现智能化施肥，同时显著提高作物水分生产率与肥料利用率。

7.2.3.2 设备简介

新型智能化施肥系统采用旁路设计，通过语言编程实现动态界面操作，安装时利用大田原有灌溉管路结构，不需要另建设施肥机供水管路。系统在充分保持施肥机与上层网络平台远程通信的同时，更注重了现场维护的便利性。

本实用新型施肥机是一种旁路施肥机，其特征在于：与大田原有灌溉管路结构连通，包括进水总管、进水支管及出水总管，其中进水支管为多个，并联连接于进水总管和出水总管之间，在进水总管上设有总管隔膜阀。各进水支管结构相同，均设有文丘里管和球阀，文丘里管的喉道部位连接吸肥管路。所述吸肥管路与供肥桶连接，按吸肥方向依次设有吸肥电磁阀、流量计、吸肥隔膜阀、转子流量计及吸肥管路。在进水总管和出水总管之间还设有主出水路，主出水路上设有 pH 传感器和 EC 传感器。在出水总管上设有取样阀。各进水支管与进水总管和出水总管之间通过三通变径管连接。

本实用新型施肥机具有以下效果及优点：①安装时利用大田原有灌溉管路结构，不需要另建设施肥机供水管路，田间考虑野外环境信息传输问题、设备维护问题等，除保持施肥机与上层网络平台远程通信的同时，更注重了现场维护的便利性；②可通过隔膜阀对各供肥桶的流量进行手动调节，并通过转子流量计直观查看各供肥桶流量，通过水表对田间灌溉总量进行现场读取，可自动获取作物灌溉施肥推荐量，帮助现场指导灌溉施肥；③本实用新型施肥机不破坏田间原灌溉管道结构，任何面积的田间管道都可以安装，适用性广。

7.2.3.3 系统结构设计

整个系统主要由化肥溶解系统、旁路施肥机系统、过滤系统、供给喷灌用水系统 4 部分组成（图 7-7）。其中化肥溶解系统由搅拌机、化肥溶解箱、液位计、小滤网、精密流量计、注肥泵、小闸阀及压力表所组成，加装搅拌机可加快固体化肥溶解，促使液体化肥按照需要的浓度迅速混合均匀。旁路施肥系统主要包括变频给水部分与水泵加压部分，该部分中变频器可以调控水泵的输配水效率，使供水满足设计或特殊条件灌溉的要求。供给喷灌用水系统主要由地上或地下的输水管道组成。过滤系统主要包含外置的离心式过滤器与网式过滤器。各个系统之间形成一有机的整体，该设备设计安装在井口供水工程处，方便操作，可对全系统进行供水处理，具体详见图 7-7。

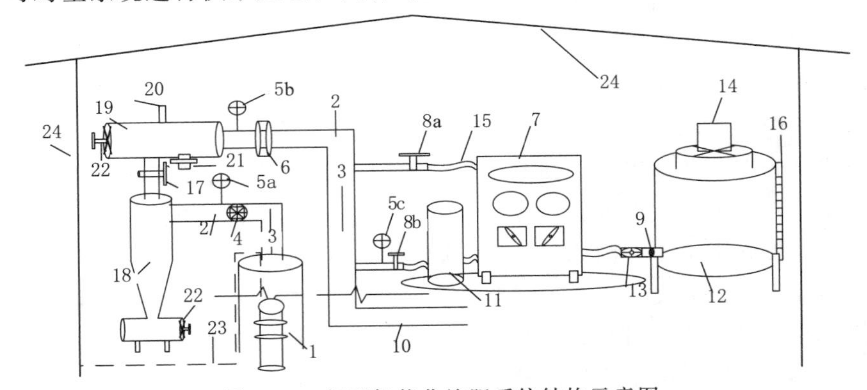

图 7-7 新型智能化施肥系统结构示意图

1—机电井及水泵；2—供水管道；3—供水管道内的水流方向；4—大流量水表；
5a—第一压力表；5b—第二压力表；5c—第三压力表；6—逆止阀；
7—控制箱；8a—进水小闸阀；8b—出水小闸阀；9—小型网式过滤器；
10—供给喷灌的地下输水管道；11—加压泵；12—化肥溶解箱；
13—精密流量计；14—搅拌机；15—系统之间的连接软管；
16—液位计；17—输水总控制大闸阀；18—离心式过滤器；
19—网式过滤器；20—排气阀；21—泄水口；
22—取沙口；23—电缆线；24—井房

该系统特别有利于高输水压力条件下喷灌注肥技术的应用，此外本系统可便于固体化肥溶解，加速液体肥混合均匀，减少化肥在施肥罐体内的残留，进而实现喷灌工程建设的预期节水、节肥、增产、减轻农田环境污染的目标。整套设备均可置于井房内部（井房面积为 $12m^2$ 左右），便于设备保养、维护，不易发生被盗事件。

7.2.3.4 工作原理

旁路施肥机与大田原有灌溉管路结构连通，包括进水总管、进水支管及出水总管，其中进水支管有多个，各进水支管结构相同，均设有文丘里管和球阀，文丘里吸肥器结构简单，操作方便，广泛应用于微灌工程，各进水支管并连于进水总管和出水总管之间，在进水总管上设有总隔膜阀，各进水支管与进水总管和出水总管之间通过三通变径管连接，文丘里管喉道部位连接吸肥管路，吸肥管路与供肥桶连接，按吸肥方向依次有吸肥电磁阀、流量计、吸肥隔膜阀以及转子流量计。在进水总管和出水总管之间还设有主出水路，主出水路上有 pH 传感器和 EC 传感器，在出水总管上设有取样阀，详见图 7-8。

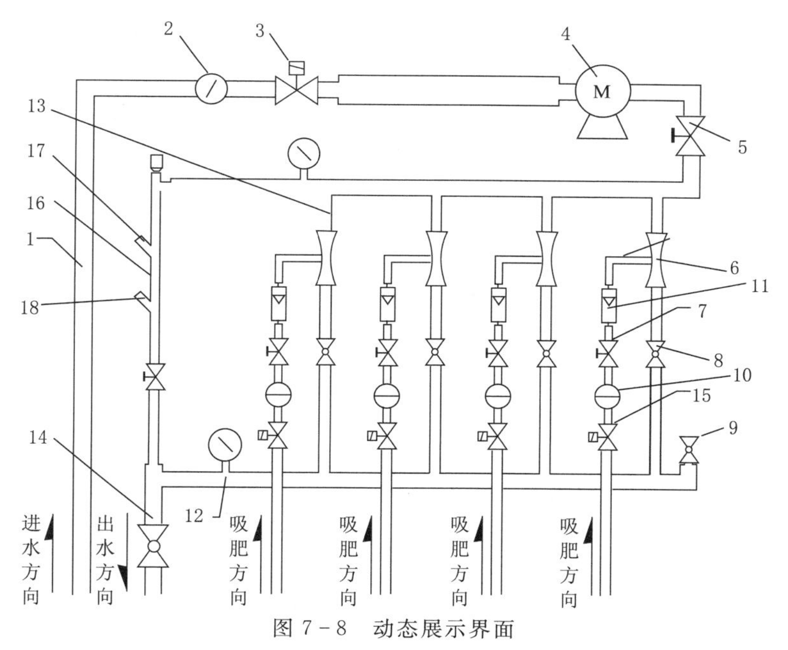

图 7-8 动态展示界面

1—进水总管；2—远传水表；3—电磁阀；4—水泵；5—总管隔膜阀；6—文丘里管；7—吸肥隔膜阀；8—球阀；9—取样阀；10—流量计；11—转子流量计；12—三通变径管；13—进水支管；14—出水总管；15—吸肥电磁阀；16—主出水路；17—pH 传感器；18—EC 传感器

进水总管与水井相连，水从进水总管进入，通过加压水泵进入各进水支管。进水过程可通过远传水表对水量进行统计，并且可以通过电磁阀和隔膜阀对水流进行调控。各吸肥管路均与不同的肥桶连接，肥料通过吸肥管路与进水支管中的水在文丘里管处混合。吸肥过程可通过转子流量计和流量计对肥量进行统计，并且可以通过吸肥电磁阀和吸肥隔膜阀对肥量进行调控，从而实现对不同地况所需肥料进行不同的配比。经过文丘里管的肥水混合物会在出水总管汇合，出水总管与原有的大田灌溉管路连接，实现了利用原有灌溉管路进行施肥，降低了大田施肥的管路安装复杂的问题。在进水管、出水管、吸肥管处皆安有电磁阀，从而可实现智能化施肥，同时安有隔膜阀，在电子系统的操控下亦可手动操作，防止意外情况发生。

7.2.3.5 主要技术参数

旁路施肥机主要技术参数见表 7-1。

表 7-1 旁路施肥机主要技术参数

序号	项目	单位	技术指标
1	额定功率	kW	2.2
2	额定扬程	m	48
3	额定流量	m^3/h	10
4	工作电压	V	380
5	主管压力	Bar	5
6	最大进口压力	Bar	9
7	最大出口压力	Bar	17
8	绝缘电阻	Ω	>100
9	管道尺寸	mm	ϕ50
10	电导率(EC)范围	mS/cm	0～30
11	电导率(EC)误差	mS/cm	0.3
12	酸碱度(pH)范围		0～14
13	酸碱度(pH)误差		0.2
14	肥液流道	个	3
15	酸液流道	个	1
16	单流道入肥量	L/h	25～250
17	液晶屏尺寸	in	7
18	工作方式		工频/变频
20	压力监测范围	MPa	0～1
21	原液桶容量	L	200

7.2.3.6 数据信息化显示与操作

信息化显示界面源程序由 Microsoft C++6.0 语言编程完成，该软件针对用于设施农业的精准灌溉施肥系统。该系统方便种植者对作物进行精准的灌溉和施肥，省工省力，还可帮助管理者通过系统的使用，远程掌握田间管理情况。

(1) 展示界面。此界面有 4 个按钮，分别为灌溉设定、信息显示、启动、点击、停止。点击“灌溉设定”按钮可进入设置界面；点击“信息显示”按钮可进入信息界面；点击“启动”或“停止”按钮可执行或停止灌溉程序。

（2）设置界面。此界面主要包括2个区域，一是肥量输入区域，点击相应肥量框，会出现数字输入窗，输入需要使用的肥量即可；二是肥料阀开启选择，如需开启，则点击相应肥料号即可。

（3）信息界面。此界面为信息显示，其中流量均为累计流量。“清空流量”按钮可实时操作，点击后清空已有肥料通道流量计数，重新由0.0L开始计算。

（4）自动控制操作流程主要分为10个步骤：①将选择开关转到自动位置；②点击屏幕开始按钮，进入动态展示界面；③点击“灌溉设定”按钮进入设置界面；④在定量灌溉设定区域点击相应的肥量框，填写本次灌溉所需要的肥液量（单位：L）；⑤点击开启相应肥料阀门开关，绿色为开，红色为关；⑥点击“返回”按钮，进入动态展示界面，点击“信息显示”按钮，进入信息显示界面；⑦点击“清空流量”按钮，清空累计流量数据，点击“返回”进入信息显示界面；⑧点击“启动”，施肥机开始工作，此时可进入信息显示界面查看累计流量数据；⑨待需要注入的肥液到达设定值后，肥液阀门自动关闭，所有肥液阀门全部关闭后，水泵停止，施肥机停止工作；⑩将选择开关转到“停止/手动”位置或关闭电源。

7.3 高效节水灌溉工程长效运行保障机制

7.3.1 研究内容

（1）高效节水灌溉技术模式选择。高效节水灌溉形式选择不当，得不到农民认可，就会造成工程前面建后面扔的现象发生。因此为保障高效节水灌溉工程长效运行，应优先选择适宜的高效节水灌溉形式和技术模式。

（2）滴灌工程长效运行管理机制研究。针对滴灌工程地面管带年更新费用较高，影响滴灌工程长效运行的主要矛盾，结合示范区的建设，围绕如何降低管带更新费用，开展滴灌工程长效运行管理机制研究。

（3）滴灌工程长效运行补偿机制研究。在常用的高效节水灌溉形式中，滴灌是用水效率最高的灌水方式，但是由于滴灌地面管带年更新成本较高，即使通过管理机制降低了部分成本，农民前期投入压力仍然较大，造成许多适宜滴灌发展的地区已建滴灌工程的巩固仍存在困难。因此课题开展了研究探索滴灌不同发展阶段的财政补贴方式及金额。

7.3.2 研究过程

7.3.2.1 高效节水灌溉技术模式选择

高效节水灌溉形式和技术模式的选择应综合考虑工程实施地区土壤条件、气象条件、劳动力条件、作物种类和工程形式的适应条件等，实践过程中具体形式选择可以参考第8章中的“内蒙古东部地区高效节水灌溉技术模式发展战略”内容。

7.3.2.2 滴灌工程长效运行管理机制研究

1. 长效运行机制形成的过程

滴灌工程长效运行管理机制研究是结合示范区的建设，围绕如何降低滴灌管带的更新成本和引导群众参与开展的。

示范区在2013年节水增粮行动项目区内，工程形式全部为膜下滴灌。

为巩固项目区滴灌成果，2014年当地政府筹集资金对示范区农户进行了补贴，包括10000亩示范区在内的2013年项目区，主要进行了滴灌管带更新并组织铺设及安装，但示范区农户并未参与其中，也没有资金的投入。

2015年政府取消对示范区滴灌成果巩固的投入，为进一步提高农户对滴灌的认识和接受程度，保障滴灌示范区的长效运行，财政资金对示范区进行了滴灌管带、地膜全额补贴，使示范区建设成果得以巩固首先与滴灌管带生产企业对接，通过谈判使滴灌带采购价格低于市场价格，同时通过示范区农机合作社的组织和参与，在分配过程中减少了地面滴灌管带的用量，滴灌管带用量由2014年的600m/亩降到580m/亩。滴灌管带发放后由农户自行组织滴灌管带铺设，滴灌管带铺设完成后由厂家安排施工人员进行软带和滴灌管带的连接安装。课题组协助合作社与示范区农户签订了管带回收协议。当年示范区农户虽然没有为管带更新出资，但已经开始部分参与滴灌管带更新的过程。

2015年春播前，为了保障示范区膜下滴灌的播种质量，购置了10台新型覆膜铺带播种一体机，组织厂家对农户进行了农机操作培训。通过新型播种机在示范区的应用，彻底解决了地膜苗眼与种子错位的问题。在完成播种后，通过组织培训将在试验区取得的灌水、施肥技术向示范区农户进行宣传，并在示范区得到应用。同时针对实施玉米滴灌后，宽窄行间距和高密度种植使原有收割机作业效率明显下降，而且经常造成玉米倒伏的问题，通过对其他地区走访和调研，引进了牧神4YZB－7不对行自走式联合收割机，提高了收割效率，降低收割成本。经过2014年和2015年的田间试验、2015年的示范区应用，形成并逐步完善了膜下滴灌综合节水技术集成模式。

随着农民参与程度的增加，滴灌管带更新费用的减少，收益的显现，示范区农户对长期实施滴灌更有信心，也有了滴灌管带更新的出资意愿。2016年春耕前课题组在充分调查示范区农户出资意愿的情况下，确定了农户滴灌管带更新自筹40元/亩，同时组织滴灌管带生产商、示范区农户代表、合作社进行谈判，面对面商讨滴灌管带的采购价格和培训农户管带安装事宜，滴灌管带的更新费用较市场价又有所降低。课题组、滴灌管带生产商、合作社共同商定，滴灌管带更新的农户自筹部分由合作社收缴后打往企业账户，不足部分由课题组申请财政资金补齐，企业按时保质保量提供滴灌管带并在施工时对示范区农户进行安装培训。农户在收到分发的滴灌管带后，自行组织地面滴灌管带铺设、安装和秋收后滴灌管带的回收，农户参与了滴灌管带更新的全过程。示范区实现了滴灌工程地面滴灌管带更新由单纯的政府财政支撑向农民自觉自愿出资、财政予以适度补贴的方式转变，长效运行管理体制初步形成。

2017年，合作社在总结前两年的滴灌管带分发经验基础上，优化滴灌管带分发程序，使滴灌管带亩用量再次降低，同时通过引进企业建厂、协商谈判，进一步降低了滴灌管带的采购成本，农民以合作组织的形式实现了滴灌管带更新的全程参与并成为滴灌管带更新的出资主体，课题组以节水奖励的形式申请财政资金补贴10.00元/亩，滴灌长效运行管理机制得到了进一步完善并趋于成熟。

2. 长效运行保障机制发挥的作用

随着示范区长效运行管理机制的不断完善和滴灌管带销售市场的竞争加剧，滴灌管带更新费用（不含安装费）从2014年的160.00元/亩下降至2017年的73.00元/亩，扣除滴灌管带回收收益后，实际更新费用从2014年的133.00元/亩下降至2017年的50.00元/亩。滴灌管带更新出资主体由政府逐渐转变为农户，农民由事不关己逐渐转变为全力投入。

随着管理机制的不断完善，课题组通过联合示范区的农机合作组织，引进滴灌管带生产企业，实现了滴灌管带的就近成规模生产、销售、发放、回收，减少了亩滴灌管带用量，降低了滴灌管带单价，从而有效降低了滴灌管带的投入成本，滴灌管带亩用量由2014年的600m降至2017年的560m。随着当地销售市场的竞争压力加大，滴灌管带市场销售价格也逐年下降，滴灌带的市场价格由2014年的0.17元/m下降为2017年的0.11元/m，示范区通过合作社与生产企业进行谈判，采购价格在市场价的基础上进一步降低，由2014年的0.17元/m下降为2017年的0.10元/m。具体数据见表7-2和表7-3。

表7-2　滴灌带市场价格与采购价格变化表

年份	市场价格/(元/m)	年降幅/%	采购价格/(元/m)	年降幅/%	采购价较市场价降幅/%
2014	0.17		0.17		0
2015	0.17	0	0.14	17.65	17.65
2016	0.14	17.65	0.125	10.71	10.71
2017	0.11	21.43	0.1	20.00	9.09

表7-3　田间管带更新及安装费用明细表

年份	灌溉形式	田间管带更新费用								管带安装/(元/亩)	总计/(元/亩)
		合计/(元/亩)	滴灌带			软带			配件/(元/亩)		
			数量/m	单价/(元/m)	小计/(元/亩)	数量/m	单价/(元/m)	小计/(元/亩)			
2014	膜下滴灌	160	600	0.17	102	10	3	30	28	30	190
2015	膜下滴灌	138	580	0.14	81	10	3	30	27	30	168
2016	浅埋滴灌	100	580	0.125	72.5	7	2.5	17.5	10	8	108
2017	浅埋滴灌	73	560	0.1	56	7	2	14	3	8	81

7.3.2.3 滴灌工程长效运行补偿机制研究

1. 滴灌示范区补贴过程

2014年当地政府采取国家财政补贴+农民自筹的形式对包括10000亩示范区在内的2013年项目区进行了滴灌成果巩固，国家财政补贴360元/亩，其中用于滴灌管带更新补贴为160元/亩。

2015年政府取消了补贴，为保证示范区滴灌工程的长效运行，财政资金对万亩滴灌示范区进行膜带全额补贴，每亩补贴202元，其中用于滴灌管带更新补贴为138.00元/亩。

随着管理保障机制的不断完善和管带销售市场的竞争加剧，滴灌管带投入成本有效降低，农户的参与程度逐步提高，对长期实施滴灌更有信心，自主出资意愿加强。2016年滴灌管带更新费用为100.00元/亩，其中滴灌管带回收收益抵顶26.00元/亩，在充分调查示范区农民出资意愿的情况下确定农户自筹40.00元/亩，财政补贴34.00元/亩。

2017年，“企业＋合作组织（农民经纪人）＋农户”的长效运行管理机制逐渐完善并趋于成熟，滴灌管带用量与单价进一步降低，同时农户自觉参与田间滴灌管带更新的各项事务，并成为出资主体。当年管带更新费用降为73.00元/亩，其中滴灌管带回收收益抵顶23.00元/亩，农户自筹仍为40.00元/亩，节水奖励补贴10.00元/亩。

表7-4　滴灌示范区管带更新费用补贴金额明细表　单位：元/亩

年　份	田间管带更新费用			
	合计	回收滴灌带效益抵扣	农民自筹	补贴
2014	160			160
2015	138			138
2016	100	26	40	34
2017	73	23	40	10

2. “以奖代补”补偿机制的形成

由于地面滴灌管带年更新成本较高，即使通过管理机制降低了部分成本，农民前期投入压力仍然较大，造成许多适宜滴灌发展的地区已建滴灌工程的巩固仍存在困难，建议从财政专项资金（农田水利工程维修养护经）中拿出部分资金，对适宜滴灌发展的地区在推广前期给予滴灌管带更新适度补贴，引导农民自主发展滴灌，并且根据相关政策，对农机合作社等农村专业经济合作组织加大扶持力度。根据国家有关政策，高效节水灌溉项目建设实行中央、地方和受益群众共同投资，总体思路为采用“以奖代补”的形式建立保障机制。主要从以下三个方面着手：①“谁来补”，即确定出资主体，根据各地区发展规模，由各级财政建立专项资金对农民进行适当补贴；②“补多少”，即确定补贴金额，在农民与财政双方承受范围内，根据年头好坏建议财政补贴10.00～30.00元/亩；③“怎么补”，即确定补贴机制，建议由水利主管部门组织招标，中标企业与主管部门和农户签订合同，同时将专项资金和农户自筹资金统一打到该企业，由企业负责滴灌管带供应，并由水利主管部门组织验收。

7.3.3 研究结果

通过2015—2017年在示范区的实践，联合示范区的农机合作组织，引进滴灌管带生产企业，实现了滴灌管带的就近成规模生产、销售、发放、回收，减少了亩滴灌管带用量，降低了滴灌管带单价，从而有效降低了滴灌管带更新的投入成本，随着收益的显现，示范区农户参与滴灌管带更新的程度不断加强，农户对长期实施滴灌更有信心，也有了滴灌管带更新的出资意愿，并逐步成为滴灌管带更新的主体。总结形成的“企业＋合作社

（农村经纪人）＋农户”的管理体制得到了实践检验并良性运行，为滴灌长效可持续运行提供了机制保障，管理保障机制见图 7－9。

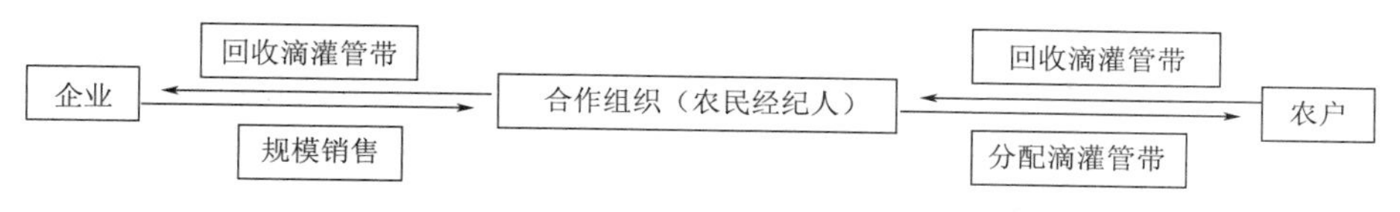

图 7－9 “企业＋合作组织（农民经纪人）＋农户”管理保障机制图

7.4 小结

（1）通过规模化示范区的建设，在工程产权归属、工程设施管护、运行管理和工程运行费用计收等方面形成适宜当地的高效节水灌溉工程运行管理模式。在调查和座谈的基础上，结合项目区实际情况，采用调查与实际相结合、分析与比较相结合的方法，对喷、滴灌示范区的工程管护措施的运作方式和优缺点进行分析研究，提出了适合喷、滴灌示范区高效节水灌溉工程运行管理模式，主要有“农户＋村组＋专管员”和“农户自我协商管理”管理模式。

（2）通过信息化技术研发与示范，实现了地下水位、水量、土壤墒情等数据的自动采集和传输，同时研发了新型智能化旁路灌溉施肥系统，实现了喷灌水肥一体化技术。本研究针对喷灌条件下现有施肥手段存在的缺陷，研发了水肥一体化设备（一种旁路施肥机）和操作软件（智能在线式施肥系统），实现了喷灌条件下在玉米抽雄、灌浆等生育后期水肥同施。该系统具有如下优点：①便于固体化肥溶解，加速液体肥混合均匀，减少化肥在施肥罐体内的残留，可显著提高喷灌条件下施肥均匀度，极大地提高肥料的利用率；②适应性强，易推广，系统采用旁路设计，安装时利用大田原有灌溉管路结构，不需要另建设施肥机供水管路，可广泛地应用于现有的喷灌系统中；③易保养维护，系统整体可置于现有的井房（面积约为 $12m^2$）内，便于设备保养、维护，且不易发生被盗事件；④系统设有人机交互界面，自动化程度高，操作简单，可实现上层网络平台远程通信，可自动获取作物灌溉施肥推荐量，帮助现场指导灌溉施肥，便于实现精确灌溉施肥。

（3）通过技术模式、管理体制、补偿机制等方面的研究总结，示范区实现了滴灌工程地面滴灌管带更新由单纯的政府财政支撑向农民自觉自愿出资、财政予以适度节水奖励补贴的方式转变，建立了能够让示范区可持续发展并长期发挥示范带动作用的长效运行保障机制。

第8章 高效节水灌溉技术集成模式研究与示范

8.1 研究内容

通过对高效节水工程、农艺、农机、管理等综合节水配套技术集成示范研究，本书提出了玉米喷灌、膜下滴灌、浅埋滴灌综合节水技术集成模式和技术标准体系。在取得玉米喷滴灌技术集成模式并在示范区得到成功应用的基础上，对示范区及辐射区广大农民进行技术培训，同时将技术集成模式在我区东部适宜地区进行推广应用。

8.2 研究方案与方法

以水分和肥料的高效利用为主线，配套适宜的农艺、农机技术及管理模式，在喷、滴灌条件下，针对制约高效灌溉技术发展的主要问题进行研究，提出三种适宜通辽地区的高效节水灌溉技术集成模式，并结合东部地区已有成功高效灌溉形式的应用实践情况，提出适宜东部地区高效节水灌溉发展战略。

8.2.1 喷灌技术集成模式

以水分与肥料高效利用为主线，配套适宜的通用农艺、农机组合技术，针对喷灌在玉米生育期后期（抽雄期、灌浆期）无法实施追肥的问题，研制施肥系统，集成以机耕施肥与氮肥补偿性水肥同施为关键技术的喷灌灌溉技术模式。

8.2.2 膜下滴灌技术集成模式

以水分与肥料高效利用为主线，配套试验筛选的适宜农艺（品种、密度、宽窄行）技术，针对膜下滴灌播种时发生的籽种与苗眼错位影响出苗率的问题，对原有播种机工作原理和作业流程进行优化，同时对与滴灌玉米生育期配套的农机具进行改装、引进，集成以滴灌技术与农艺、农机及管理有机融合的膜下滴灌灌溉技术模式。

8.2.3 浅埋滴灌技术集成模式

膜下滴灌有节水、增产、降低劳动强度等优势，但在实施膜下滴灌过程中，由于残膜回收成本较高，示范区农户每年只是在春季整地旋耕时进行破碎处理和简单回收，连续实施三年膜下滴灌后，示范区耕地普遍存在不同程度的残膜污染。同时示范区春播季节风大且持续时间长，很大程度上影响了膜下滴灌的适时播种，进而影响田间滴灌管带的连接和及时灌水，减弱了膜下滴灌的前期优势，影响作物产量。膜下滴灌整地播种机械使用效率低、投入成本较大，而且无法利用传统播种机械，需重新购置新的播种设备，加重了农民的负担。另外，膜下滴灌玉米生长后期雨水利用也受到一定的影响。

本书提出的露地玉米浅埋滴灌技术很好地解决了膜下滴灌存在的上述不足。该技术通过对滴灌带实施覆土浅埋，彻底解决了残膜污染问题，由于取消了覆膜流程，播种基本不受大风因素影响，播种效率显著提高，并且仅需要对传统播种机进行简易改装即可实现玉米浅埋滴灌种植，减轻了农户播种机械的投入负担。相较于膜下滴灌，玉米生长后期雨水利用效率也有所提高。

浅埋滴灌技术集成模式研究方案为：在水肥高效利用试验成果基础上，配套试验筛选的适宜农艺（品种、密度、宽窄行）和改进的农机技术，结合浅埋滴灌的特点，研制玉米浅埋滴灌播种铺带一体机，提出对现有农机进行简单改造即能进行浅埋滴灌播种的方法，并对不覆膜后窄行间草害防治提出具体措施，进而集成露地浅埋滴灌灌溉技术模式。

8.2.4 内蒙古东部地区高效节水灌溉技术模式发展战略

在总结上述三种适宜通辽地区的高效节水灌溉技术集成模式基础上，结合内蒙古东部其他地区已有成功高效灌溉形式的应用实践情况，提出适宜内蒙古东部地区高效节水灌溉技术模式的发展战略。

8.3 玉米喷、滴灌综合节水技术集成模式

8.3.1 玉米喷灌综合节水技术集成模式

8.3.1.1 模式适应条件

通过对内蒙古自治区现有喷灌工程建设和运行情况进行实地调研，喷灌形式在多年平均降水量400mm以上的灌溉农业区接受程度相对较高，山丘区以半固定式喷灌或微喷带喷灌形式为主，土地相对平整、集约化程度较高、劳动力相对短缺的地区，适宜发展中心支轴式喷灌形式，喷灌形式主要分布在呼伦贝尔市岭东南地区、兴安盟部分地区以及赤峰市、通辽市、乌兰察布市和呼和浩特市的南部部分地区。

8.3.1.2 技术模式集成

本书通过分析现有喷灌系统存在的玉米生育期后期无法实施追肥的问题，研制了智能

旁路式施肥系统，提出了机耕施肥与氮肥补偿性水肥同施技术。智能旁路式施肥系统有效解决了大型喷灌机适时适量施肥的难题，适应性较强，可广泛应用到喷灌系统中，推广应用前景广阔。喷灌条件下机耕施肥与氮肥补偿性水肥同施集成技术有效解决了玉米抽雄期、灌浆期的施肥难题，提高了施肥的均匀度和化肥的利用率，为节水节肥增产提供了技术支撑。

本书以水分与肥料高效利用为主线，以机耕施肥与氮肥补偿性水肥同施为关键技术，配套适宜的通用农艺、农机组合技术，集成了的喷灌综合节水技术集成模式，该技术集成模式适用于集约化程度较高的大型喷灌地区，在通辽地区实施推广过程中取得了良好效果。通过喷灌条件下玉米灌溉制度的优化和机耕施肥与氮肥补偿性水肥同施技术的实施，相比传统管灌，节水增产效果明显，节水30%，产量提高20%。喷灌综合节水技术集成模式组成内容及主要技术指标详见表8-1，模式图主要内容详见附图1。

表8-1　玉米喷灌综合节水技术集成模式构成表

集成技术内容		主要技术指标
关键技术	机耕施肥与氮肥补偿性水肥同施	采用水肥同施技术，施用N、P_2O_5、K_2O肥20kg/亩、9kg/亩、15kg/亩。氮肥40%作为底肥在播种时施入，苗期末期（或拔节期初期）由机耕直接施入田间氮肥30%，剩余30%的氮肥在玉米拔节期和灌浆成熟期分3次由智能旁路式施肥系统注入喷灌机施肥（每次注肥浓度不超过3%）。磷肥作为底肥一次性施入田间，钾肥分别作为底肥、苗期（或拔节期初期）追肥由机耕分两次施入田间
	高效节水灌溉制度	枯水年灌水5次，灌溉定额为152m^3/亩；平水年灌水4次，灌溉定额为122m^3/亩
配套技术	农艺栽培技术	适宜种植行距为60cm等行距种植；适宜种植密度为4000～4500株/亩
	整地技术	引进深松-旋耕一体机，深松深度25～30cm，每2～4年深松1次；每年旋耕1次
	病虫草害防治技术	引进高架式喷药机和无人机，加强玉米生长后期病虫害防治意识
	收获技术	自走式联合收割机
	管理模式	“农户＋村组＋专管员”管理形式
适应条件		在土地集约化程度高的地区
实施效果		与传统管灌相比节水30%，产量提高20%

8.3.2 玉米膜下滴灌综合节水技术集成模式

8.3.2.1 模式适应条件

膜下滴灌具有很好的增温保墒、节水、增产、节省劳动力等作用，但是每年的整地、播种以及地膜和滴灌管带更新费用相对较高。在内蒙古东部地区，多年平均降水量为400～450mm的补充型灌溉农业种植地区，种植耗水量较大、经济附加值高的经济作物的地区可以采用膜下滴灌；多年平均降水量为300～400mm的传统灌溉农业种植区，在水资源短缺、地下水超采区建议采用膜下滴灌。

8.3.2.2 技术模式集成

针对原有膜下滴灌播种时发生的籽种与苗眼错位影响出苗率的问题，通过对原有膜下滴灌播种机作业流程进行测试分析，发现造成问题的主要原因是原有播种机采用先铺膜、打孔，再覆土压膜的工序，由于农机的牵引在打孔和覆土的间隙使地膜拉伸，造成种子与孔口错位。在找到原因后，对农机市场进行了调研，引进了新型覆膜铺带播种一体机，该播种机将工作顺序调整为铺带、覆膜、覆土、打孔播种、镇压，彻底解决了苗眼与种子错位的问题，提高了出苗率，省去了田间抠苗作业环节，降低劳动强度。

同时在对示范区原有膜下滴灌运行中灌水、农艺、农机和管理措施进行分析的基础上，针对灌水过程中灌溉定额较高、水肥同施效果较差，农艺与滴灌技术不匹配，农机作业效率偏低等问题，通过开展田间试验制定适宜滴灌的灌溉定额，开展水肥耦合研究实现水肥的高效利用，优选适宜品种，确定合理种植密度和宽窄行规格，筛选适宜的农艺技术，改进中耕机具，引进不对行自走式收割机，实现农机的全过程优化配置，结合“农户自我协商”的管理形式，形成以滴灌技术与农艺农机、管理有机融合的膜下滴灌综合节水技术集成模式。该集成模式在示范区推广过程中取得了良好效果，与传统管灌相比，节水率达到50%，与示范区原有滴灌种植效果相比，出苗率从75%提高到95%以上。模式改进前后具体内容对比见表8-2，玉米膜下滴灌综合节水技术集成模式组成内容及主要技术指标见表8-3，模式图主要内容见附图2。

表8-2 玉米膜下滴灌综合节水技术集成模式改进前后对比

模式改进	原有膜下滴灌技术集成模式存在问题	改进后的膜下滴灌技术集成模式
灌水技术	需水量不清楚，无可参考的灌溉制度，农民仍延续大水漫灌的灌水思想，灌水量达250～300m³/亩，节水效果较差	通过连续几年需水规律和灌溉制度试验研究与示范，提出玉米膜下滴灌需水量和需水规律，制定了不同水文年型的灌溉制度，减小了灌水定额和灌溉定额，平水年推荐灌水量为122m³/亩，为当地灌溉提供了参考依据，节水效果显著
	农民对玉米后期灌水管理意识较为淡薄，易导致玉米缺水减产	通过灌水试验，提出玉米膜下滴灌在玉米生长后期应及时灌水，以防发生早衰现象，影响玉米产量
	农民改变了设计轮灌组，导致一次灌水面积过大(不同支管上毛管联通)，造成系统压力减小，无法保证灌水均匀度，常出现上游滴头可正常出水，下游压力太小滴灌带不滴水的现象	通过对灌水均匀度的田间实测，验证了在7～10m运行压力下可保证灌水均匀度。但是灌水通常比较集中，在用电高峰期系统压力过小，无法满足灌水均匀，因此可在支管间的中间位置用木棍将滴灌带打结隔断，确保每个闸阀所控制小区能够独立运行，通过缩小灌溉面积，增加系统压力，保证灌溉均匀
农艺、农机配套技术	整地时配套农机为旋耕机，长期破土深度在20cm以内，20cm以下形成了坚硬的犁底层	引进深松-旋耕一体机，深松深度在25～30cm。打破犁底层，有利于玉米根系向下深扎，提高玉米的抗旱能力，保证了玉米根系下扎以及灌溉水分的扩散和储存

续表

模式改进	原有膜下滴灌技术集成模式存在问题	改进后的膜下滴灌技术集成模式
农艺、农机配套技术	勺轮式播种机工作顺序存在问题，播种后经常会出现籽种与苗眼错位问题，必须进行抠苗，不仅费时费工，且保苗率受到较大影响	引进气吸式新型播种机，并调整播种机作业流程，实现了精准精量播种，籽种与地膜苗眼对应率达到 95%以上，避免了人工抠苗程序，省时省工，提高了出苗率和保苗率
	85cm 与 35cm 大小垄种植模式下仍采用单铧犁中耕机，中耕效率低	将单铧犁中耕机改进为双铧犁中耕机，一趟即可完成宽行中耕，改进后中耕效率提高 50%
	忽视了后期的病虫害防治，影响玉米产量	通过病虫害防治技术示范，提高了后期病虫害防治意识和措施，实现了高架喷药和无人机喷药技术
残膜回收	残膜回收不彻底，投资大费用高，农民负担重，且多年连续种植会对表层土壤造成严重白色污染	经过 3 年田间试验研究与中试，2016 年大规模推广露地玉米浅埋滴灌，解决残膜回收和白色污染问题，并降低投资成本，农民接受程度高
其他技术	通过试验研究验证，原有水肥耦合技术、施肥次数、大小垄 85cm:35cm 种植等农艺技术具有可行性和可操作性	

表 8-3　玉米膜下滴灌综合节水技术集成模式构成表

	集成技术内容	主要技术指标
关键技术	高效节水灌溉制度	提出玉米膜下滴灌需水量和需水规律，制定了不同水文年型的灌溉制度，减小了灌水定额和灌溉定额。枯水年灌水 8 次，灌水量为 $180m^3$/亩；平水年灌水 7 次，灌水量为 $122m^3$/亩；丰水年灌水 4 次，灌水量为 $70m^3$/亩
	播种技术	引进、研制 2BMJ-2 一膜双行一体播种机，将工作顺序从铺膜、打孔、落种、覆土、刮平调整为铺带、覆土、打孔、落种、覆土、镇压，出苗率和保苗率从 75%提高至 95%以上
	水肥一体化技术	结合灌水进行水肥一体化施用管理，基于频数分析的水氮置信区间基础上，进行多元线性回归拟合，推荐适宜的水氮耦合区域：灌水量推荐区间为[1815，1989] m^3/hm^2，施氮量为[270，293.82] kg/hm^2
配套技术	农艺栽培技术	通过试验对比，适宜膜下滴灌的玉米品种有农华 106、伟科 702、京科 968 等。通辽地区玉米适宜种植宽窄行行距为 85cm 与 35cm，玉米适宜种植密度为 4500～5000 株/亩
	整地技术	引进深松-旋耕一体机，深松深度在 25～30cm，每 3～4 年深松 1 次，每年旋耕 2 次。整地后，鼠害严重的坨沼地要特别重视灭鼠工作
	中耕技术	将原有单铧犁中耕机改进为双铧犁中耕机，中耕作业效率提高 50%
	病虫草害防治技术	引进高架式喷药机和无人机，加强玉米生长后期病虫害防治意识

续表

	集成技术内容	主要技术指标
配套技术	收获技术	引进购置不对行自走式联合收割机，对大小垄种植间距有较强的适应性
	管理模式	“农户自我协商”管理形
适应条件	严重缺水地区、水资源超采区，经济条件相对较好，劳动力缺乏，集中连片经营	
实施效果	与传统管灌相比，节水50%，亩均增产152kg，亩均新增收益150元	

8.3.3 露地玉米浅埋滴灌综合节水技术集成模式

8.3.3.1 适应条件

根据浅埋滴灌综合节水技术集成模式在示范区的应用效果，综合分析示范区所在区域的自然条件，该模式在内蒙古东部多年平均降水量为300～400mm的地区（通辽市和赤峰市大部分地区）均可采用。

8.3.3.2 技术模式集成

为了实现既保留滴灌条件下水肥高效利用的特性，又可有效解决残膜污染问题，本书创新性地提出了露地玉米浅埋滴灌技术。该技术利用研制的玉米浅埋滴灌铺带播种一体机将滴灌带浅埋1～3cm，滴灌带浅埋后避免了无膜覆盖后滴灌带被大风刮走，且减少了水分蒸发，同时保留了滴灌适时灌溉、水肥同施的优点，进一步融合已筛选的适宜滴灌条件下的农艺、农机技术及管理模式，形成了露地玉米浅埋滴灌综合节水技术集成模式。该模式在示范区应用后取得了较好的经济、社会和环境效益，并在通辽市各旗（县、区）得到了大面积的辐射推广。露地玉米浅埋滴灌综合节水技术集成模式组成内容及主要技术指标见表8-4，模式图主要内容见附图3。

表8-4　露地玉米浅埋滴灌综合技术技术集成模式构成表

	集成技术内容	主要技术指标
关键技术	滴灌带浅埋技术	滴灌带埋设深度为1～3cm，采用玉米浅埋滴灌铺带播种一体机完成播种、施肥、铺带一体化作业
	高效节水灌溉制度	提出浅埋滴灌需水量和需水规律，制定了不同水文年型的灌溉制度，减小了灌水定额和灌溉定额，节水效果显著。枯水年灌水9次，灌水量为210m^3/亩；平水年灌水7次，灌水量为148m^3/亩；丰水年灌水5次，灌水量为90m^3/亩
	水肥一体化技术	结合灌水进行水肥一体化施用管理，推荐适宜的施氮量为[270, 294]kg/hm^2
配套技术	整地技术	引进深松-旋耕一体机，深松深度为25～30cm，每3～4年深松1次，每年旋耕1次。整地后，鼠害严重的坨沼地灭鼠工作尤为紧要
	农艺栽培技术	玉米适宜种植宽窄行行距为85cm与35cm，玉米适宜种植密度为4000～4500株/亩

续表

	集成技术内容	主要技术指标
配套技术	草害防治技术	由于取消了覆膜，铺带的窄行内在水分充足的条件下容易发生草害，因此浅埋滴灌玉米生育初期窄行的草害防治尤为重要。受滴灌带影响，窄行内不能采用机械除草，只能选用化学药剂进行草害防控，在玉米3～5叶期要进行药物除草。如未能控制，应在保证幼苗安全的情况下及时进行二次除草剂喷洒
	中耕技术	中耕机从单铧犁改进为双铧犁，中耕效率提高50%
	病虫害防治技术	引进高架式喷药机和无人机，加强玉米生长后期病虫害防治意识
	收获技术	引进购置不对行自走式联合收割机，对大小垄种植间距有较强的适应性
	管理模式	“农户自我协商”管理形式
适应条件	内蒙古多年平均降水量为300～400mm的地区（通辽市和赤峰市大部分地区）以及多年平均降水量为400～450mm的劳动力极度缺乏地区	
实施效果	相比膜下滴灌技术模式，减少地膜投入和生产成本，简化农业生产过程（旋耕次数由2次减少为1次），提高农业机械效率（播种效率从60亩/天提高到30亩/天），免除残膜对农业环境的污染，同时提高了作物生育期降雨的有效利用率（降雨有效利用率均值从19%提高到58%）	

8.3.4 内蒙古东部地区高效节水灌溉技术模式发展战略

在对内蒙古自治区现有高效节水灌溉技术模式运行情况的调研基础上，结合连续五年的试验研究和示范推广效果的总结分析，依据降水量分布特点，初步提出内蒙古东部地区高效节水灌溉技术集成模式发展战略，按照节水模式的各自适应性具体可以按照以下三个区域进行划分，所提发展战略对内蒙古自治区东部地区高效节水灌溉形式选取提供参考。

(1) 多年平均降水量在450mm以上的雨养农业种植地区。这类地区主要分布在兴安盟北部和呼伦贝尔市东、南部，其纬度较高、降水量大、积温偏低、作物需水量相对较小，农户对高效节水认识程度较低。这些地区重点做好灌溉水源的保养维护，以保障在春旱发生时能够及时进行保苗水的灌溉。田间高效节水灌溉技术模式可以采用全移动式喷灌，输水采用地面软管，田间配套移动喷头。该模式造价低、设备安装拆卸方便，灌溉结束后可全部拆卸保存，田间作业不受影响。

(2) 多年平均降水量为400～450mm的补充型灌溉农业种植地区。这类地区主要分布在兴安盟南部、通辽市南部和赤峰市南部地区，春旱、夏热风和秋吊时有发生，没有灌溉设施会造成作物产量明显下降，因地制宜选择适宜的高效节水灌溉形式非常重要。在主要种植传统农作物的地区可以选择造价和更新成本相对较低的半固定式喷灌，但是工程设计时应尽量减少田间给水栓的布设，如兴安盟突泉县、科右前旗、乌兰浩特市等玉米种植区；在种植耗水量较大、经济附加值高的经济作物的地区也可以采用膜下滴灌节水技术集成模式，如兴安盟扎赉特旗采用覆膜滴灌种植甜叶菊；地下水资源能够实现采补平衡的平原地区也可以采用高标准低压管道输水灌溉形式，如通辽市科左后旗和赤峰市的宁城县等玉米种植区。

(3) 降水量为300～400mm的传统灌溉农业种植区。这类地区主要分布在通辽市和赤峰市，区域特点是没有灌溉就没有农业发展，此类地区适宜全面推广滴灌。在水资源短缺、地下水超采区建议采用膜下滴灌综合节水技术模式，既可以最大限度地实现工程节水，又可以充分发挥覆膜增温保墒增产效果，但要注重对残膜的清理回收；在地下水资源条件相对较好、初期资金有限的种植区可以采用露地浅埋滴灌节水技术模式，虽然相对覆膜滴灌灌溉水用量有所增加，但是初期投入每亩可减少40～50元，而且作物产量与覆膜滴灌没有显著差异，同时有效避免了残膜污染，减少了残膜回收费用。

针对残膜问题，内蒙古水科院科研团队提出露地浅埋滴灌模式，并经过田间试验数据分析、中试区小面积种植和大面积示范区推广，通过实地长期多点观测数据显示，覆膜滴灌作物前期生长速率较露地浅埋滴灌有所提高，可以实现作物早熟，但是作物最终作物产量没有显著差异。由于露地浅埋滴灌模式在不明显影响产量的同时彻底解决了残膜的问题，一经推出即受到了农户的一致好评，在通辽市范围内地下水资源条件相对较好的地区得到了大面积推广。

8.4 技术培训与推广应用

8.4.1 规程培训教材编制

在总结田间试验和示范区建设过程中喷、滴灌条件下灌水技术、农艺农机配套技术、管理措施等方面取得的成果和存在的不足的基础上，为进一步规范操作流程，明确注意事项，组织人员编制完成了《露地玉米浅埋滴灌技术规程》(DB15/T 1382—2018)、《西辽河平原玉米指针式喷灌技术规程》(DB15/T 1383—2018) 2项技术规程，以及《内蒙古东部玉米喷灌技术培训手册》《内蒙古东部玉米滴灌技术培训手册》2套技术培训手册，制作完成了《玉米不覆膜浅埋滴灌实用技术》专题片1部，构建了内蒙古自治区喷、滴灌灌溉技术标准化体系，针对普遍存在的问题提出了解决方法，对普及节水灌溉技术知识、提高工程管理水平、促进内蒙古自治区节水灌溉工程健康可持续发展具有积极的推动作用。

8.4.2 举办培训班与技术交流

在开展示范区建设的同时，内蒙古水利科学研究院采取举办技术培训班和召开现场观摩会等形式在“节水增粮”项目区积极开展高效节水灌溉技术宣传推广。组织技术人员深入村组针对实地存在的问题举办高效节水灌溉技术培训班，通过现场讲解答疑和播放宣传片的形式，对科左中旗包罕林场、门达镇务本村、巴彦塔拉农场、腰林毛都镇南塔林艾勒等22个村及农场的村民进行了技术培训，并邀请通辽市和兴安盟部分节水增粮项目所在村组相关人员对示范区进行实地考察，并现场对项目取得的成果进行讲解宣传（图8-1）。通过现场观摩和技术培训，使一线管理者、技术人员和农民了解并掌握了科学的灌溉技术和管理方法，为节水增粮行动项目区实现节水增产增收和提高工程运行管理水平提供技术支撑。

图8-1 示范区技术培训与交流

8.4.3 推广应用

经过2014—2017年4年的试验研究和示范推广，喷灌、膜下滴灌、浅埋滴灌3种综合节水技术集成模式逐步完善，并得到了示范区群众的一致认可。2018年初，通辽市委、市政府制定的《通辽市2018—2020年高效节水农业发展规划》中，在全市8个旗（县、区）范围内3年发展以浅埋滴灌为主的高效节水灌溉形式1000万亩。2018年通辽市按照这3种技术模式实施完成了浅埋滴灌314.12万亩、膜下滴灌38.28万亩、喷灌61.07万亩，辐射推广具体旗（县、区）面积和位置见表8-5。2018年赤峰市巩固膜下滴灌316.77万亩（表8-6）。结合两市农业水价综合改革的实施，项目区农业灌溉用水量得到有效控制，地下水超采现象得到有效缓解，同时项目区受益农户实现了增产增收。

表8-5　2018年通辽市辐射推广旗（县、区）县面积分布表　单位：万亩

旗（县、区）名称	浅埋滴灌	膜下滴灌	喷灌	合计
科尔沁区	65.95			65.95
开鲁县	29.42	30.00		59.42
科左中旗	100.86			100.86
科左后旗	30.08		31.81	61.89
奈曼旗	30.06	8.28	16.46	54.80
库伦旗	17.50		12.80	30.30
开发区	19.25			19.25
扎鲁特旗	21.00			21.00
合计	314.12	38.28	61.07	413.47

表8-6　2018年辐射推广旗（县、区）面积分布表　单位：万亩

旗（县、区）名称	膜下滴灌	合计
松山区	63.4	63.4
林西县	21.37	21.37
翁牛特旗	110.00	110.00
敖汉旗	90.95	90.95
巴林右旗	1.05	1.05
巴林左旗	30.00	30.00
合计	316.77	316.77

8.5 小结

8.5.1 集成喷灌、膜下滴灌、浅埋滴灌条件下的综合节水技术集成模式

以水肥高效利用为主线，配套通用适宜的农艺、农机技术及管理模式，针对喷灌条件

下生育后期追肥难的问题，提出了机耕施肥与氮肥补偿性水肥同施技术，形成了喷灌综合节水技术集成模式。针对原有膜下滴灌籽种与苗眼错位的问题，通过优化播种机作业流程，改进了播种机具，完善了膜下滴灌综合节水技术集成模式。针对膜下滴灌存在的残膜污染，播种效率低、费用高，播种机械更新成本高，生育后期雨水利用率偏低等不足，创新性地提出了露地玉米浅埋滴灌技术，并研制了配套的玉米浅埋滴灌播种铺带一体机，形成了露地浅埋滴灌技术集成模式。形成的三套高效节水技术集成模式在示范区进行了示范推广，得到了较好的经济、社会和环境效益。

8.5.2 内蒙古东部地区高效节水灌溉技术模式发展战略

根据降水分布特点，将内蒙古东部地区划分为三个区域，针对不同区域适宜发展的高效节水灌溉技术模式进行分析阐述，提出了内蒙古东部地区高效节水灌溉形式发展战略。

8.5.3 推广应用

经过 2014—2017 年四年的试验研究和示范推广，喷灌、膜下滴灌、浅埋滴灌三种综合节水技术集成模式已逐步完善，并在示范区取得了较好的节水增产效果，同时也得到了相关部门的认可。2018 年通辽市实施完成了浅埋滴灌 314.12 万亩、膜下滴灌 38.28 万亩、喷灌 61.07 万亩，赤峰市实施完成了膜下滴灌 316.77 万亩，进一步促进了喷、滴灌高效节水形式在适宜地区的快速发展。

参 考 文 献

［1］ 冯文基，申利刚，冯婷，等．内蒙古自治区主要作物灌溉制度与需水量等值线图［M］．呼和浩特：远方出版社，1996.

［2］ 内蒙古自治区质量技术监督局．内蒙古自治区行业用水定额：DB 15/T 385—2015［S］．呼和浩特：内蒙古人民出版社，2015.

［3］ 中华人民共和国住房和城乡建设部．微灌工程技术规范：GB/T 50485—2009［S］．北京：中国计划出版社，2009.

［4］ 中华人民共和国建设部．喷灌工程技术规范：GB/T 50085—2007［S］．北京：中国计划出版社，2007.

［5］ 张兵，袁寿其，李红．基于最优保留策略遗传算法的玉米小麦优化灌溉模型研究［J］．农业工程学报．2005，21（7）：25-29.

［6］ 高肖贤，张华芳，马文奇，等．不同施氮量对夏玉米产量和氮素利用的影响［J］．玉米科学，2014，22（001）：121-126.

［7］ 谢英荷，栗丽，洪坚平，等．施氮与灌水对夏玉米产量和水氮利用的影响［J］．植物营养与肥料学报，2012，18（6）：1354-1361.

［8］ 孙占祥，孙文涛．水肥互作对玉米生长发育及产量的影响［J］．沈阳农业大学学报，2005，36（3）：275-278.

［9］ 郭永杰，汤莹，蔡德荣．河西绿洲灌区小麦/玉米带田水肥耦合效应与协同管理模型［J］．甘肃农业科技，2002（4）：34-35.

［10］ 刘文兆，李玉山，李生秀．作物水肥优化耦合区域的图形表达及其特征［J］．农业工程学报，2002，18（6）：1-3.

［11］ 薛亮，周春菊，雷杨莉，等．夏玉米交替灌溉施肥的水氮耦合效应研究［J］．农业工程学报，2008，（24）3：91-94.

［12］ 仲爽，李严坤，任安，等．不同水肥组合对玉米产量与耗水量的影响［J］．东北农业大学学报，2009，40（2）：44-47.

［13］ 张文群，金维续，孙昭容，等．降解膜残片与土壤耕层水分运动［J］．土壤肥料，1994（3）：12-15.

［14］ 王星，吕家珑，孙本华．覆盖可降解地膜对玉米生长和土壤环境的影响［J］．农业环境科学学报，2003，22（4）：397-401.

［15］ 乔海军，黄高宝，冯福学，等．生物全降解地膜的降解过程及其对玉米生长的影响［J］．甘肃农业大学学报，2008.1.10（5）：71-75.

［16］ 霍再林，史海滨，陈亚新，等．ET_0 的人工神经网络模型与评估研究［J］．水资源与水工程学报，2004（2）：5-9.

［17］ 李彦，王金魁，门旗，等．修正温度法计算农作物蒸散量 ET_0 研究［J］．灌溉排水学报，2004（6）：62-64.

［18］ 吴宏霞．基于BP神经网络的参考作物蒸发蒸腾量预测研究［D］．南京：河海大学，2006.

［19］ 彭世彰，魏征，徐俊增，等．参考作物腾发量主成分神经网络预测模型［J］．农业工程学报，2008（9）：161-164.

［20］ 迟道才，王晓瑜，张瑞，等．基于天气预报估算参考作物蒸发蒸腾量的预测模型比较［J］．沈阳农业大学学报，2008（4）：455-458.

[21] 于森，迟道才，李增，等．基于灰色马尔科夫的参考作物腾发量预测 [J]. 节水灌溉，2010 (4)：12-15.

[22] 丁志宏，何宏谋，王浩．灌区降水量与参考作物腾发量的联合分布模型研究 [J]. 水利水电技术，2011 (7)：15-18.

[23] 郭元裕．农田水利学 [M]. 北京：中国水利水电出版社，2009.

[24] 刘钰，PEREIRA L S. 气象数据缺测条件下参照腾发量的计算方法 [J]. 水利学报，2001 (3)：11-17.

[25] 胡庆芳，杨大文，王银堂，等．Hargreaves 公式的全局校正及适用性评价 [J]. 水科学进展，2011 (2)：160-167.

[26] 胡守忠．基于 GIS 内蒙古自治区参考作物腾发量（ET_0）区域分布特征分析 [D]：呼和浩特：内蒙古农业大学，2010. 116.

[27] 雷志栋，罗毅，杨诗秀，等．利用常规气象资料模拟计算作物系数的探讨 [J]. 农业工程学报，1999 (3)：119-122.

[28] DAAMEN C C. Two source model of surface fluxes for millet field in Niger [J]. Agric For Meteorol，1997 (83)：205-230.

[29] 许迪，刘钰．测定和估算田间作物腾发量方法研究综述 [J]. 灌溉排水，1997 (4)：56-61.

[30] 郭克贞．草原节水灌溉理论与实践 [M]. 呼和浩特：内蒙古人民出版社，2003.

[31] MOLZ F J. Models of water transport in the soil—Plant system：A review [J]. Water Resour Res，1981 (17)：1254-1260.

[32] CHOUDHURY B J，MONTEITH J L. A four-layer model for the heat budget of homogeneous land surfaces [J]. Quarterly Journal of the Royal Meteorological Society，1988，114：373-398.

[33] JARVIS P J. The interpretation of the variations in water potential and stomatal conductance found in canopies in the field [J]. Philosphical Transactions of Royal Society of Lodon，1976 (273)：593-610.

[34] ALLEN R G. A penman for all seasons [J]. Journal of Irrigation and Drainage Engineering，1986，112 (4)：348-368.

[35] OILOSO A，CARLSON T N. Simulation of diurnal transpiration and photosynthesis of a water stressed soybean crop [J]. Agricultural and Forest Meteorology，1996，81：41-59.

[36] 史海滨，赵倩，田德龙，等．水肥对土壤盐分影响及增产效应 [J]. 排灌机械工程学报，2014，(32) 3：252-257.

[37] 赵久然，王荣焕．中国玉米生产发展历程、存在问题及对策 [J]. 中国农业科技导报，2013，15 (3)：1-6.

[38] 佟屏亚．20 世纪中国玉米品种改良的历程和成就 [J]. 中国科技史料，2001 (2)：113-127.

[39] 谭国波，边少锋，刘武仁，等．浅析玉米宽窄行耕作栽培技术 [J]. 玉米科学，2002，10 (2)：80-83.

[40] 李楠楠，张学忠．黑龙江半干旱区玉米膜下滴灌水肥耦合效应试验研究 [J]. 中国农村水利水电，2010 (6)：88-94.

[41] 孙文涛，孙占祥，王聪翔，等．滴灌施肥条件下玉米水肥耦合效应的研究 [J]. 中国农业科学，2006，39 (3)：563-568.

[42] 李猛，陈现平，张建，等．不同密度与行距配置对紧凑型玉米产量效应的研究 [J]. 中国农学通报，2009，25 (8)：132-136.

[43] 王斌，李宏，李爱军，等．普通株型玉米不同密度下种植模式的研究 [J]. 中国农学通报，2009，25 (14)：122-25.

[44] 刘德平，杨树青，史海滨，等．氮磷配施条件下作物产量及水肥利用效率 [J]. 生态学杂志，2014，33 (4)：902-909.

[45] 戴明宏，陶洪斌，王利纳，等．不同氮肥管理对春玉米干物质生产、分配及转运的影响［J］．华北农学报，2008，23（1）：154－157.

[46] 申丽霞，王璞，孙西欢．不同种植密度下施氮对夏玉米物质生产及穗粒形成的影响［J］．山西农业科学，2008（1）：41－44.

[47] 谢英荷，栗丽，洪坚平，等．施氮与灌水对夏玉米产量和水氮利用的影响［J］．植物营养与肥料学报，2012，18（6）：1354－1361.

[48] 林忠辉，项月琴，莫兴国，等．夏玉米叶面积指数增长模型的研究．中国生态农业学报，2003，11（4）：69－72.

[49] 杨树青，史海滨，杨金忠，等．干旱区微咸水灌溉对地下水环境影响的研究［J］．水利学报，2007，38（5）：565－574.

[50] 杨树青．基于 Visual MODFLOW 和 SWAP 耦合模型干旱区微咸水灌溉的水—土环境效应预测研究［D］．呼和浩特：内蒙古农业大学，2005.

[51] 屈忠义，陈亚新．大型灌区节水灌溉工程实施后土壤水盐动态规律预测及效果评估［J］．中国农村水利水电，2007（8）：27－33.

[52] 任友山．应用 Visual MODFLOW 预报傍河工程点地下水位［J］．黑龙江水专学报，2008，35（1）：26－29.

[53] 吴剑锋，朱学愚．由 MODFLOW 浅谈地下水流数值模拟软件的发展趋势［J］．工程勘察，2000（2）：12－15.

[54] 王仕琴．地下水模型 MODFLOW 与 GIS 的整合研究——以华北平原为例［D］．北京：中国地质大学，2006.

[55] 张立志．基 FEFLOW 的大兴区地下水动态模拟研究［D］．北京：中国地质大学，2009.

[56] 孙爱华．MODFLOW 在八五三农场地下水数值模拟中的应用［D］．哈尔滨：东北农业大学，2008.

[57] 王智，高瑾，董新光．MODFLOW 在三工河流域地下水资源评价中的应用［J］．新疆农业大学学报．2002，25（4）：29－34.

[58] 周念清，朱蓉，朱学愚．MODFLOW 在宿迁市地下水资源评价中的应用［J］．水文地质工程地质．2006（6）：9－13.

[59] 马驰，石辉，卢玉东．MODFLOW 在西北地区地下水资源评价中的应用［J］．干旱区资源与环境，2006，20（2）：89－93.

[60] 贾金生，田冰，刘昌明．Visual MODFLOW 在地下水模拟中的应用［J］．河北农业大学学报，2003，26（2）：71－77.

[61] 王庆永，贾忠华，刘晓峰，等．Visual MODFLOW 及其在地下水模拟中的应用［J］．水资源与水工程学报，2007，18（5）：90－92.

[62] 张银锁，宇振荣，DRIESSEN P M．环境条件和栽培管理对夏玉米干物质积累、分配及转移的试验研究［J］．作物学报，2002，28（1）：104－109.

[63] 闫建文．盐渍化土壤玉米水氮迁移规律及高效利用研究［D］．呼和浩特：内蒙古农业大学，2014.

[64] 巩杰．旱作麦田秸秆覆盖的生态综合效应研究［D］．兰州：甘肃农业大学，2002.

[65] 王志强，朝伦巴根，柴建华．用多变量灰色预测模型模拟预测参考作物蒸散量的研究［J］．中国沙漠，2007（4）：584－587.

[66] 王建东，张彦群，隋娟，等．滴灌下覆盖和追肥措施对夏玉米生长及产量的影响［J］．灌溉排水学报，2016，35（12）：1－6.

[67] 冯文基，申利刚，冯婷，等．内蒙古自治区主要作物灌溉制度与需水量等值线图［M］．呼和浩特市：远方出版社，1996.

[68] 张兵，袁寿其，李红．基于最优保留策略遗传算法的玉米小麦优化灌溉模型研究［J］．农业工程学报，2005，21（7）：25－529.